Integriertes Management in der Praxis

Peter Hauser war CEO bei *Gallus* und ist heute Präsident des Verwaltungsrates.

Prof. Dr. Emil Brauchlin war Direktor der Forschungstelle für Internationales Management an der Universität St. Gallen und ist heute emeritiert.

Peter Hauser, Emil Brauchlin

Integriertes Management in der Praxis

Die Umsetzung des St. Galler Erfolgskonzeptes

Campus Verlag
Frankfurt/New York

Bibliografische Information der Deutschen Bibliothek

Die Deutsche Bibliothek verzeichnet diese Publikation in der
Deutschen Nationalbibliografie. Detaillierte biografische Daten sind
im Internet über http://dnb.ddb.de abrufbar.

ISBN 3-593-37436-6

Copyright © 2004 Campus Verlag, Frankfurt/Main
Umschlaggestaltung: Init, Bielefeld
Satz: Satzspiegel, Nörten-Hardenberg
Druck und Bindung: Druckhaus »Thomas Müntzer«, Bad Langensalza
Gedruckt auf säurefreiem und chlorfrei gebleichtem Papier.
Printed in Germany

Inhalt

Vorwort

Das Konzept eines integrierten Managements wird an der Universität St. Gallen (HSG) seit den sechziger Jahren erforscht und gelehrt. Ziel dieses Konzepts ist es, der Tendenz eines Zerflatterns der Managementlehre entgegenzuwirken. Denn die Breite des Gebiets und die immer größer werdende Zahl von Unterdisziplinen förderten und fördern das Entstehen einer Vielzahl von Ansätzen und Modellen. Entsprechend weitet sich das Spektrum der den Unternehmen angebotenen Instrumente ununterbrochen aus. Es gilt jedoch, die Sicht auf das Ganze zu bewahren. Dieser Denkweise folgen auch die beiden Autoren.

Sie kennen aber auch die Schwierigkeiten, diese Idee in die Realität umzusetzen. Um diese zu beheben, müssen deshalb zuerst die herkömmlichen Ansätze dynamisiert werden. Überkommenerweise wird nämlich versucht, die gängigen Konzepte, Vorstellungen und Methoden in einem einheitlichen, in sich geschlossenen statischen Kategoriensystem zu vereinigen. Das ist zwar schon anspruchsvoll genug, es reicht jedoch nicht aus. Denn »Management« ist, wie das gesamte unternehmerische Geschehen überhaupt, ein Flecht- und Netzwerk von miteinander verbundenen Prozessen. Aus eben diesem Grunde ist auf die Jahrtausendwende hin das Qualitätsmanagement konsequenterweise auf einen prozessorientierten Ansatz umgestellt worden. Und diese Überlegungen müssen auch für die Managementmodelle gelten. Den herkömmlichen statischen Modellen ist ein prozessuales Modell zumindest zur Seite zu stellen.

Eine weitere Aufgabe für all diejenigen, die sich mit der Verwirklichung des Gedankens des integrierten Managements auseinander setzen, besteht darin, die vielfältigen auf dem Markt angebotenen Managementmodelle, -konzepte und -instrumente auszuwählen und aufeinander abzustimmen. Auch ausgebaute Arbeitsinstrumente, wie zum Beispiel das Qualitätsmanagement, die Balanced Scorecard oder das Wissensmanagement, wurden als Teilsysteme notwendigerweise ohne Berücksichtigung aller anderen Systeme entwickelt. Bestenfalls wurden sie als Hintergrund angedeutet. Aber im konkreten Einzelfall, nämlich im Unternehmensalltag, sind die verschiedenen Module zu einem in sich geschlossenen System zusammengefügt – im Sinne eines integrierten Managements. Dabei müssen die bereits vorhandenen Instrumente bis zu einem gewissen Grade berücksichtigt werden. Das wiederum wirkt auf die allgemein gehaltenen Teilsysteme zurück: Diese müssen mehr oder weniger ausgeprägt adaptiert werden.

Seit seinem Eintritt bei Gallus hat Peter Hauser mit aller Beharrlichkeit und konsequenter Entschiedenheit den Weg hin zu einer praktischen Verwirklichung eines integrierten, prozessual orientierten Managementkonzepts beschritten. In vielerlei Hinsicht hat er dabei eine Vorreiterrolle eingenommen. Die Erfolge, die er dabei Jahr für Jahr erzielt hat, stellen die Zweckmäßigkeit des gewählten Ansatzes immer wieder unter Beweis. Heute ist die Zeit reif, das bei Gallus ausgearbeitete Konzept eines integrierten Managements einer breiteren Öffentlichkeit vorzustellen. Es verknüpft Statik mit Dynamik und die Managementtechniken mit sozialen, zwischenmenschlichen Aspekten. Die einzelnen Kapitel folgen einem einheitlichen Aufbau: Bei jeder einzelnen Frage werden zunächst die in der Theorie und Literatur vertretenen Auffassungen vorgestellt und dann die bei Gallus eingeführten Lösungen erörtert.

Im Sinne eines ganzheitlichen Denkens möchten wir schon an dieser Stelle vier zentrale Grundüberlegungen hervorheben, die uns bei der Niederschrift dieses Buches stets begleitet haben. Wir sind davon überzeugt, dass eine visionsorientierte Strategie die Basis für eine prozessorientierte, sich stark an der Einjahresplanung orientierende Führung bildet. Diese wiederum wendet sich an Mitarbeiter, die durch ihr Engagement und ihre Eigeninitiative die Grundideen der Vision und der Strategie weiterentwickeln und sie erfolgreich umsetzen. Dazu benötigen sie die entsprechenden Handlungsspielräume. Diese Freiräume vermitteln der Arbeit im Unternehmen als wesentlichem Teil der menschlichen Existenz Sinn und Bedeutung. Unterstützt wird die Führung schließlich von einer bewusst gestalteten und gepflegten Unternehmenskultur. Sie bildet den Rahmen für die Autonomie jedes einzelnen Mitarbeiters und ergänzt den Individualismus durch den Gedanken der Gemeinsamkeit und der Teilhabe. Diese drei Prinzipien werden durch die Tatsache ergänzt, dass die Führung von Unternehmen von Werten bestimmt ist – Werten, die stets aufs Neue bewusst gemacht und vor allem deutlich sichtbar gelebt werden müssen.

Wir hoffen, dem Leser mit dem vorliegenden Buch Anregungen für eigene Ideen, vor allem aber auch für das eigene Tun, zu geben. Wir sind überzeugt, dass das beschriebene Grundkonzept adaptionsfähig ist und deshalb für eine Vielzahl von Führungssituationen eine tragfähige Ausgangsposition bildet. In diesem Sinn wünschen wir dem Leser Spaß und Erfolg beim eigenen Experimentieren mit den mannigfaltigen Möglichkeiten eines dynamisch verstandenen integrierten Managements.

St. Gallen, Herbst 2003
Peter J. Hauser
Emil A. Brauchlin

Teil I
Integrierte Führung: Ein Überblick

1. Weshalb dieses Buch?

Gestiegene Anforderungen an die Unternehmensführung

Die Anforderungen an die Manager aller Stufen sind in den vergangenen Jahren gewaltig gewachsen. Für die oberen und obersten Führungsstufen belegt dies eine im Jahre 1999 publizierte Studie von Andersen Consulting.[1]

Abbildung 1.1: Anforderungen an Manager der oberen Führungsstufen

Die Abbildung zeigt, wie sich die verschiedenen Aspekte des Managements in den zurückliegenden Jahren verändert haben. Die Befragten äußerten ferner die Vermutung, dass sich die Anforderungen in den kommenden fünf bis zehn Jahren noch weiter verstärken werden. Dieser Annahme kann nur zugestimmt werden. Der immens harte globale Wettbewerb, die zunehmende Vernetzung von allem mit allem, die keine Schwächen mehr zulässt und die Komplexität des Weltgeschehens noch weiter erhöht – all dies unterstützt diese Erwartung.

Nun mag man einwenden, diese Entwicklung sei keineswegs neu. Dass sich die Weltgeschichte überschlage, wurde – mit vollem Recht – bereits vor dem Ersten Weltkrieg gesagt. Das Ende des Ancien Régime, die industrielle Revolution, die Entstehung von Sozialismus und Kommunismus und das weltpolitische Erstarken der USA hatten im 19. Jahrhundert die Welt völlig verwandelt, und der Erste Weltkrieg kündigte sich denen, die in die Zukunft schauten, an. Die Unüberschaubarkeit des menschlichen Wissens hatte bereits 2000 Jahre zuvor die Verwalter der alexandrinischen Bibliothek vor die größten Probleme gestellt. Leonardo da Vinci, das Universalgenie, und Leibniz, der Philosoph und Gelehrte, waren die letzten Menschen, denen es in persona gelang, in den unterschiedlichsten Bereichen der menschlichen Kultur oder doch wenigstens im Bereich von Philosophie und Wissenschaft das in ihrem Kulturbereich vorhandene Wissen und Können in einer Person zu vereinen. Ein solcher Vorbehalt mag an sich richtig sein. Tatsache aber ist ebenso, dass sich die Explosion des Wissens längst nicht erschöpft hat, sondern laufend neue Beschleunigungsenergien freilegt. Die dadurch verursachte Komplexität wird durch das immer enger werdende Netz globaler Verbindungen – und Verstrickungen – noch potenziert. Dazu gehören die wirtschaftlichen Liberalisierungsbestrebungen ebenso wie die erneut virulent gewordenen geopolitischen Wirren. Wohin all das schließlich führt, ist weitgehend unbekannt. Die Mahner unter unseren Zeitgenossen erheben zwar wegen der weiter zunehmenden Beschleunigung so vieler Prozesse immer wieder warnend den Finger und sprechen von den unübersehbaren Zeichen an der Wand. Der »Zeitgeist« nimmt davon aber kaum Kenntnis. Auch die Wettbewerbskräfte und die Gesetze des Marktes sind davon unberührt. Sie belohnen im Regelfall diejenigen Unternehmen, die noch schneller sind als ihre Konkurrenten. Damit wird naturgemäß das Feuer der Entwicklung noch weiter angefacht. Auch die

Autoren sehen kaum eine Möglichkeit, das Rad der Zeit langsamer zu drehen. Man muss vielmehr nach Mitteln und Wegen suchen, die zunehmende Geschwindigkeit und Komplexität der Welt von heute und morgen zu bewältigen und sie in eine »gute« Richtung zu lenken.

Bei den Versuchen von Unternehmungsführung und Managementlehre, der gestiegenen Anforderungen Herr zu werden, kann oft auf älteres Gedankengut und in der Vergangenheit bewährte Konzepte zurückgegriffen werden. Es müssen aber auch neue Denkvorstellungen und Arbeitsinstrumente entwickelt werden. Diese haben den gegenwärtigen und zukünftigen Entwicklungen Rechnung zu tragen und sich der neuen technischen Entwicklungen zu bedienen. Dieser doppelten Aufgabe stellen sich auch die Autoren dieses Buches: Theorie und Praxis finden zusammen und bilden eine Einheit. Gemeinsam haben die Autoren nach einem Denk- und Handlungsansatz gesucht, der den oben beschriebenen Anforderungen gerecht werden soll – und haben ihn auch gefunden. Dabei haben sie an beide Adressaten gedacht: den Praktiker, der nicht nur das »to do« verstehen will, sondern auch wissen will, warum etwas funktioniert, und den Theoretiker, der nicht nur zu neuen Erkenntnissen gelangen, sondern auch etwas bewegen will.

Das Grundkonzept

Unternehmensführung als überlegtes und rationales Handeln vollzieht sich stets vor dem Hintergrund geistiger Interpretationen dessen, was man Wirklichkeit nennt. Sie ist ferner geleitet von Gedanken und Ideen, die man als Bilder oder Modelle eben dieser Wirklichkeit bezeichnen kann. In diesem Sinn beruhen auch die folgenden Ausführungen auf modellhaften Vorstellungen. Deren Hintergrund bildet, getreu einer jahrzehntelangen St. Galler Tradition, das *Streben nach einer ganzheitlichen und damit integrierten Sicht der Unternehmensführung*. Konkretisiert wurden diese Bemühungen, das Phänomen des Managements in seiner Gesamtheit zu erfassen, in den bekannten »Managementmodellen«, wie sie von Professor Hans Ulrich, seinem Nachfolger Professor Knut Bleicher und ihren Schülern entwickelt worden sind. Diese Managementmodelle versuchen, den Dschungel der unterschiedlichsten Teilkonzepte zu einer übersichtlichen, wohlstrukturierten Gesamtschau zu verdichten. Die Autoren halten diese Bestrebungen und die entsprechenden Konzepte für außerordentlich wertvoll und haben sich dementsprechend von ihnen inspirieren lassen. Doch die statische Betrachtungsweise soll überwunden werden. Denn Management ist nicht Ruhe, sondern Dynamik, Bewegung, eine Unzahl mehr oder weniger eng verbundener Prozesse. Es ist diese *Prozesshaftigkeit des Managements*, mit der sich die Autoren auseinander setzen und die sie beschreiben. Dazu wurde der *Gallus-Führungsprozess* entwickelt, der auf einem statischen Managementmodell aufbaut. Denn erst die Verknüpfung des statischen Modells mit dynamischen Abläufen erlaubt handlungs- und damit praxisnahe Aussagen.

Das Streben nach Praxisnähe erfordert ein differenziertes Denken. Vor allem müssen zwei Pole miteinander verbunden werden. Der eine Pol ist das Streben nach Normierung und Vereinheitlichung, die Suche nach allgemein gültigen Ansätzen. Der andere Pol liegt in der Notwendigkeit, konkrete Situationen und die Einmaligkeit von Personen und Konfigurationen in ausreichendem Maße zu berücksichtigen. Neben den Grundsätzen, die sich auf Normalität und Durchschnittswerte beziehen, sind stets auch die möglichen und notwendigen Ausnahmen und Abweichungen, sozusagen die Streuwerte, zu beachten. Doch sind diesem letzteren Streben verhältnismäßig enge Grenzen gesetzt. Denn es ist nicht möglich, auch nur annähernd alle Ausnahmen von Grundprinzipien zu nennen. Gerade in dieser Unmöglichkeit liegt denn ja auch die »Kunst« – das unerlässliche *»Fingerspitzengefühl« des Managements*. Aus diesem Grunde müssen sich auch die Autoren darauf beschränken, Grundsätze, Grundzüge und die gefundene Lösung darzustellen. Auf Ausnahmen und situative Besonderheiten kann nur punktuell hingewiesen werden.

Differenziertes Denken heißt auch, die Fesseln der zweiwertigen Logik im Sinne des Entweder-oder abzulegen und das Sowohl-als-auch sozusagen als ihren gleichberechtigten Partner anzuerkennen. Erinnerungen an die coincidentia oppositorum werden wach, an die mittelalterliche Vorstellung eines Gottes, der alle Gegensätze in sich in Einklang bringt. Anleihen lassen sich auch am altchinesischen Yin-Yang nehmen, der Durchdringung von Yin, dem Dunklen und Weiblichen, mit dem Yang, dem Hellen und Männlichen. Und besonders im Zusammenhang mit der Führung von Mitarbeitern ist auch jener Satz wichtig, den C. F. Meyer Hutten in den Mund gelegt hat: »Ich bin kein

ausgeklügelt Buch, ich bin ein Mensch mit seinem Widerspruch.«
Ganz in diesem Sinn muss die dialektische Beziehung von Einheit und
Vielfalt gerade auch im Bereich der Unternehmensführung erkannt
und genutzt werden.

Sehr bewusst verbinden die zwei Autoren denn auch ihre unterschiedlichen Erfahrungsbereiche. Peter Hauser vertritt die gelebte Praxis, die Erfahrungen, die er sich in unterschiedlichen Funktionen bei
mehreren Unternehmen in der Industrie angeeignet hat. Dass dabei
auch sein theoretisches Wissen, erworben in der Grundausbildung und
Weiterbildungskursen in Managementlehre, durch Lektüre und Gespräche, aber auch bei der Vorbereitung eigener Referate, einfließt, ist
selbstverständlich. Emil Brauchlin orientiert sich demgegenüber primär an der wissenschaftlichen Betrachtung der Unternehmensführung. Da sich diese aber als praxisorientiert versteht, ist es nur natürlich, wenn er das Bücherwissen mit all seinen Erfahrungen anreichert,
die er bei seinen mannigfaltigen Beziehungen zu Unternehmen und
ihren Mitarbeitern gemacht hat. Die Autoren hoffen, auf diese Weise
dem Leser einige Anregungen für seine eigene Arbeit vermitteln zu
können.

2. Gallus, ein mittelgroßes Unternehmen, als Beispiel

Viele Kapitel dieses Buches beschäftigen sich mit Praxisbeispielen aus der Gallus-Firmengruppe, St. Gallen, Schweiz. Peter Hauser war von 1993 bis 2002 CEO dieser Firmengruppe und hat das Meiste des in diesem Buch Beschriebenen im Unternehmen umgesetzt. Heute ist Hauser Verwaltungsratspräsident der Gallus Holding AG, der Dachorganisation der Gruppe. Als Hintergrund und zum besseren Verständnis wird im Folgenden das Unternehmen kurz vorgestellt.

Die Firmengeschichte von Gallus

Am 6. März 1923 wurde die Einzelfirma »Ferdinand Rüesch, Eichmeister« mit dem Geschäftszweck »Waagenfabrik und Maschinenwerkstätte, Eichstätte, Spitalgasse 8, St. Gallen« gegründet und im Handelsregister eingetragen.

Firmengründer Ferdinand II. Rüesch wurde 1883 geboren. Nach der Lehre als Waagenbauer wanderte er dem Brauch entsprechend durch Italien und Frankreich. 1911 trat er als »Waagenbauer Vorarbeiter« in die Firma Walter Wild & Cie, Waagenbau, St. Gallen, ein und übernahm später die Leitung der Werkstätte. Als die Firma 1922 in Konkurs ging, musste sich Ferdinand Rüesch über seine Zukunft Gedanken machen. Mit Unterstützung seines Vaters, Ferdinand I. Rüesch-Vogel, sowie einem Kredit der Schweizerischen Nationalbank übernahm er das Inventar der Firma Wild zum Kaufpreis von circa 25 000 Schweizer Franken vom Konkursamt.

Das wirtschaftliche Umfeld war zu dieser Zeit nicht besonders attraktiv für Firmengründungen. Für die Schweiz standen die ersten Jahre der Zwanziger im Zeichen einer allmählichen Erholung von den Folgen des Krieges. Der Kanton St. Gallen und insbesondere die Stadt St. Gallen wurden von einer Wirtschaftskrise nie dagewesenen Ausmaßes erschüttert. Die Krise in der Stickereiindustrie führte zu hoher Arbeitslosigkeit und großer Not. Gerade in jener Zeit, in der St. Gallen hilflos und geradezu gelähmt den völligen Zusammenbruch seiner wirtschaftlichen Basis erlebte, wurde der Grundstein der späteren Gallus-Gruppe gelegt.

Die Rechnungsbücher der ersten Geschäftsjahre weisen aus, dass man bei Gallus mit Umsicht und ausgeprägtem Sicherheitsdenken ans Werk ging. Bereits im ersten Geschäftsjahr konnte ein ansehnlicher Reingewinn verbucht werden, und schon 1924 war man in der Lage, das Darlehen der Schweizerischen Nationalbank zurückzuzahlen.

1925 nahm die Firma »Ferdinand Rüesch, Eichmeister« einen Auftrag an, der – in der Rückschau – von firmengeschichtlich historischer Bedeutung war. Die Firma Schuster & Co., St. Gallen, zeichnete damals ihre Stoffmuster Stück um Stück handschriftlich aus. Nachdem man den Aufwand dafür als zu hoch erachtet hatte, wandte man sich mit diesem Rationalisierungsproblem an Ferdinand Rüesch. Dieser entwarf gemeinsam mit seinem Werkmeister Johannes Georg Schick eine kleine, handangetriebene Druckmaschine. Es entstand die erste Etiketten-Druckmaschine mit dem Produktnamen »Gallus«.

Am 24. Oktober 1929 leitete der Börsencrash in New York die Weltwirtschaftskrise ein, von deren verheerenden Folgen kein Land verschont blieb – auch die Schweiz nicht. Die beiden Hauptprobleme der Schweizer Wirtschaft waren die hohe Arbeitslosigkeit und die Bankenzusammenbrüche. Verschiedene Krisenmaßnahmen führten zwar gegen Ende der dreißiger Jahre zu einer günstigeren Konjunkturentwicklung, doch dann setzte der Ausbruch des Zweiten Weltkrieges allen Hoffnungen auf Frieden und auf materielle Sicherheit ein jähes Ende.

Auch Ferdinand Rüesch bekam die wirtschaftliche Schlechtwetterlage der dreißiger Jahre zu spüren, doch von großen wirtschaftlichen Nöten blieb die Firma verschont. Die Leistungen, die das Unternehmen erbrachte, erwiesen sich als krisenfest, und man nahm an Aufträgen an, was immer man bekommen konnte. Zeitweise dominierte das Waagengeschäft, dann wieder der mechanische Bereich.

Es ist eine Binsenweisheit, dass man in wirtschaftlich schlechten

Zeiten mit Reparaturarbeiten Geld verdienen kann. Tatsächlich gelang es der Firma, sich in diesem Sektor einen guten Namen zu machen und mit den meisten der größeren Druckereien einen festen Kundenkreis aufzubauen. Als während des Zweiten Weltkrieges die Grenzen geschlossen wurden, wurden die Reparatur- und Serviceleistungen für die Druckereien und die weiterverarbeitenden Betriebe zum Überlebensgarant.

Die intensiven, aus dem Reparaturgeschäft stammenden Geschäftsbeziehungen zum grafischen Gewerbe kamen auch der Einführung und Verbreitung der Druckmaschine »Gallus« zugute. Man belieferte namhafte Firmen in den verschiedensten Branchen: Druckereien, Schuh-, Textil- und Schokoladefabriken, Technische Betriebe, Telegrafenämter und die Post. Die Kunden äußerten sich lobend über die einfache, praktische Handhabung, den störungsfreien Betrieb, die gute Qualität der erstellten Etiketten sowie den einfachen Unterhalt der Druckmaschine.

Generationenwechsel

1950 trat Ferdinand III. Rüesch nach erfolgreich abgeschlossenem Maschinen-Ingenieurstudium ins Familienunternehmen ein. Seine erste Aufgabe war die Konstruktion einer »Gallus«-Maschine zur Herstellung von Lotterielosen. Auf einer Studienreise durch die USA lernte er auf einer grafischen Fachmesse in Chicago Stanton Avery kennen, den Erfinder des selbstklebenden Etikettenmaterials. Auf der Grundlage dieses Materials entstand eine eigene Industrie für die Auszeichnung und Dekoration von unterschiedlichsten Produkten. Diese Entwicklung beeinflusste die weitere Firmengeschichte maßgeblich.

Das industrielle Wachstum setzte in den fünfziger Jahren erst so richtig ein, und der Bedarf an neuen Produktionsmitteln wurde ständig größer und vielfältiger. Druck-, Bearbeitungs- und Verpackungsmaschinen wurden nach Kundenwunsch entwickelt und produziert, und dabei baute die Firma ein breites Know-how auf. Ende der fünfziger Jahre machte man mit der Lieferung der ersten Lochkarten-Druckmaschine an einen englischen Kunden den ersten Schritt in die Exportmärkte.

Lochkarten-Druckmaschinen haben in der Geschichte des Unternehmens eine besondere Bedeutung. Da während des Zweiten Weltkrieges aufgrund der geschlossenen Grenzen keine Lochkarten aus den USA importiert werden konnten, deckte eine »Gallus Typ III Spezial« den dringenden Bedarf der einheimischen Benutzer. Der Umsatz mit Lochkarten-Druckmaschinen – zum Kundenkreis gehörten IBM und weitere große EDV-Anbieter – stieg auf rund 50 Prozent des Gesamtumsatzes. Das Unternehmen konzentrierte sich mehr und mehr auf den Maschinen- und Werkzeugbau, die Produktion von Waagen wurde schließlich im Jahre 1965 eingestellt.

Entwicklung und Anwendung neuester Technologien

In den siebziger Jahren wurde die Firma, die inzwischen auf eine 220 Kopf starke Belegschaft angewachsen war, in eine Aktiengesellschaft umgewandelt, reorganisiert und mit modernsten Fertigungsanlagen mit den entsprechenden Prozessen ausgestattet. Bereits 1971 stieg das Unternehmen in die NC-Technik ein, setzte also die damals allermodernsten numerisch gesteuerten Werkzeugmaschinen ein. In einer zweiten Stufe wurde, zur Rationalisierung der Konstruktionstätigkeiten, ein CAD-System (Computer Aided Design) eingeführt. 1979 stellte man die Administration auf ein Textverarbeitungssystem um, das die automatische Erstellung sämtlicher Auftragspapiere ermöglichte.

In der Etikettenbranche erregte die auf einer Messe in Italien vorgestellte »Gallus R 160«-Etikettendruckmaschine großes Aufsehen. Dieser Maschinentyp, heute die »Gallus R 200«, gehört zu den weltweit erfolgreichsten Etikettendruckmaschinen, es wurden davon mehr als 1 100 Exemplare verkauft.

Erfolgreiche achtziger und bewegte neunziger Jahre

Zu Beginn der achtziger Jahre beschäftigte die Firma 280 Mitarbeiterinnen und Mitarbeiter und erzielte einen Umsatz von 50 Millionen Schweizer Franken. Allerorts wurde erweitert und die erste Tochtergesellschaft in Newtown, USA, gegründet. Getragen von einem überdurchschnittlichen Wachstum in der Branche wuchs das Unternehmen kontinuierlich bis Anfang der neunziger Jahre. 1991 führte die weltweit einsetzende Rezession bei Gallus zu einem empfindlichen Rückgang der Bestellungen. Eine Anpassung der Firmenstruktur und der

Mitarbeiterzahl an die veränderten wirtschaftlichen Gegebenheiten war unumgänglich. Nach Abschluss dieser Maßnahmen beschäftigte die Gallus-Gruppe 500 Mitarbeiter und erzielte 1993 einen konsolidierten Umsatz von circa 100 Millionen Schweizer Franken.

Die neue Strategie konzentrierte sich auf das Kerngeschäft. Deshalb wurden diejenigen Aktivitäten, die weniger Erfolg versprechend waren, eingestellt und gleichzeitig Investitionen in die kundennahen Funktionen wie Service, Verkauf und Marketing getätigt. Im Zuge der Dezentralisierung wurden ab 1992 mehrere Verkaufs-Tochterfirmen im Ausland aufgebaut, um die Präsenz vor Ort beim Kunden zu erhöhen. Der wirtschaftliche Erfolg stellte sich in der Gallus-Gruppe bereits ab dem Geschäftsjahr 1993 wieder ein, und er konnte in den folgenden Jahren kontinuierlich ausgebaut werden.

Ende 1999 erwarb die Heidelberg Druckmaschinen AG, Weltmarktführer bei Lösungen für die Printing- und Publishing-Industrie, 30 Prozent der Gallus Holding AG. Die beiden Unternehmen vereinbarten mit der Vertragsunterzeichnung eine enge Kooperation in den Bereichen Marketing, Vertrieb und Technologie.

Der Faktor »Führung« in der Vergangenheit

Bis in die fünfziger Jahre war Gallus stark vom gewerblich orientierten Waagenbau geprägt. Die fachliche Autorität des Chefs stand im Vordergrund. In der Folge entwickelte sich die Firma zu einem ausgeprägt technologieorientierten Industriebetrieb – doch die Führung änderte sich nicht wesentlich. Die Vorgesetzten aller Stufen mussten das Fachgebiet der ihnen unterstellten Mitarbeiter beherrschen. Die Mitarbeiter waren Arbeitskräfte, die bestimmte vorgegebene Tätigkeiten möglichst effizient abzuwickeln hatten. Die Unternehmensziele sollten möglichst unabhängig von einzelnen Personen erreicht werden, und die Führung konzentrierte sich hauptsächlich auf Überwachung und Motivation.

Anfang der achtziger Jahre prägte der Glaube an die technische Machbarkeit und die Allmacht des Computers das Führungsverständnis. Das Organisationshandbuch mit Funktionsdiagramm, Kompetenzordnung, Unterschriftenregelung und Stellvertreterregelung wurde zum wichtigsten Mittel der Unternehmungsführung. Großes Gewicht legte man auf die Spezialisierung der Mitarbeiter – in dem Glauben, damit die zunehmende Komplexität in den Griff zu bekommen. Die Qualifikation zur Führungskraft erlangte man ausschließlich über *Fachwissen*. Ein Zitat aus der Schrift »Führung und Systeme in der Ferd. Rüesch AG, St. Gallen« belegt diese Haltung der damaligen Führung: »So gibt es keine ›Wolken schiebenden Generalisten‹, die sich nur mit dem Grundsätzlichen, dem Langfristigen, dem Planen, Entscheiden und Kontrollieren befassen. Es gibt keine Chefs, die von ihren Spezialisten laufend zu stützen sind, weil ihr Detailwissen im eigenen Arbeitsgebiet zu wenig tief geht. Jeder Chef muss fähig sein, seine Mitarbeiter aktiv zu unterstützen, und dies nicht nur bei den einfachen und laufenden Aufgaben, sondern auch bei den schwierigen, echten Problemen.« Unter Führung verstand man vor allem das Initiative-Ergreifen, Planen, Entscheiden und Kontrollieren. Nachdem die Aufgabenzuordnung in der Organisation weitgehend festgelegt war, spielte die Delegation von Aufgaben in den Augen der obersten Führung nur eine geringe Rolle. Das Gleiche galt für die Koordination, weil – so glaubte man – alles in den Organisationshandbüchern festgelegt war.

Der Glaube, dass alles in Handbüchern festgelegt werden kann und dass sich die Vorgesetzten hauptsächlich durch vorbildliches Verhalten, basierend auf fundierten Kenntnissen und Fähigkeiten, qualifizieren, prägte eine ganze Managergeneration, und daran änderte sich bis in die neunziger Jahre nichts. Zum besseren Verständnis späterer Ausführungen in diesem Buch soll der damalige Führungsansatz das »Rädchen-Modell« genannt werden.

Gallus heute

Heute ist Gallus der weltweit führende Anbieter von Etikettendruckmaschinen und erzielt mit 500 Beschäftigten rund 200 Millionen Schweizer Franken Umsatz. Seit 1993 ist das Unternehmen dem Slogan »Erfolg und Sicherheit für den Etikettendrucker« verpflichtet und unterstreicht mit dieser Kompetenzverdichtung im Firmennamen die Ausrichtung der Geschäftstätigkeit auf eine Branche auch kommunikativ.

Abbildung 2.1: Logo mit Kompetenzverdichtung

Dies bedeutet für die weltweit etwa 1 000 aktuellen Kunden die Sicherheit, den richtigen Partner im Bereich Druck- und Bearbeitungsmaschinen zur Herstellung von Etiketten zu haben – und dies nicht nur heute, sondern auch morgen. Dass auch alle Dienstleistungen rund um die Maschine auf der ganzen Welt angeboten werden, ist nicht nur selbstverständlich, sondern die Voraussetzung für den erfolgreichen Maschinenverkauf.

Produktinnovation ist in den vergangenen Jahren auch bei Gallus zu einem entscheidenden Erfolgsfaktor geworden. Immer dann, wenn neu entstandene Marktbedürfnisse mit neuen Technologien befriedigt werden können, entstehen besonders erfolgreiche Produkte. Der erhöhte Wettbewerbsdruck bei den Auftraggebern der Gallus-Kunden, darunter viele »Fortune 500«-Unternehmen, und die Globalisierung der Märkte fordern und fördern eine hohe Kreativität, um in immer kürzeren Zyklen immer spezifischer auf die individuellen Bedürfnisse ausgerichtete Kundenlösungen anbieten zu können. Die Antwort von Gallus auf diese Herausforderung sind konsequent modular aufgebaute, flexible Maschinensysteme, die sich den ändernden Marktbedürfnissen unkompliziert und mit hoher Wirtschaftlichkeit anpassen lassen.

Zusammenarbeit mit Heidelberg

Die kompetente Betreuung der Kunden vor Ort war stets ein klar formuliertes Ziel von Gallus. Sukzessive wurden über mehrere Jahre hinweg Vertretungen und eigene Tochterfirmen in den wichtigsten Märkten aufgebaut. Seit der Partnerschaft mit Heidelberg Druckmaschinen konnte das Verkaufs- und Servicenetz von Gallus sozusagen über Nacht auf die ganze Welt ausgeweitet werden.

Durch die Zusammenarbeit der beiden Unternehmen auf dem Gebiet der Technik steht Gallus ein fast unbeschränktes Wissen aus der Welt der Druckmaschinen zur Verfügung. Dieses Wissen macht es möglich, die Entwicklungszeiten zu verkürzen und sich auf kunden- und branchenspezifische Anforderungen zu konzentrieren. Auch der Heidelberg Druckmaschinen AG ist die Zusammenarbeit von Nutzen, bedeutet sie doch eine Ausweitung ihres Geschäftes mit Rollenflexomaschinen und Lösungen für Etiketten- und Faltschachteldrucker.

Führungs- und Unternehmenskultur

Die rechtliche Struktur der Gallus-Gruppe geht aus Abbildung 2.2 hervor. Die Aufgaben der Gallus Holding AG werden vom Verwaltungsrat und Mitarbeitern der Gallus Ferd. Rüesch AG wahrgenommen.

Die strategische Führung der Gallus-Gruppe obliegt heute dem Verwaltungsrat der Gallus Holding, dessen Verwaltungsräte durch die Aktionäre, entsprechend deren Kapitalbeteiligung, gestellt werden.

Für das operative Geschäft der Gallus-Gruppe ist eine Gruppenleitung zuständig. Der CEO der Gallus-Gruppe ist Vorsitzender der Gruppenleitung; er ist nicht Mitglied des Verwaltungsrates. Damit schaffte Gallus eine *klare Trennung der operativen von den strategischen Unternehmungsaufgaben*. Die Gruppenleitung ist eine feste Plattform, und die sieben Mitglieder treffen sich in regelmäßigen Abständen, mindestens zehn Mal pro Jahr.

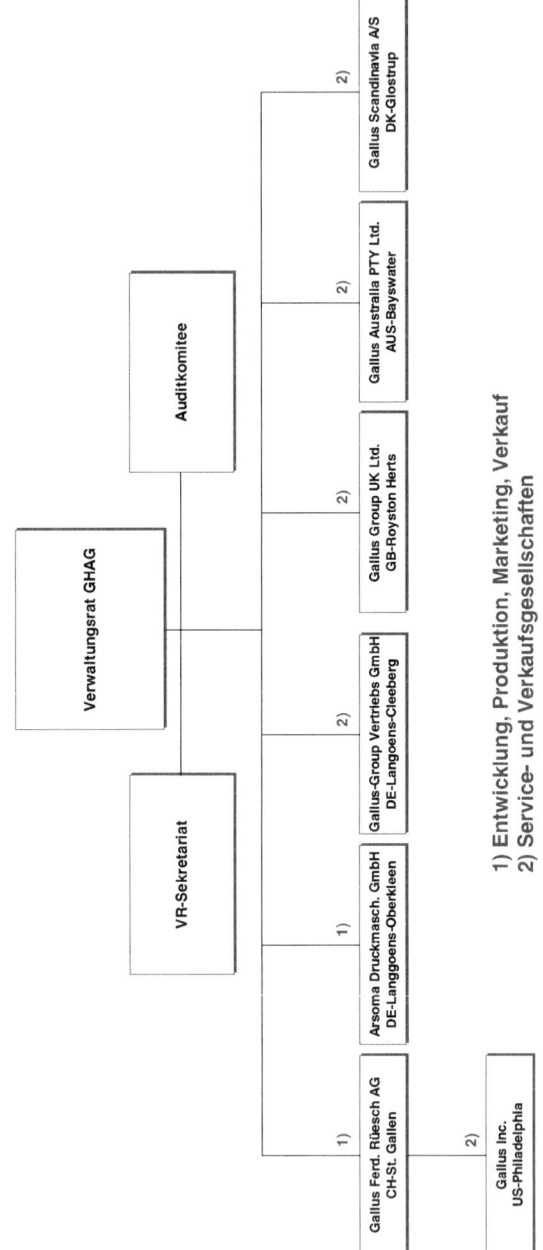

1) Entwicklung, Produktion, Marketing, Verkauf
2) Service- und Verkaufsgesellschaften

Abbildung 2.2: Die rechtliche Struktur der Gallus-Gruppe

Verkaufs- und Serviceorganisation

Das Vertriebs- und Servicekonzept von Gallus ist auf eine weltweite Präsenz vor Ort ausgerichtet. Die beiden Lieferwerke in St. Gallen und Langgöns-Oberkleen (Deutschland) verfügen über einen Verkaufsinnendienst und einen Servicebereich; am Standort St. Gallen finden sich die zentrale Marketing-, Service- und Verkaufsleitung sowie sämtliche Unterstützungsfunktionen. Eine zentrale Rolle spielen dabei das Produktmarketing und der zentrale Service.

Dezentral, also in den einzelnen Ländern oder Regionen, werden die Verkaufs- und Servicefunktionen von eigenen Tochterfirmen, selbstständigen Vertretungen oder SSUs (Sales and Service Units) von Heidelberg wahrgenommen. Letztere werden immer wichtiger, weil erhebliche Synergien, wie zum Beispiel Finanzierungen oder Administration, mit dem Partner Heidelberg erzielt werden können.

3. »Führung« und Führungsprozesse: Drehpunkte des Unternehmensgeschehens

»Führung« – ein schillernder Begriff

»Führen«. Das Wort bedeutete ursprünglich »fahren machen«, »ziehen« und, den Wortsinn erweiternd, »die Richtung bestimmen«. Auch der Sinn von »glauben, dafürhalten« schwang in der Wortbedeutung mit. Noch heute wirken diese ursprünglichen, bildlichen und deshalb kräftigen Inhalte des Wortes nach.

In der deutschsprachigen Managementliteratur wird »Führung« in einem weiteren und einem engeren Sinn verwendet. Im weiteren Sinne des Wortes setzt man Führung mit Unternehmensführung gleich. Preise für die besten Manager des Jahres werden stets im Zusammenhang mit der Führung eines Gesamtunternehmens zugesprochen. Diese wiederum kann umschrieben werden als *die Tätigkeit der Gestaltung, der Steuerung und der Entwicklung des Unternehmens*. Unternehmensführung ist damit gleichbedeutend mit Management schlechthin.

In einem engeren Sinn wird das Wort »Führung« auf die Führung von Personen beschränkt. »Objekte« der Führung sind demnach Menschen oder ein einzelner Mensch. Diese Begriffsverwendung entspricht dem englischen »Leadership«. Nicht selten wird ein Gegensatz zwischen »Management« und »Führung« im letztgenannten Sinn konstruiert. Man spricht dann von »Manager contra Leader«. Der Manager, der Etymologie nach ursprünglich jemand, der Hand anlegt, wird dabei beschrieben als kühler Rechner, der analysiert, plant und kontrolliert. Zu diesem Zweck richtet er Führungssysteme ein, er organisiert und koordiniert die Handlungen einzelner Mitarbeiter durch ein mehr oder weniger umfassendes System von Vorschriften und Regeln. Oft wird er auch als optimierender Technokrat

Manager	Leader
Administriert	Inspiriert
Sucht Ordnung und Voraussehbarkeit	Sucht Wandel
Macht die Sache richtig	Macht die richtige Sache
Sorgt sich um Effizienz	Sorgt sich um Effektivität
Fokussiert auf Systeme und Strukturen	Fokussiert auf Mitarbeiter
Entwickelt einlässliche Pläne	Entwirft Visionen
Vermeidet Risiken	Übernimmt kalkulierte Risiken
Nutzt positionelle Stärken	Beeinflusst direkt
Erwartet Gehorsam	Erwartet Gefolgschaft

Abbildung 3.1: Manager versus Leader

bezeichnet. Diesem Manager wird der »Lenker« gegenübergestellt, der auch auf die Emotionen der Mitarbeiter einwirkt. Der renommierte Professor John P. Kotter, Inhaber der Konosuke-Matsushita-Professur für Leadership an der Harvard Business School, zum Beispiel umschreibt den Unterschied zwischen den beiden Sichten wie in Abbildung 3.1. dargestellt.[1]

Er stützt sich dabei auf einen 1977 in der *Harvard Business Review* erschienenen Artikel von Abraham Zaleznik: »Managers and Leaders: Are They Different?«[2]

Verfolgt man diese Sichtweise weiter, so stellt sich die Frage, was ein »Führer« im Sinne eines Menschenführers, eines »Leaders«, ist. Im Gegensatz zum weiten Begriff der Unternehmensführung und zum Management ist der Begriff der »Menschenführung« aus ideologischen und sachlichen Gründen schwieriger zu erfassen und diffiziler zu handhaben. Noch immer schwingen, gleichsam als Obertöne des Begriffs, Erinnerungen an die unselige Zeit des Faschismus in unseren Vorstellungen mit und wirken als schrilles Warnsignal. Auch will die Vorstellung vom »Geführt-Werden« so gar nicht zum Bild des mündigen, autonomen und selbstverantwortlichen Menschen passen, das einen wesentlichen Pfeiler des Menschenverständnisses unserer neueren westlichen Zivilisation darstellt.

Trotz dieser gedanklichen Hemmschwellen ist, um den Begriff »Menschenführung« mit Leben zu erfüllen, die Vorstellung eines Führenden erforderlich. Eines Führers, der »führt«, also die Richtung bestimmt, in die sich etwas bewegen soll. Dieses »Etwas« ist keine Sache wie etwa ein Pflug, der von einem Ochsen gezogen wird, sondern es sind Menschen. Die so »Geführten« kann man auch als »Gefolgsleute« bezeichnen. »Führen« ist dann eine *gewollte und einseitige soziale Beeinflussung des Verhaltens anderer* – unter Umständen auch gegen deren eigenen Willen.

Mehr und mehr hat sich gezeigt, dass Führung von Menschen im Unternehmen zwar durchaus eine »Einbahnstraße« sein kann, doch sind derartige Situationen unter den heutigen wirtschaftlichen, sozialen und technischen Gegebenheiten die Ausnahme und nicht die Regel. Eine sowohl sachlich als auch menschlich wirksame Führung der Mitarbeiter verlangt einen Auf- und Einbau von großen, immer umfangreicher werdenden Freiräumen. Der zunehmende Einsatz elektronischer Mittel zur Bewältigung von Routineaufgaben ist ein wesentlicher Grund für diese Entwicklung. Reine Befehlsempfänger sind nur noch wenig gefragt. Das »Arbeiten nach Vorschrift« sorgt nicht länger für situationsgerechtes Handeln, ganz im Gegenteil: Die hierfür erforderlichen Detailkenntnisse sind in der Regel in dem mit einer Aufgabe direkt betrauten Mitarbeiter am besten vereinigt. Zudem ist in unserer turbulenten Zeit rasches Entscheiden unerlässlich. Das wiederum erlaubt Rückfragen, womöglich noch über mehrere Hierarchiestufen hinweg, schlicht nicht mehr. So bleibt in weiten Bereichen nur die Delegation von Entscheidungskompetenzen an die mit einer Aufgabe betrauten Mitarbeiter beziehungsweise an ein aus mehreren Mitarbeitern zusammengesetztes Team. Das wiederum kommt den Wünschen derjenigen Mitarbeiter entgegen, die Eigenverantwortung schätzen, wünschen und verlangen. Deshalb versucht man heute, den Begriff »Führung von Menschen« genauer zu umschreiben. Sie kann zwar, und das besonders in einzelnen Situationen, eine völlig einseitige Beziehung zwischen »Führer« und Geführten beinhalten, so wie oben erwähnt. Das ist aber eine eher seltene Ausnahme. Im Allgemeinen gehen in die Führung von Menschen Beziehungen ein, also Gegenseitigkeit. Der Führende berücksichtigt – sei es ausdrücklich oder stillschweigend – wahre oder angenommene Bedürfnisse der Geführten. Diese liegen auf verschiedenen Ebenen und umfassen zum Beispiel die Suche nach einem Lebenssinn und den Wunsch nach Zugehörigkeit und gleichzeitig nach einem gewissen Maß an Autonomie. Die Rücksichtnahme auf die Geführten gipfelt beispielsweise in der Forderung von Unternehmensberaterin Gertrud Höhler, die Mitarbeiter als »Kunden der Führung« zu betrachten.

Die entsprechenden Beziehungen können so weit gehen, dass es durchaus Sinn macht, von »Führung von unten« und auch von »lateraler Führung« – also von Führung »zur Seite hin« – zu sprechen. Eine solche Verteilung der Beeinflussungsmöglichkeiten auf zwei oder mehrere Beteiligte muss der Führungsbegriff (stets im engeren Sinn als Führung von Menschen verstanden) zum Ausdruck bringen. Es ist wichtig zu wissen, dass sich »Führung« grundsätzlich in *wechselseitigen Einflussprozessen* realisiert. Das impliziert, dass in das Phänomen der Führung von Mitarbeitern stets auch Elemente des Aushandelns einfließen. »Führung« wird damit zumindest teilweise zu einem politischen Prozess des Gebens und Nehmens.

Die Versuche, zwischen »Management« und Menschenführung im Sinne eines unauflösbaren Widerspruchs zu unterscheiden, führen ins Leere. Vielmehr liegt eine Polarität vor. Denn im praktischen Leben ist Führung im Sinne von »Menschenführung« mit der Unternehmensführung aufs Engste verknüpft. Die Führung anderer Menschen vollzieht sich stets innerhalb des durch die Unternehmung als Ganzem gesetzten Rahmens. Und dieser Rahmen wiederum kommt ohne technokratische Instrumente und Elemente nicht aus: Er allein nützt aber wenig, wenn er nicht durch eine Mitarbeiterführung angereichert wird, die den ganzen Menschen anspricht, den Menschen mit seinen Wünschen, Zielen, Hoffnungen, aber auch Zweifeln, Unsicherheiten und Ängsten. Wie in diesem Buch gezeigt wird, liegt die »Kunst« der Führung gerade darin, Management und Leadership zu einer Einheit zu verknüpfen.

Ziele der Führung

»Führung« gibt Richtung und koordiniert damit Handlungen sowie Aktivitäten. Die Unternehmensführung koordiniert Handlungen und Maßnahmen im Unternehmen insgesamt, und die Führung der Mitarbeiter stellt einen notwendigen Teil davon dar, sobald im Unternehmen mehrere Personen tätig sind. Erfolgt die entsprechende Koordination umfassend und hierarchisch, stellen die Unternehmen im Kleinen das Pendant zu einer zentral geleiteten Wirtschaft mit ihrer Bürokratie und ihren starren Regeln im Großen dar. Beiden steht unter dem Gesichtspunkt der Koordination von Handlungen das Marktprinzip, am reinsten formuliert im Modell der vollkommenen Konkurrenz, gegenüber. Hier erfolgt die Koordination der Wirtschaftssubjekte ausschließlich mit Hilfe des Preismechanismus. Zwischen diesen beiden Polen steht die Koordination zum Beispiel durch (politische) Verhandlungen oder Gruppenvereinbarungen.

Auch die moderne Unternehmens- und Mitarbeiterführung beruht nach wie vor stark auf dem hierarchischen Prinzip. Am schwächsten verwirklicht ist es zum Teil auf den oberen und mittleren Führungsstufen großer Beratungsunternehmen. Wie oben gezeigt, sind jedoch auch bei anderen Unternehmen der zentralisierten, hierarchischen Koordination Grenzen gesetzt – je turbulenter die Zeit, desto klarer sind diese Grenzen. Die einzige Ausnahme hiervon bilden Krisensituationen. Sie machen ein autoritäres, zentralisiertes »Durchgreifen« nach streng hierarchischen Prinzipien unerlässlich. Dabei geht es jedoch meist um ein Zurückschneiden, Stoppen und Bremsen und weit weniger darum, sich bietende Chancen organisch zu nutzen und kreative Innovation sowie Entfaltung zu fördern.

Aus diesen Überlegungen heraus hat man bereits in den sechziger Jahren dem rein hierarchisch konzipierten, »durchorganisierten« Führungsmodell das »natural systems model« gegenübergestellt. Dieses zeichnet sich durch *spontan gewordene, also nicht bewusst geschaffene Strukturen, Prozesse und Beziehungen* aus. Heute spricht man in diesem Zusammenhang und unter einer etwas anderen Sichtweise eher von *Empowerment*, also der *Schaffung von Freiräumen für die Organisationsmitglieder*, und der Notwendigkeit, in den Firmen die Intrapreneurship, also das *innere Unternehmertum*, zu fördern. Das aber kann nur mit Hilfe von Freiräumen für eine große Zahl von Mitarbeitern geschehen. Auch werden zunehmend Zwischenformen zwischen der »reinen Hierarchie« und dem »reinen Markt« gesucht – also eine interne und externe »Netzwerkorganisation«. Aus hierarchischer Sicht könnte man auch von »Führung mit losen Zügeln« sprechen. Andererseits beruht die Netzwerkorganisation zu einem erheblichen Teil auf dem Prinzip des *steten Aushandelns von Sach- und Positionsfragen*. Offensichtlich ist es für den Erfolg der Führung sowohl des Unternehmens als auch der Mitarbeiter enorm wichtig, das Zusammenspiel der verschiedenen Koordinationsformen stets situationsgerecht zu gestalten. Nun besagt aber die Betonung der Situationsgerechtigkeit, dass allgemeine, starre Rezepte nicht formuliert werden können, weder für die Wirtschaft insgesamt noch für einzelne Branchen, ja nicht einmal für einzelne Unternehmen. Es lassen sich immer nur Hinweise und Tendenzen aufzeigen. Das Verhältnis von Freiheit und Zwang, von hierarchischer Koordination und Orientierung durch andere Mittel darf auch innerhalb eines Unternehmens nicht starr fixiert werden. Der Puls des Lebens muss auch hier fühl- und sichtbar sein.

Neben der sach-rationalen Aufgabe, Leistungen beziehungsweise Leistungsträger zu koordinieren, besitzt die Mitarbeiterführung eine zweite, nicht minder wichtige Funktion. Diese besteht in der sozioemotionalen Aufgabe der Motivation der Mitarbeiter. In diesem Sinne sind die Führer ein Katalysator innerer Energieströme. In dieser Funktion können sie antreiben und – noch weit mehr – mitreißen. Neben dieser extrinsischen Motivation muss Führung aber auch Konstellationen schaffen, die es dem Mitarbeiter erlauben, aus seiner eigenen Person heraus – also intrinsisch – Lust und Freude am »Tätig-Sein« und an der Anstrengung zu empfinden. In diesem Fall kann die direkte Beziehung zwischen Führer und Mitarbeiter sogar wieder ein wenig in den Hintergrund treten. Zentral ist die Schaffung des für den »Geführten« geeigneten Umfeldes durch den Führenden. Dazu gehört nicht allein die Möglichkeit, sich innerhalb gewisser Freiräume persönlich entfalten zu können, sondern auch, in oder hinter den wirtschaftlichen Tätigkeiten einen tieferen Sinn der eigenen Existenz, aber auch des Unternehmens, in dessen Rahmen man tätig ist, zu sehen.

Die Bedeutung der Führung

Wenn Führung die *Entwicklung und Verwirklichung eigener Vorstellungen* bedeutet, stellt sich sogleich die Frage, welche Möglichkeiten und Freiheiten der Führende in diesem Zusammenhang hat. Erstaunlicherweise ist sie je nach Situation und »Führerpersönlichkeit« ganz unterschiedlich zu beantworten.

Was die Führung im weiteren Sinn, also die Führung von Unternehmen, angeht, so ist die Wirtschaftsgeschichte voll von Beispielen für größte Handlungsspielräume von Führenden oder von Führungsgruppen. Die Liste der legendären Firmengründer ist lang; sie umfasst Namen wie Edison und Ford in den USA oder Rothschild, Rathenau, Siemens, Schmidheiny oder Sulzer in Europa. Würdige Vertreter der heutigen Generation sind etwa Bill Gates als Einzelperson und die SAP-Gründergruppe um Hasso Plattner und Dietmar Hopp. Einzelne Führungspersönlichkeiten und kleine Führungsgruppen prägen auch Traditionsfirmen. Bekannte Beispiele hierfür sind der Wandel von General Electric unter der Führung von Jack Welch, die Veränderung von Intel unter Andrew Grove und die Turnarounds von ICI unter John Harvey-Jones und SAS unter Jan Carlzon. In all diesen Fällen waren sach- und personenbezogene Führungserfolge aufs Engste miteinander verknüpft. Auch im Bereich der Menschenführung gibt es zahllose Beispiele dafür, wie stark der Einfluss von Führungspersönlichkeiten sein kann. Interessanterweise stammen sie mehrheitlich aus dem Bereich der Religion, der Politik und des Militärs und weniger aus der Wirtschaft: die großen Religionsgründer und die Propheten, Staatsmänner wie Churchill, Kennedy und Gandhi, und militärische Führer wie Napoleon, Patton und Rommel.

Die Wirtschaftsgeschichte kennt aber nicht nur Beispiele für erfolgreiche Unternehmens- und Menschenführung. Sie kann auch mit dem Gegenteil aufwarten: Beispielen von Misserfolgen der Führung. Unternehmen gehen in Konkurs oder werden von erfolgreicheren Firmen übernommen. In diesen Fällen muss die Frage erlaubt sein, ob eine andere, bessere Führung die Katastrophe hätte abwenden können. Dieses Thema ist umstritten, und deshalb muss die Frage differenziert beantwortet werden. Einige Vertreter der Management-Wissenschaften schreiben Misserfolge ganz oder mehrheitlich »ungünstigen Konfigurationen« zu: Sachzwänge, unabänderliche Gegebenheiten und ungünstige Konfigurationen, so ihre Meinung, würden in vielen Fällen einen Führungserfolg schlicht nicht zulassen. Das gelte für die Führung des Unternehmens als Ganzem wie auch für die Führung der Mitarbeiter, insbesondere des obersten Führungskreises. Die Last früherer Investitionen, aber auch gewisse Machtstrukturen würden den erforderlichen Änderungen entgegenstehen. Diese Autoren haben ein gewichtiges Argument im Hintergrund: Sie können auf den offenbar nicht aufzuhaltenden Niedergang von Staaten und ganzen Kulturen hinweisen. So waren der Niedergang der Donaumonarchie, das Ende des chinesischen Kaisertums und das Ende früher Kulturen von einzelnen Persönlichkeiten, und seien sie noch so wohlmeinend und fähig gewesen, nicht aufzuhalten.

Dem kann man mit ebenso großer Sicherheit entgegenhalten, dass das Ende vieler Unternehmen eben nicht – zumindest nicht vollständig – durch ein unabänderliches, ungünstiges Schicksal, durch die Macht äußerer Kräfte oder durch eherne Gesetzmäßigkeiten bedingt ist. Denn es ist eine Tatsache, dass die oberste Führung einen sehr großen Einfluss auf die Geschicke eines Unternehmens hat. In all den Fällen, in denen Spitzenmanager ausgetauscht werden, wird diese Meinung von den Verantwortlichen offensichtlich geteilt. Sie erwarten beispielsweise, dass andere Manager die Unabhängigkeit des Unternehmens bewahren oder – im Falle einer Übernahme durch ein stärkeres Unternehmen – günstige Übernahmebedingungen für die Kapitalgeber und für die Mitarbeiter bewirken können. Diese Art kraft- und wirkungsvollen Führens dürfte den Regelfall darstellen. Sie zeigt mit aller Deutlichkeit die Bedeutung des Faktors »Führung« auf der Stufe des Gesamtunternehmens. Aufgrund dieser Überlegungen haben Charles Baden-Fuller und John Stopford denn auch in ihrem Buch *Rejuvenating the Mature Business* vor einigen Jahren geschrieben, es müsse nicht zwischen guten und schlechten Industrien, sondern zwischen gut und schlecht geführten Unternehmen unterschieden werden: »The real competitive battles are fought out between firms with a diversity of approaches.«[3] Hier ist aber ein wichtiger Aspekt zu betonen: Ebenso wichtig wie das Handeln der Führungsspitze ist das Handeln der Mitarbeiter. Denn die Unternehmensspitze kann letztlich nur die Richtung vorgeben und Bedingungen schaffen, die den anderen Mitgliedern des Unternehmens ein zielgerichtetes Handeln ermöglichen. Erfolgreich handeln müssen diese in dem so gesetzten Rahmen selbst.

Diese Überlegungen müssen auch bei der Einführung und Umsetzung eines ganzheitlichen und dynamischen Managementmodells beachtet werden. Dieses Modell kann in jedem Führungsbereich eingesetzt werden – unter folgenden Voraussetzungen: Überzeugung, Zielstrebigkeit und dem Willen zum Miteinander.

Das Gallus-Managementmodell

Schon in den einführenden Zeilen zu diesem Buch wurde gezeigt, wie wichtig Managementmodelle sind. Auf diesen Überlegungen basierend wurde das Gallus-Managementmodell entwickelt, das Abbildung 3.2 zeigt.

Im Zentrum der Abbildung steht der angestrebte Erfolg. Dieser definiert sich aus dem *Prinzip der Nachhaltigkeit* und nicht aus der eindimensionalen Maximierung des Unternehmenswertes. Diese Ausgangsposition wird in Kapitel 5 noch näher erläutert, doch sei bereits an dieser Stelle erwähnt, dass das Prinzip der Nachhaltigkeit drei

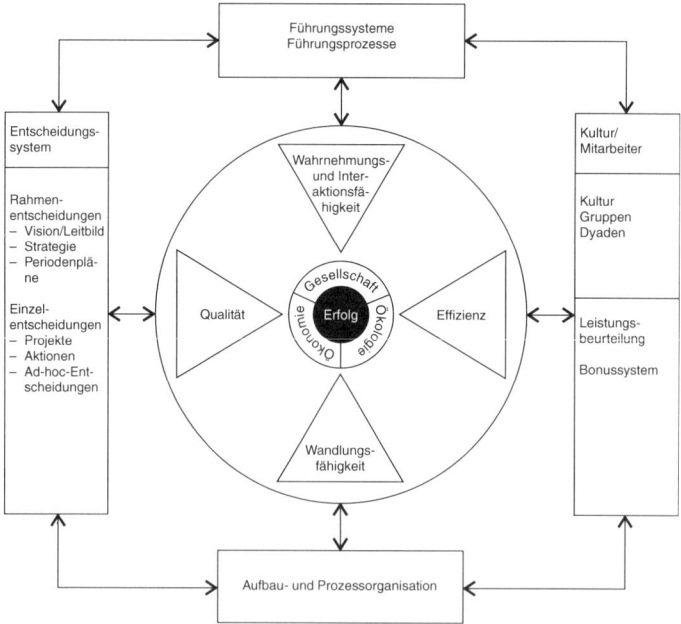

Abbildung 3.2: Das Gallus-Managementmodell

Aspekte umfasst: den wirtschaftlichen, den sozialen und den ökologischen Aspekt.

Der unternehmerische Erfolg ist an verschiedene Voraussetzungen gebunden. Vier davon sind besonders bedeutsam: Erstens soll das Handeln im Unternehmen bestimmten *Qualitätsansprüchen* gerecht werden: Wirtschaftlicher, sozialer und ökologischer Pfusch verträgt sich nicht mit Erfolg. Zweitens muss das Handeln aus Wettbewerbsgründen effizient sein, also auf Basis des *ökonomischen Prinzips* erfolgen (hohes Ergebnis bei gegebenem Mitteleinsatz; geringer Mitteleinsatz zur Erzielung eines vorgegebenen Ergebnisses). Drittens ist in einer stets dynamischer werdenden Welt die Fähigkeit zur Wahrnehmung von internen und externen Geschehnissen und Entwicklungen sowie zur Interaktion – wozu auch Kommunikation und Zusammenarbeit zählen – unverzichtbar. Der vierte Aspekt ist die Fähigkeit, sich zu wandeln, sich neuartigen Erkenntnissen und Situationen anzupassen beziehungsweise Neues zu schaffen und sich immer wieder zu erneuern. Das unablässige Vorantreiben des Wandlungsprozesses gehört zu den wichtigsten Aufgaben des Top-Managements.

Diese Kerndimensionen werden von zwei Säulen eingerahmt: der Säule »Entscheidungssysteme« und der Säule »Mitarbeiter/Kultur«. Die erste Säule umfasst verschiedene formale Typen von Entscheidungen. Sie sind rein »funktional«, also personenunabhängig. Diese Periodenbetrachtung ist Gegenstand des zweiten Teils dieses Buches.

Die zweite Säule bezieht sich auf die soziale Dimension; sie umfasst die sozialen Aspekte der Unternehmensführung und setzt sich mit der Mitarbeiterführung im weitesten Sinne auseinander. Sie besitzt zwei verschiedene Dimensionen, die sich – auf den ersten Blick überraschend – weitgehend mit der Unterscheidung zwischen »Manager« und »Leader« decken (siehe Abbildung 3.1 auf Seite 29). Letztere ist eingebettet in die soziale Dimension und kulminiert in der direkten, interaktiven Beeinflussungsbeziehung zwischen dem Führenden und dem Geführten. Diese Zweierbeziehung, die so genannte Dyade, baut wesentlich auf dem Gespräch auf. Durch das kontinuierlich stattfindende persönliche Gespräch lernen sich beide Partner kennen und gewöhnen sich aneinander. Denn bei der persönlichen Kommunikation lassen sich nicht nur sachliche Inhalte, sondern auch Werte vermitteln und auf diese Weise eine Art Leitplanke für künftiges Verhalten und zukünftige Gespräche errichten.

So wertvoll diese Einsicht ist, so stößt sie doch sehr schnell an ihre

Grenze: Die Zweierbeziehung Vorgesetzter-Mitarbeiter wird ergänzt durch die Prozesse, die in Gruppen ablaufen, wobei diese Gruppen in der Regel zwischen drei und 20 Mitglieder aufweisen. Diese Prozesse können das individuelle Verhalten der Gruppenmitglieder ungemein stark beeinflussen und sind teilweise weitaus stärker als die gesamte Davidsche Führungsmacht, die dem Vorgesetzten zur Verfügung steht. Beispielsweise wird die Arbeitsintensität häufig weniger durch den Vorgesetzten als vielmehr durch eine Gruppennorm bestimmt. Selbstredend ist jeder Vorgesetzte zugleich auch Mitglied der von ihm geführten Gruppe. Er tut aber gut daran, zwischen individuellen und gruppenbezogenen Führungsakten zu unterscheiden. Im Rahmen des Gesamtunternehmens (und auch seiner größeren Teilbereiche) spielen sich die persönliche Führung und die Gruppenprozesse schließlich stets vor dem Hintergrund einer Firmen- und Unternehmenskultur ab. Darunter lässt sich ein *System von Wertvorstellungen, Verhaltensnormen, Denkmustern und Handlungsweisen* verstehen, das von den Mitarbeitern erlernt und akzeptiert worden ist. Die Unternehmenskultur unterscheidet die Firmen wesentlich voneinander und gibt ihnen – neben anderen Faktoren – ihr unverkennbares, eigenes Gepräge. Zur Unternehmenskultur gehört zum Beispiel das Maß von Offenheit und Kooperationsbereitschaft. Die Kultur ist zwar unter anderem Ergebnis von persönlichen Beziehungen und Beeinflussungen, lässt sich daran aber nur eingeschränkt festmachen. Ihre Bedeutung, was die Beeinflussung der einzelnen Individuen betrifft, ist nicht geringer einzuschätzen als diejenige der Gruppe. Auch daran zeigt sich, dass der individuelle Mensch kein isoliertes Wesen, sondern ein zoon politikon, ein gesellschaftliches Geschöpf, ist. Die Unternehmenskultur wird zwar in irgendeiner Weise von allen Beteiligten beeinflusst, in der gegenwärtigen Form erhalten oder aber verändert; sie wird jedoch durch das Handeln der obersten Unternehmungsführung wesentlich gestaltet. In diesem Sinne gehört die *Beeinflussung und Formung der Unternehmenskultur* zu den vornehmsten Aufgaben der »Leadership«. Zu all diesen Facetten der persönlichen Führung bemerken Eccles/Nohria: »The interactive nature of management means that most management work is conversational. When managers are in action, they are talking and listening. Studies on the nature of managerial work indicate that managers spend about two-thirds to three-fourths of their time in verbal activity. These verbal conversations are the means by which managers gather information, stay on top of things, identify problems, negotiate shared meanings, develop plans, put things in motion ...«[4]

Mitarbeiterführung erschöpft sich jedoch nicht in eben dieser »Leadership«. Um den einzelnen Mitarbeiter zu beeinflussen, stehen den Vorgesetzten sämtliche Möglichkeiten offen, die im Sinne von Abbildung 3.1 (siehe Seite 29) unter den Begriff des traditionellen Managements fallen. Diese Art der Mitarbeiterführung wird auch als *indirekte Führung*, als *technokratisch* und *strukturell-systemisch* bezeichnet. Organisatorische Regelungen, Pläne und Budgets sowie Richtlinien und Weisungen stehen dabei im Vordergrund. Dass bestimmte Instrumente der allgemeinen Unternehmensführung direkt auch für die Führung der Mitarbeiter eingesetzt werden, hat letztlich einen einfachen Grund: Allen Fortschritten der Elektronik zum Trotz sind das Unternehmen und die Unternehmensführung letztlich von Menschen bestimmt. Die Unternehmensführung im Allgemeinen und die Führung von Mitarbeitern im Besonderen weisen aus diesem Grunde viele Gemeinsamkeiten auf. Auch daran zeigt sich, wie entscheidend das Zusammenfügen aller drei Hauptdimensionen der Führung (im weiteren Sinne) für den Erfolg ist. Die Kombination der Mittel und Möglichkeiten stellt die Herausforderung und gleichzeitig die Kunst der Führung dar. Sie optimal zu dosieren entspricht somit dem Grundanliegen einer ganzheitlichen Führung.

Verbunden werden die beschriebenen Säulen durch zwei weitere Dimensionen. Die Aufbau- und Prozessorganisation legt die Verteilung der in einem Unternehmen zu lösenden Teilaufgaben auf kleinere Teilgebilde des Unternehmens bis hin zum einzelnen Mitarbeiter fest. Diese Betrachtungsweise löst sich von der »funktionalen«, wird also personenabhängig. Einige ausgewählte Aspekte der Unternehmensorganisation werden im dritten Teil dieses Buches behandelt. Das zweite Verbindungselement, »Führungssysteme und -prozesse«, bezeichnet die Gesamtheit der Hilfsmittel, die das Entscheidungssystem unterstützen und ergänzen. Mit einigen besonderen Elementen dieser Systeme befasst sich der vierte Teil dieser Publikation.

Führungsprozesse

Prozesse, Abläufe und Ereignisketten haben lange Zeit in der Betriebswirtschaftslehre ein Schattendasein geführt. Bezeichnenderweise ist der bereits 1916 vom französischen Ingenieur Henri Fayol entwickelte Prozessansatz bald wieder in Vergessenheit geraten. Größere Aufmerksamkeit haben Geschäftsprozesse erst in den vergangenen dreißig Jahren gewonnen. Einer der Ersten, der erneut auf die Bedeutung der Prozesse aufmerksam machte, war Henry Mintzberg. Im Bereich der Strategieforschung hat er die inhaltliche, punktuell-statische Sicht um die Prozesse der Strategiefindung erweitert. In den achtziger Jahren erhielt sein Ansatz aus einer ganz anderen Richtung Unterstützung: In Japan und in den USA wurden das Kanban-System und das Business Reengineering entwickelt. Zunächst hatte man versucht, in den Bereichen Produktion und später auch in der Forschung und Entwicklung die Arbeitsabläufe zu optimieren und dadurch Zeit und Kosten zu sparen. Später wurde das Business Reengineering auf alle anderen Unternehmensbereiche ausgedehnt.

Der Stellenwert dieser Entwicklung kann nicht hoch genug eingeschätzt werden. Die heutige Zeit verlangt, auch das integrierte, ganzheitliche Management nicht nur als Summe von statischen Kategorien, sondern vor allem auch als *Summe von miteinander verwobenen Prozessen* aufzufassen – und sich entsprechend zu verhalten. Prozesse und ihre Verknüpfungen sollten gezielt und konsequent in den Mittelpunkt der Betrachtung gestellt werden. Die üblichen Managementmodelle werden damit zwar nicht vollständig abgelöst, aber ein wenig in den Hintergrund gerückt. Diesen Weg hat beispielsweise das Qualitätsmanagement anlässlich der Überarbeitung der ISO-9000-Norm-Serie weg von einer funktionalen hin zu einer prozessualen Grundorientierung im Jahre 2000 beschritten.

Bei Gallus wurden seit Beginn der neunziger Jahre immer mehr Prozesse der Unternehmensführung in ein kohärentes Gesamtsystem eingefügt. Dieses System – bei Gallus als Führungsprozess bezeichnet – ist in Abbildung 3.3 wiedergegeben. Der Vollständigkeit halber sei hier erwähnt, dass auch die übrigen Prozesse wie etwa Produktentwicklung, Produktherstellung, Logistik, Einkauf oder Service im Managementsystem von Gallus dokumentiert sind.

Die Hauptachse bei diesem Modell bildet eine Reihe von Prozessen,

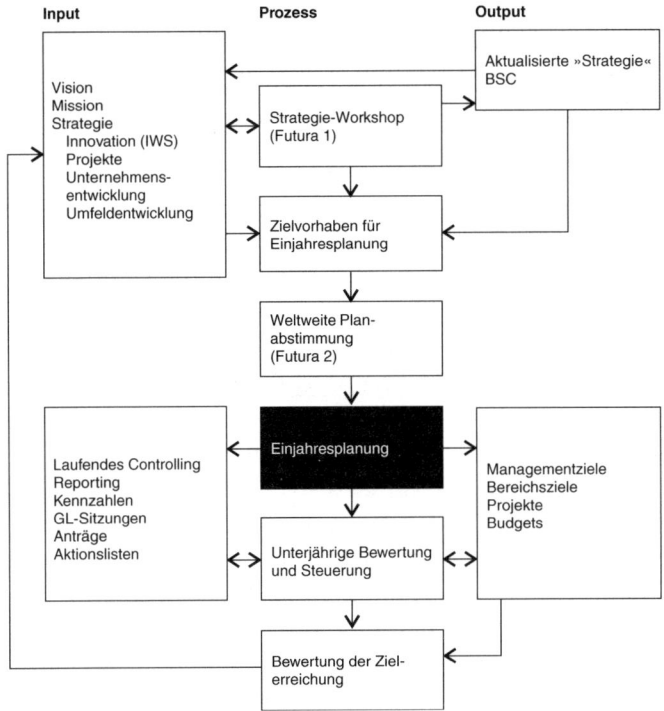

Input **Prozess** **Output**

Vision
Mission
Strategie
  Innovation (IWS)
Projekte
Unternehmens-
entwicklung
Umfeldentwicklung

Strategie-Workshop
(Futura 1)

Aktualisierte »Strategie«
BSC

Zielvorhaben für
Einjahresplanung

Weltweite Plan-
abstimmung
(Futura 2)

Laufendes Controlling
Reporting
Kennzahlen
GL-Sitzungen
Anträge
Aktionslisten

Einjahresplanung

Managementziele
Bereichsziele
Projekte
Budgets

Unterjährige Bewertung
und Steuerung

Bewertung der Ziel-
erreichung

Abbildung 3.3: Das Gallus-Führungsmodell

die im Laufe eines Jahres stattfinden. An ihrer Spitze steht der Strategie-Workshop Futura 1 mit einer Dauer von zwei Tagen; er wird jeweils Ende Juni durchgeführt. Basierend auf einer Analyse der Um-
feld- und Unternehmensentwicklung hat er die Aufgabe, Vision, Leitbild und Strategie zu überprüfen sowie die Balanced Scorecard und
Innovationen zu entwickeln und zu überarbeiten. Die Ergebnisse des
»Strategie-Workshops« sind aktualisierte Dokumente insbesondere zu
den Themen Strategie und Innovation. Die Produktinnovation wird in
einem eigenen Prozess gesteuert.

Die nächsten drei Prozessglieder haben die Entwicklung der Einjahresplanung zum Inhalt. Bereits die Zahl von drei Einzelschritten zeigt
die große Bedeutung, die der Einjahresplanung beigemessen wird. Sie
ist für die operative, kurzfristige Führung des Unternehmens im Allgemeinen und der Mitarbeiter im Besonderen von enormer Wichtig-
keit. Hervorzuheben ist die äußerst enge Verzahnung der einzelnen
Glieder der Prozesskette. Die Einjahresplanung ist mit der längerfristigen Strategie und den längerfristigen strategischen Zielen aufs Engste

verbunden. Gleichzeitig findet sie ihre Fortsetzung in der unterjährigen Unternehmenssteuerung und schließlich bei der Frage, ob ein Bonus aufgeschüttet wird.

Die Ergebnisse der Einjahresplanung finden ihren Niederschlag in Dokumenten mit unterschiedlicher Ausrichtung und Zwecksetzung. Die Managementziele beziehen sich auf das Unternehmen als Ganzes, also auf die Gallus-Gruppe und ihre Tochtergesellschaften. Gestützt auf sie, vor allem aber auch gestützt auf die Einjahresplanung, werden Zielsetzungen für die Mitglieder der Geschäftsleitung und einige weitere zentrale Führungskräfte erarbeitet. Diese Ziele wiederum sind eng verzahnt mit einzelnen Projekten und Budgets.

Die »Steuerung« der einzelnen Unternehmen im Laufe eines Jahres erfolgt konsequent anhand der Einjahresplanung. Selbstredend werden dort, wo es erforderlich ist, die Erwartungen korrigiert. Gleichsam als Memento früherer Absichten werden aber die ursprünglichen Daten der Einjahresplanung nicht gelöscht. Dies unterstreicht ihre Bedeutung und ihre Funktion als Richtschnur während des Jahres. Die Steuerung selbst vollzieht sich auf Grund des laufenden Controlling und Reporting, das sich auf Kennzahlen und Berichte stützt. Das entscheidende formelle Forum dazu bilden die Sitzungen der Geschäftsleitung, aber auch viele Gespräche in Gruppen oder anlässlich geplanter und ungeplanter persönlicher Begegnungen. Bei solchen Anlässen wird auch über Ad-hoc-Maßnahmen und Aktionen gesprochen und entschieden.

Nach Ablauf des Geschäftsjahres wird das Erreichen der Gesamt-Unternehmensziele ausführlich besprochen und bewertet. Das Ergebnis dieser Beurteilung bestimmt, ob und in welcher Höhe ein Bonus, an dem alle Mitarbeiter des Unternehmens partizipieren, ausgeschüttet wird. Die individuelle Leistungsbewertung bemisst sich danach, ob die persönlichen Ziele erreicht worden sind. Da sich diese auf den obersten Stufen der Unternehmensführung sehr häufig mit den Unternehmenszielen decken, dauert das entsprechende Gespräch zwischen Vorgesetztem und Mitarbeiter nicht länger als zwei Stunden. Und weil an bereits Bekanntes angeknüpft werden kann, ist das Gespräch weitgehend frei von »Überraschungen«.

Es ist wichtig, zu wissen, dass die geschilderten Managementprozesse *eine Vielzahl von persönlichen Interaktionen* umfassen. Ein ganz wesentliches Merkmal ist die Tatsache, dass viele Personen in die geschilderten Abläufe eingebunden sind und dass die wichtigsten Erörterungen und Entscheidungen im Rahmen von Gruppen, insbesondere natürlich innerhalb der Geschäftsleitung, stattfinden. Diese wird dadurch stark zusammengeschweißt.

Mit diesem System von miteinander verknüpften Prozessen wurde eine Art der Führung gefunden, die zwei Forderungen weitestgehend gerecht wird: Zum einen verbindet sie in einem *ganzheitlichen Ansatz* eine Vielzahl von Gesichtspunkten und Zielen. Sie ist transparent, und die unterschiedlichsten Führungsmittel sind klar sichtbar aufeinander abgestimmt. Insbesondere verbindet das vorgestellte System Aspekte der Koordination und der Motivation zu einer untrennbaren Einheit. Zum anderen erlaubt das Führungskonzept eine *flexible, der jeweiligen Situation angepasste Handhabung*, ohne dass deswegen Inkonsequenz entstünde. Im vergangenen Jahrzehnt hat sich dieses Konzept denn auch in mageren Zeiten ebenso bewährt wie in wirtschaftlich fetten Jahren.

Teil II
Ohne Entscheidungen läuft nichts
Ein Orientierungsrahmen

4. Entscheidungen als tragende Säule des Managements

Die Stufen der Entscheidungen im Überblick

Entscheidungen bilden das Rückgrat unternehmerischer Tätigkeiten in einem dynamischen Umfeld. Sie stellen die *geistige und willentliche Festlegung auf später vorzunehmende Handlungen* dar. Ohne Entscheidungen – und damit ohne Innovation und stete Anpassung an geänderte Verhältnisse – kann ein Unternehmen im Wettbewerb nicht bestehen. Aus eben diesem Grunde wurden sie im statischen Modell der Unternehmensführung an prominenter Stelle platziert. Der Gallus-Prozess der Gesamtführung zeigt nun auf, wie die unterschiedlichsten Entscheidungen aus der Sicht der obersten Führung miteinander verkettet sind.

Unternehmensführung soll grundsätzlich aus den zahllosen Entscheidungen ein in sich widerspruchsfreies Gesamtsystem entstehen lassen. »Alle müssen am gleichen Strick ziehen« lautet eine volkstümliche Fassung dieser Absicht. Sie ist gut und treffend. Sie bedarf aber, wie so viele Volksweisheiten, einer Einschränkung. Davon handelt der zweite Abschnitt dieses Kapitels. Doch zunächst zum Grundprinzip.

Aus logischen und praktischen Gründen hat es sich als zweckmäßig erwiesen, die in einem Unternehmen zu fällenden Entscheidungen in ein hierarchisch konstruiertes System von Entscheidungsstufen aufzuteilen. Das geschieht rein »funktional«, also nach inhaltlichen Ordnungsgesichtspunkten. Die Gliederung ist demzufolge nicht organisatorisch gedacht, die Entscheidungen werden nicht mit Personen oder Personengruppen, also mit Instanzen im Sinne der Organisationstheorie, verbunden. Das Ergebnis derartiger Bestrebungen wird in Abbildung 4.1 wiedergegeben und im Folgenden näher erläutert.

Wie ersichtlich, lassen sich die Entscheidungen in Rahmenentscheidungen und Einzelentscheidungen gliedern. Die *Rahmenentscheidungen* bilden das Gegenstück zu den Letztentscheidungen (die stets Einzelentscheidungen sind) und führen noch zu keinen konkreten Handlungen. Sie lassen sich nach zwei hauptsächlichen Kriterien kategorisieren: der Form ihrer Darstellung und der zeitlichen Reichweite. Die Form der Darstellung lässt sich in vorwiegend qualitativ und in vorwiegend quantitativ unterscheiden. Nach ihrer zeitlichen Reichweite bilden die Rahmenentscheidungen einen Trichter, durch den abstrakte Zielvorstellungen, Gebote und Verbote immer stärker konkretisiert werden.

Vision/Mission/Leitbild und die strategischen Entscheidungen sind, von der Form ihrer Darstellung her gesehen, vorwiegend qualitativ. Vision/Mission/Leitbild enthalten generelle Ziele und maßgebende,

Entscheidungsstufen der Führung

I. Rahmenentscheidungen

Vision/Mission/Leitbild

Strategie

Pläne

- Mehrjährig

- Einjährig

- Unterjährig

II. Einzelentscheidungen

Größere Projekte

Aktionen aller Art

Ad-hoc-Entscheidungen

Abbildung 4.1: Das System der Entscheidungsstufen

begleitende Prinzipien, Normen und Regeln für die Zielerreichung. Sie stellen damit ein konstitutives Denkmuster dar, das auf keine hierarchisch noch höher anzusiedelnde Entscheidung zu stützen ist. Man kann sie deshalb als originäre Entscheidungen bezeichnen. Grundsatzentscheidungen, die sich auf ein Unternehmen beziehen, werden im amerikanischen Schrifttum als »Vision« oder »Corporate Philosophy« bezeichnet. Im deutschen Sprachraum spricht man, dem folgend, ebenfalls von Vision oder Unternehmensphilosophie, zum Teil aber auch von Unternehmensleitbild. Teils identisch mit dem »Leitbild«, teils eingeschränkt, wird häufig auch der Ausdruck (Business-)Mission verwendet. Er dient dazu, die Marktleistung für die Kunden, also den Geschäftszweck, schlagwortartig zu umschreiben. Grundsatzentscheidungen haben den Zweck, die längerfristige Entwicklung des Unternehmens festzulegen.

Die *strategischen Entscheidungen* sind bereits spezifischer. Sie kreisen um Fragen des Aufbaus und der Pflege von Erfolgspotenzialen des Unternehmens. In größeren Unternehmen geht es dabei in erster Linie um die Frage, in welchen Geschäftsfeldern sich die Firma betätigt, welche Produkte und/oder Dienstleistungen sie also am Markt anbieten soll und welche Leistungspotenziale, also welche finanziellen und personellen Ressourcen, dazu eingesetzt beziehungsweise aufgebaut werden sollen. Bestimmt wird auch, und zwar in großen und kleinen Unternehmen, welche Grundausrichtung in den einzelnen Geschäftsfeldern verfolgt werden soll. Derartige Grundausrichtungen können etwa Neuaufbau, Wachstum, Halten der Position und Rückzug vom Markt sein. Bei kleineren Unternehmen wie Gallus werden in der »Strategie« die zu erbringenden Marktleistungen und die zu bearbeitenden Märkte, Produktinnovation und Technologien näher spezifiziert. Auch hier wird über den Einsatz von finanziellen und personellen Mitteln entschieden. Man spricht in diesem Zusammenhang auch von »Geschäftsfeldstrategien«. Neben ihnen besitzen auch die »funktionalen Strategien«, also die Grundsätze der Produktentwicklung, der Produktion oder des Marketing, eine große Bedeutung.

Langfristig orientierte Entscheidungen sind unverzichtbar. Denn die Anpassungsfähigkeit von Unternehmen ist, wie die Anpassungsfähigkeit jedes organisierten Gebildes, jeder Institution und jedes einzelnen Menschen, begrenzt. Jede Anpassung erfordert stets eine Investition in Sachanlagen, Beziehungsnetze und spezifisches Wissen, und diese Investition muss sich amortisieren. Die Anpassung zerstört vorhandene, auf früheren Investitionen beruhende finanzielle Werte, die womöglich noch nicht vollständig abgeschrieben sind. Besonders deutlich wird dies bei der Entwicklung neuer, leistungsstärkerer Maschinen, welche die vorhandenen Geräte ersetzen. Es ist klar, dass jedes Unternehmen in einer »chaotischen Zeit« versuchen muss, seine Anpassungsfähigkeit zu erhöhen. Das heißt aber keineswegs, dass es auf eine längerfristige Orientierung verzichten darf. Allerdings sind zwei Forderungen in den Vordergrund zu rücken: Zunächst sollte die Langfristorientierung offen genug sein, um Anpassungen an besondere Erfordernisse zu erlauben. Eine entsprechende Formulierung könnte etwa lauten: »Wir bauen unsere globalen Tätigkeiten entschieden aus«, ohne dass eine bestimmte Region oder eine bestimmte betriebliche Funktion bereits angesprochen wird. Dann sollten Vorkehrungen getroffen werden, damit die Langfristorientierung überhaupt verändert werden kann. Dies ist eine psychisch und materiell schwierig zu verwirklichende Aufgabe. Psychisch ist sie problematisch, weil sie es zumindest erlaubt, die bestehende Vision und Strategie in Frage zu stellen, was diese naturgemäß bis zu einem gewissen Grade relativiert. Eine entsprechende Denkhaltung ist aber unverzichtbar. Denn gerade auch in Bezug auf die Langfristorientierung muss die Spannung zwischen Konstanz und Wandel bewusst aufrechterhalten und praktisch gelebt werden. Offensichtlich ist es jedoch schwierig, eine sinnvolle Linie zwischen allzu starrem Festhalten an früheren Entschlüssen und deren allzu leichtfertiger Preisgabe einzuhalten. Materiell-physisch schwierig zu beantworten ist insbesondere die Frage nach der Zweckmäßigkeit hoher, sehr spezifischer Investitionen, die später, bei einer möglichen Änderung der Langfriststrategie, kaum mehr genutzt werden können. Als Spezialist ist sich Gallus dieser Problematik sehr wohl bewusst. Durch eine intensiv gepflegte Analyse technischer Änderungen konnte das Unternehmen bis heute Fehlinvestitionen weitgehend vermeiden.

Abbildung 4.1 stellt eine starke Vereinfachung und Schematisierung der wirklichen Verhältnisse dar. So müssen Visionen, Leitbilder und Strategien in einem großen und diversifizierten Unternehmen völlig anders formuliert werden als in einem Einproduktunternehmen. Es gilt: je diversifizierter und differenzierter das Leistungsangebot, desto kleiner der Kern an gemeinsamen Inhalten. Unter Umständen muss aus diesem Grunde auch die längerfristige Ausrichtung hierarchisch strukturiert werden, zum Beispiel indem für einzelne Produktzweige und/oder Regionen je eigene Visionen, Leitbilder und Strategien entwickelt werden. In der Gallus-Gruppe zeigen sich die Vorzüge einer derartigen Gliederung deutlich auf der Ebene der Strategie. Hier sind bewusste und beabsichtigte Unterschiede zwischen den einzelnen Geschäftsfeldern unerlässlich, so zum Beispiel für Maschinen für den Etikettendrucker und Maschinen für den Faltschachtelhersteller.

Auf der Ebene *der operativen Entscheidungen* werden die normativen und strategischen Entscheidungen weiter konkretisiert und die künftigen Handlungen gründlicher durchdacht und auf ihre Auswirkungen hin überprüft. Im Zentrum des Denkens steht die Ausnutzung der vorhandenen Mittel. Dazu bedient man sich unter anderem der Periodenpläne. Diese sind quantitativ orientiert, werden aber mehr oder weniger stark durch qualitative Elemente ergänzt. Periodenpläne sind nicht zwingend kurzfristig ausgelegt, sondern können sich durchaus auch auf längere Phasen erstrecken.

Die *Einzelentscheidungen* werden in (größere) Projekte, (kleinere) Aktionen und Ad-hoc-Entscheidungen gegliedert. Einzelentscheidungen beeinflussen die Entwicklung jedes Unternehmens in einem nicht zu unterschätzenden Maß. Letztlich besitzen sie zwei Funktionen: Im Rahmen der vorgegebenen Globalorientierung bilden sie einerseits deren Realisierung. Andererseits stellen die (größeren) Projekte die Hauptquelle für Innovationen jeder Art dar. Auch sie können eine gegebene Langfristorientierung verwirklichen, sie können aber auch auf deren Änderung angelegt sein. Die wichtigste – sehr langfristig zu fällende – Entscheidung von Gallus war das Eingehen eines Kooperationsvertrages mit »Heidelberg«.

Die Konsistenz des Systems der Entscheidungen

Die Frage nach der Priorität

Die Langfristorientierung weist die logische Priorität gegenüber der Kurzfristorientierung auf. Sie bildet das Kraftzentrum, aus dem sich alle weiteren Entscheidungen ableiten, und gleichzeitig den Fluchtpunkt, auf den hin sich alle Entscheidungen bewegen sollten. Konsequenterweise werden die hierarchisch niedrigeren Entscheidungsstufen aus den ihnen übergeordneten Stufen abgeleitet. Die kurzfristigen

Einzelentscheidungen stehen am Ende dieser Kette. Auf diese Weise wird auch dem Postulat der inneren Konsistenz aller Entscheidungen Rechnung getragen.

Der Verwirklichung dieser Grundsätze stehen allerdings *ernst zu nehmende Hemmnisse* im Weg. Das Streben nach Einheitlichkeit und Verwirklichung einer »Unité de doctrine« und das System der Ableitung von logisch nachgeordneten Entscheidungen können nur allzu leicht zu mangelnder Kreativität und einer zu geringen Anpassungsfähigkeit an veränderte Verhältnisse führen. Die Summe aller Entscheidungen soll ja nicht nur ein in sich konsistentes System darstellen, sondern sie soll für die Zukunft des Unternehmens positiv sein. Aus diesem Grunde müssen Sicherheitsvorkehrungen gegen das Fällen sachlich unzweckmäßiger Entscheidungen sowie gegen Erstarrungen und Kristallisierungen getroffen werden, welche die Zukunft des Unternehmens nicht fördern, sondern bedrohen.

Das ist immer dann der Fall, wenn erst kurzfristig erkennbare – oder erkannte – Möglichkeiten und Gefahren auftreten. Sie können sich aus unternehmensinternen und unternehmensexternen Entwicklungen ergeben, zum Beispiel im Falle eines unvoraussehbaren Erfolgs, sei es in Form eines technischen Durchbruchs oder eines plötzlichen Nachfragebooms auf den Märkten (man denke nur an den legendären Erfolg der Honda-Motorräder auf dem amerikanischen Markt). Weitere Beispiele sind plötzliche Chancen, eine Firma zu übernehmen oder Patente zu erwerben. Um sie zu verwirklichen, kann sich ein Unternehmen gezwungen sehen, von längerfristigen Prinzipien abzuweichen. Umgekehrt können sich fundierte Erwartungen als unrealistisch erweisen, weil in der Wirtschaft »Sicherheit« die Ausnahme und nicht die Regel darstellt. Auch das kann zu Änderungen in der langfristigen Ausrichtung führen.

Nach der Logik der Entscheidungsstufen müsste vor jeder Einzelentscheidung, die vom vorgegebenen Rahmen abweicht, eben dieser Rahmen modifiziert werden. Ein solches Vorgehen wird in der Tat von Fred David[1] stipuliert: »The strategic-management process is dynamic and continuous. A change in any one of the major components of the model can necessitate a change in any or all of the other components.« Faktisch kann dieser Vorschlag hauptsächlich nicht verwirklicht werden, und zwar aus zwei Gründen: Zum einen kann das für die längerfristige Ausrichtung des Unternehmens zuständige Gremium nicht zu jedem beliebigen Zeitpunkt zusammengerufen werden. Der Zeitdruck lässt eine kurzfristige Änderung der längerfristigen Ausrichtung also gar nicht zu. Zum anderen kann es kurzfristig unmöglich sein, sinnvolle Änderungen der längerfristigen Ausrichtung überhaupt zu formulieren, weil der gegenwärtige Informationsstand dazu nicht ausreicht. In derartigen Fällen bleibt kaum etwas anderes übrig, als Inkonsequenzen in Kauf zu nehmen und sozusagen ein »Trial and Error«-Verfahren im Kleinen vorzunehmen.

Des Weiteren kann ein kurzfristiger Erfolgsdruck darauf hinwirken, vom »Pfad der Tugend«, also von der langfristigen Ausrichtung, abzuweichen. So versuchen insbesondere Publikumsgesellschaften mit Blick auf den zum Teil gewaltigen Druck des Finanzmarktes oder einzelner Investoren, durch kurzfristige Maßnahmen, die längerfristigen Prinzipien zuwiderlaufen, negative kurzfristige Kursschwankungen zu dämpfen. Sind sie damit erfolgreich, können sie sich möglicherweise sogar längerfristige Vorteile auf eben diesen Kapitalmärkten verschaffen.

Mintzberg hat, wie bereits erwähnt, im Zusammenhang mit diesen rein praktischen Erfordernissen schon vor vielen Jahren auf die *Gefahr einer allzu großen Rigidität der Langfristorientierung* hingewiesen und aus diesem Grunde zwischen der »intended« und der »realized strategy« unterschieden.[2]

Die Normen und Vorschriften der längerfristigen Ausrichtung können aus diesen Gründen nicht immer konsequent eingehalten werden. An dieser Erkenntnis ändert auch eine noch so flexible Formulierung

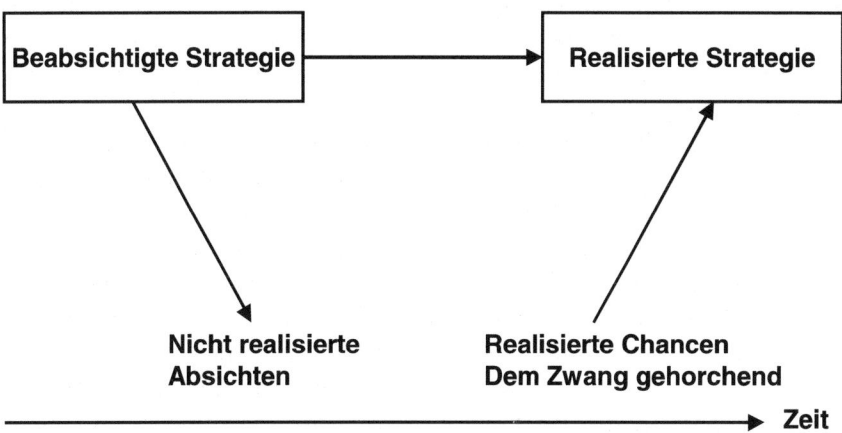

Abbildung 4.2: Anpassungsdruck und langfristige Entscheidungen

von Vision und Strategie nichts. Es lassen sich immer Fälle anführen, bei denen im Interesse des Gesamtunternehmens klar gegen die fixierten Normen der längerfristigen Grundausrichtung verstoßen werden muss. Ein Vergleich mit dem Staatsrecht, das zwischen Verfassungsnormen und Verfassungswirklichkeit unterscheidet, weist eindrücklich auf Parallelen zwischen Rechtsstaat und Unternehmen hin.

Die Schnittstellenproblematik

Die gedankliche und faktische Trennung der unterschiedlichen Entscheidungsstufen führt zwangsläufig zu einer Schnittstellenproblematik. Diese ist verständlicherweise zwischen den beiden Hauptstufen der längerfristigen und der operativen Orientierung am schärfsten. Man spricht aus diesem Grunde von der *Implementierungsproblematik der Vision, Mission und Strategie.*

Zu ihrem Verständnis ist die bis jetzt verfolgte rein funktionale Denkweise zu ergänzen durch eine institutionelle. Denn die Schnittstellenproblematik ist im Wesentlichen auf personell-soziale, organisatorische und instrumentell-technologische Ursachen zurückzuführen.

Wann immer in einem Unternehmen mehrere Personen tätig sind, ergeben sich notwendigerweise *Meinungsunterschiede über zu fällende Entscheidungen.* Die Ursachen hierfür sind vielfältig:

- Zum Teil mangelt es einigen Beteiligten schlicht am notwendigen Verständnis dessen, was wichtig ist. Es besteht mit anderen Worten ein Informationsdefizit. Das ist der trivialste und grundsätzlich am einfachsten zu bewältigende Fall.
- Verschiedene Personen haben unterschiedliche Wertvorstellungen; deshalb urteilen sie unterschiedlich über Gut und Böse und besitzen auch eine unterschiedliche Risikoneigung. In aller Regel nehmen verschiedene Menschen auch ihr Umfeld auf eine besondere Weise wahr. Sie unterstellen zum Teil auch andere Beziehungen zwischen einzelnen Größen, besitzen also unterschiedliche Annahmen über die »Gesetze«, die unser Umfeld beherrschen. Sie haben also neben verschiedenartigen Wertvorstellungen auch voneinander abweichende Vorstellungen von der Realität. Unsere Weltvorstellungen sind nicht »Abbild«, sondern zumindest auch Konstruktionen unseres Umfeldes. So mögen in ein und demselben Unternehmen durchaus unter-

schiedliche Vorstellungen bestehen über die technischen und markt-
bezogenen Erfolgsaussichten neuer Produkte, über die Eintrittswahr-
scheinlichkeit bestimmter sozialer, gesellschaftlicher, politischer und
technischer Entwicklungen oder über das mutmaßliche Verhalten
wichtiger Wettbewerber. All das führt zwangsläufig zu verschiedenen
Vorstellungen über die zu beschreitenden Wege.

- Verschiedene Personen besitzen außerdem unterschiedliche hand-
feste Interessen. Diese möchten sie, insofern sie ihren Egoismus aus-
leben, fördern, zum Teil auch zu Lasten des Kollektivs »Unternehmen«.

- Die unterschiedlichen Sichtweisen und Interessen wirken sich innerhalb der logischen Hierarchie von Entscheidungen häufig deshalb
gravierend aus, weil die längerfristigen Entscheidungen in der Regel
von einem anderen Personenkreis getroffen werden als die kurzfristigen. Das führt dazu, dass die einzelnen Mitarbeiter von bestimmten Entscheidungen in unterschiedlicher Weise betroffen sind. Fred
David schreibt zu diesem Problem: »Implementing strategies re-
quires such actions as altering sales territories, adding new depart-
ments, closing facilities, hiring new employees, changing an organization's pricing strategy . . .«[3] Davon aber würden andere Personen
betroffen als jene, welche die entsprechenden Entscheidungen gefällt haben. Man kann auch sagen: Die abstrakten, emotional weitgehend neutralen Formulierungen auf den oberen Entscheidungsstufen werden erst auf den unteren Entscheidungsebenen ins Konkrete und damit auch in den Bereich persönlicher Beziehungen
übertragen. Damit treffen sie häufig härter und gehen weit stärker
»unter die Haut«. All dies kann dazu führen, dass die Kette der
Entscheidungen zum Teil empfindlich gestört wird. Verteidigungs-
stellungen werden aufgebaut, Absichten anderer, höher Gestellter
zum Teil aus persönlichen Gründen unterlaufen. Derartige Erschei-
nungen sind übrigens auch aus der Politik seit langem bekannt. So
entsprachen die Treue-Bezeugungen der Vasallen längst nicht immer
ihren Treue-Pflichten.

Die beschriebenen Divergenzen und die sich aus ihnen ergebenden
Spannungen können sich sowohl zum Wohle als auch zum Schaden
des größeren Gebildes »Unternehmen« auswirken. Sofern sie dessen
Wahrnehmungsfähigkeit und den Strom neuartiger Ideen fördern, sind
sie grundsätzlich als vorteilhaft, ja als unverzichtbar zu bezeichnen.

Arten sie jedoch in Machtkämpfe um die eigene Position aus, schaden sie dem Wohl der Gesamtheit.

Die geschilderten unterschiedlichen Wertvorstellungen, Weltsichten und Interessen finden ihren Ausdruck nicht allein im Denken und Handeln von einzelnen Organisationsmitgliedern. Sie finden sich im Sinne von kollektiven Vorstellungen vielmehr auch in einzelnen Arbeitsgruppen und größeren organisatorischen Teileinheiten. Bekannt sind solche unterschiedlichen »Konzepte« einzelner beispielsweise als Kollektiv organisierter Funktionsbereiche, einzelner strategischer Geschäftseinheiten oder einzelner Regionen. Man spricht in diesem Zusammenhang auch von *unterschiedlichen »Subkulturen«*, welche die natürlicherweise vorhandenen Unterschiede noch verstärken. Ganz offensichtlich entstehen durch die – aus organisatorischen Gründen gezogenen – Grenzlinien Spannungen, die der beabsichtigten gesamtunternehmerischen Konsistenz sämtlicher Entscheidungen entgegenwirken. Auch in diesem Zusammenhang bietet die Politik der Vergangenheit und der Gegenwart reichlich Anschauungsmaterial zum Thema Gemeinsamkeiten und Widersprüche zwischen Zentralmacht und Teilmächten. Die Schnittstellenproblematik wird in der Regel noch dadurch verschärft, dass die geschilderten persönlichen und aufbauorganisatorischen Barrieren durch ablauforganisatorische und administrative Maßnahmen häufig nicht gedämpft, sondern sogar durch weitere Hürden noch verstärkt werden, so zum Beispiel durch unzweckmäßige Anreizsysteme.

Eindämmung und Nutzung der Spannungen bei Gallus

Die aufgezeigten Spannungen sind aus Unternehmenssicht teils fruchtbar und wertvoll, teils aber auch nachteilig. Bei Gallus wird beispielsweise wie folgt mit Spannungen umgegangen:

- Die Gallus-Unternehmensgruppe weist zurzeit eine überschaubare Größe auf. Dies entschärft die Grundproblematik von Konsistenz und Koordination ein wenig. Große und sehr große Unternehmen hingegen haben hier sicherlich mit größeren Problemen zu kämpfen.
- Gallus hält die häufige Änderung der langfristigen Ausrichtung, wie dies in den vergangenen Jahren verschiedene Großkonzerne prakti-

ziert haben, für höchst problematisch und fragwürdig. Als Nischenanbieter legt Gallus das größte Gewicht auf Kontinuität und eine
schrittweise Evolution auch der Langfristorientierung. Nachdem
diese feststand, wurde nur ein einziges Mal während der vergangenen zehn Jahre eine gravierende Änderung vorgenommen: Es wurde
ein Teil der Aktien an ein größeres, befreundetes Unternehmen verkauft. Dieser Schritt hat die Globalisierung der unternehmerischen
Tätigkeiten wesentlich erleichtert und damit die hierfür erforderliche innere Entwicklung wesentlich gefördert. Viele andere Bereiche
des Unternehmens hat er direkt aber kaum berührt. Alle anderen
Änderungen waren im Vergleich dazu weniger bedeutend. Eine derartige Kontinuität der Langfristorientierung erleichtert verständlicherweise die Implementierung ungemein. Die größten Probleme
bestanden deshalb auch bei ihrer erstmaligen Einführung.

- Ein synchrones Vorgehen fällt umso leichter, je mehr Mitarbeiter in
den Prozess der Gesamtführung eingebunden werden. Das bei der
Einjahresplanung verfolgte »Gegenstromverfahren« erlaubt es, Anliegen der verschiedensten Mitarbeitergruppen offen zu legen und
auf der obersten Stufe der Unternehmensführung intensiv zu erörtern. Das gegenseitige Verständnis für Sichtweisen und Absichten
wird auf diese Weise ungemein verstärkt.
- Die Entscheidungsfindung in Teams erhöht die Akzeptanz der erzielten Ergebnisse und damit auch die Selbstverpflichtung, die gefällten Entscheidungen in konkrete Handlungen umzusetzen.
- Durch den Einbau von Balanced Scorecards in das Gesamtsystem
der Entscheidungen wird die Konsistenz zwischen lang- und kurzfristiger Ausrichtung weiter gefördert.
- Das zeitliche Straffen der Überarbeitung von Vision/Leitbild/Strate-
gie mit der Einjahresplanung stärkt die Verbindung zwischen den
beiden Arten von Entscheidungen ebenfalls.
- Das grundsätzliche Festhalten an den Zielen der Einjahresplanung
macht deutlich, wie wichtig einmal getroffene Entscheidungen sind.
Dass in der Folge mutmaßliche Planabweichungen immer wieder
abgeschätzt und der unterjährigen Steuerung zugrunde gelegt werden, verbindet den Gedanken der Kontinuität mit der Flexibilität
konkreter Maßnahmen.
- Schließlich wird die innere Konsistenz des Entscheidungssystems dadurch gefördert, dass die größeren Projekte sowohl in die Planungs-
aktivitäten wie auch in das laufende Controlling einbezogen werden.

5. Nachhaltigkeit als Grundprinzip

Die Frage nach den obersten Unternehmenszielen

So wie der einzelne Mensch sich immer wieder mit dem Ziel und Zweck seiner Existenz auseinander setzt, so fragen auch die für ein Unternehmen Verantwortlichen nach »letzten«, nicht weiter ableitbaren Zielen und Zwecken der von ihnen geleiteten Firma. Diese Fragen sind untrennbar verknüpft mit der grundsätzlichen Frage nach der Verantwortung, die das Unternehmen gegenüber sich selbst, das heißt gegenüber den Kapitalgebern, den Mitarbeitern, in einem weiteren Sinn aber auch gegenüber den Kunden und Lieferanten übernehmen kann, soll und muss. Darüber hinaus ist nach der Verantwortung gegenüber dem weiteren Umfeld, also gegenüber der Natur und der menschlichen Gesellschaft, zu fragen. Denn das Unternehmen und die in ihm tätigen Mitarbeiter sind mit beidem untrennbar verknüpft, sie bilden einen Teil davon.

Diese für jedes Unternehmen zentrale Problematik wurde und wird zu verschiedenen Zeiten, von verschiedenen Denktraditionen, aber auch von einzelnen Individuen unterschiedlich angegangen und unterschiedlich empfunden. Eine Auseinandersetzung mit ihr ist unverzichtbar.

Ausgangspunkt der hier angestellten Überlegungen bildet die klassische und die neoklassische Nationalökonomie. Sie hat das Modell des REM, des *rationalen, egoistischen und im Prinzip den Gewinn maximierenden Menschen* und Unternehmensleiters entworfen. Um das Gemeinwohl kümmern sich danach die für das Unternehmen Verantwortlichen nicht. Sie brauchen das auch nicht zu tun. Denn für das Gemeinwohl sorgt, zumindest aus rein wirtschaftlicher Sicht, dieser

Anschauung zufolge die *unsichtbare Hand des Marktes*, allenfalls unterstützt vom Staat dort, wo ein Marktversagen vorliegt. Die Unternehmen aber haben damit nichts zu tun – und sollten es auch nicht. Man denke an die berühmt gewordenen Sätze von Adam Smith, es gehe nicht um die »benevolence of the butcher, the brewer, or the baker, that we expect our dinner«, sondern allein um »their regard to their own interest«. Der alles regulierende freie Markt ist die systemkonforme Institution, um aus der Summe größten Eigennutzes das größtmögliche Allgemeinwohl herbeizuführen. Unternehmensethische Überlegungen sind bei dieser Sachlage nicht notwendig, wenn nur die Funktionsweise des Marktes gewährleistet wird. Diese Grundhaltung wurde in neuerer Zeit insbesondere auch von Nobelpreisträger Milton Friedman und Peter Drucker vertreten. Sie gipfelt letztlich in der Forderung, der Aktienwert des Unternehmens, also der Shareholder Value, sei zu maximieren. Das ist auch der Wunsch vieler institutioneller Investoren, deren Forderungen die börsennotierten großen Unternehmen stark beeinflussen.

Dieser Sichtweise sind zwei Argumente entgegenzuhalten. Zum einen weist die empirische Forschung das nach, was dem Alltagswissen ohnehin bekannt ist: Auch Wirtschaftssubjekte, insbesondere auch Unternehmer, Manager und alle übrigen Mitarbeiter, sind keine reinrassigen REMs. Sie sind keine homines oeconomici, sondern »complex men«. Als solche sind und handeln sie längst nicht immer rein rational. Vielmehr sind sie weithin auch emotional gesteuert. Gerade deshalb wird in den Unternehmen im Rahmen der persönlichen Führung größter Wert auf Themen wie Identifikation, emotionale Führung oder Begeisterung der Mitarbeiter für die Unternehmenszwecke gelegt. All das verträgt sich offenkundig nicht mit dem Modell des rein rationalen, kühlen Mitarbeiters, der nur seine eigenen ökonomischen Vorteile vor Augen hat.

Darüber hinaus sind die Menschen nicht nur egoistische, ausschließlich ihren Eigennutz verfolgende Wesen. Die Schule des »psychologischen Egoismus« wird heute weitgehend abgelehnt. Denn die Menschen streben nach dem Sinn ihres Lebens und ihrer Lebensführung. Dazu gehören unzweifelhaft ökonomische Werte, aber auch ganz andere Werte wie zum Beispiel Selbstachtung und Anerkennung, die wiederum mit Gemeinsinn und Solidaritätsgefühl zusammenhängen können. Auch haben die Menschen von frühester Kindheit an Werte verinnerlicht, die sie – neben anderem – auch zu altruistischem Verhalten veranlassen. Darunter kann man ein Verhalten verstehen, das *für ein Individuum mit Kosten verbunden ist, nicht aber seinen eigenen Nutzen, sondern den Nutzen Dritter steigert.* In diesem Sinne sind zum Beispiel viele Konsumenten durchaus bereit, einen höheren Preis zu entrichten, wenn sie auf diese Weise Kinderarbeit, Tierquälerei oder ökologisch schädliche Verhaltensweisen glauben verhindern oder doch vermindern zu können. Ferner werden die verschiedensten gemeinnützigen Institutionen mit zum Teil namhaften Beiträgen unterstützt. Zu ihnen gehören nicht zuletzt internationale Non-Profit-Organisationen, die zu bedeutenden Akteuren im Rahmen der globalen Gesellschaft geworden sind. Man denke nur an Organisationen wie das Internationale Rote Kreuz, an Menschenrechtsbewegungen wie amnesty international oder an Greenpeace.

Schließlich setzen viele Unternehmer den von ihnen geleiteten Organisationen Ziele, die zum Teil von einer Maximierung des ökonomischen Unternehmenswertes ganz bedeutend abweichen können. Das mag mit dem eben genannten altruistisch gefärbten Gemeinsinn und einem entsprechenden Verantwortungsgefühl zusammenhängen, kann aber durchaus auch ganz andere Wurzeln haben. So ist allgemein bekannt, dass längst nicht alle Kleinunternehmer Wachstum und Gewinnmaximierung zur ausschließlichen, häufig nicht einmal zur dominierenden Maxime ihres Verhaltens machen. Werte wie Selbstständigkeit, Übersichtlichkeit oder Möglichkeit der Verwirklichung eigener Ideen können ihr Denken und Handeln dominieren.

Derart komplexe Menschen suchen nun im Rahmen ihrer Gestaltungsfreiheiten Ziele und Zwecke für die von ihnen geleiteten Unternehmen festzulegen und zu formulieren, die im Laufe der Zeit zu Zielen und Zwecken »des Unternehmens« werden.

Zudem wurde schon früh erkannt, dass selbst ein Unternehmen, das seinen Gewinn zu maximieren trachtet, eine Mehrzahl von Anforderungen – jenseits derjenigen eines rein ökonomisch-rationalen Marktes – zu beachten hat. Im Zusammenhang damit wurde das Anspruchsgruppenkonzept entwickelt. Bereits im Jahre 1963 hatte das Stanford Research Institute den Begriff »stakeholder« erstmals benutzt, um deutlich zu machen, dass die Aktionäre nicht die einzige Gruppe sind, die das Management beachten muss. Später definierte Freeman Stakeholder *als Gruppen oder Individuen, welche die Zielerreichung einer Organisation beeinflussen können oder von dieser betroffen sind.* Dabei betont er besonders die Notwendigkeit, auch gegnerische Gruppen als Stakeholder zu betrachten. Heute ist es eine anerkannte Meinung, dass der Markt und das Marktgeschehen nicht allein durch rational-ökonomische Überlegungen geprägt sind. Vielmehr wird der Markt durch ihm vorgeschaltete politische Entscheidungen stark beeinflusst. Viele öffentlich-rechtliche und zwingende privatrechtliche Normen müssen von den Marktteilnehmern unter Androhung von zum Teil empfindlichen Strafen befolgt werden. Dadurch werden offensichtlich die Verhaltensmöglichkeiten der Marktteilnehmer eingeschränkt. Eine weitere auf den Markt einwirkende Kraft stellt die »Allgemeine Öffentlichkeit« dar, wobei die massenmedial dominierten Schauplätze eine zentrale Rolle spielen. Presse, Radio, Fernsehen und Internet können mit ihren Berichten und Kommentaren das Ansehen bestimmter Unternehmen und zum Teil auch die sie betreffenden Gesetzgebungsprozesse stark beeinflussen. Die Allgemeine Öffentlichkeit stellt aus diesem Grund eine ernst zu nehmende weitere Kraft dar, welche die Unternehmen insgesamt oder individuell nachhaltig beeinflussen kann. Umgekehrt wird sie von den Firmen auf dem Wege der Public Relations kräftig bearbeitet.

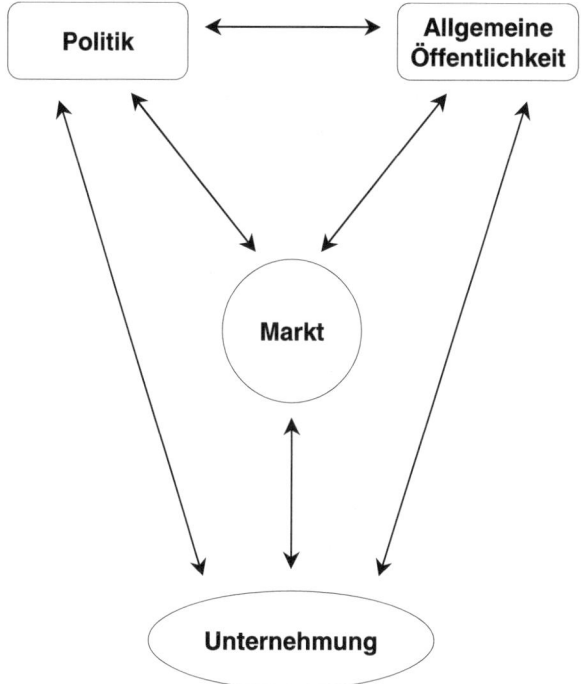

Abbildung 5.1: Das Umfeld der Unternehmen

Insgesamt lassen sich diese Zusammenhänge wie in Abbildung 5.1 veranschaulichen.

Auf diese Verflechtungen bezieht sich auch ein Bericht von Ira Millstein und weiterer Autoren an die OECD, in dem es heißt: »Corporations are dependent on the societies in which they operate. As members of society, corporations benefit from, and must abide by, society's laws, regulations and broader collective objectives. In turn, the societies in which corporations operate benefit both economically and socially from corporations' commercial activities.«[1] Aus diesem Beeinflussungsgeflecht lassen sich zwei Folgerungen ziehen. Zum Ersten kann es bisweilen schwer fallen, zwischen »rein egoistischen«, nur den Unternehmensgewinn maximierenden Zielsetzungen, und altruistischen Zielen, die durch den Gemeinsinn und durch Rücksichtnahme auf das Gemeinwohl mitbestimmt sind, zu unterscheiden. So mag ein Unternehmen auf lukrative Waffengeschäfte verzichten, weil es negative Auswirkungen auf sein Image befürchtet. Unter Umständen beurteilt es aber derartige Folgen als sehr gering und verzichtet dennoch auf die entsprechenden Geschäfte, weil solche Geschäfte den von ihm vertretenen ethischen Grundnormen zuwiderlaufen.

Das Beispiel zeigt, dass finanzielle Zielsetzungen zu den anderen Zielsetzungen durchaus in einem komplementären, mindestens aber in einem neutralen Verhältnis stehen können. In diesem Sinne ist es durchaus denkbar, dass der *aufgeklärte Egoismus« Ziele nahe legt, die auch hohen ethischen Anforderungen gerecht werden.* So mag es gerade auch unter der Zielsetzung, den Gewinn zu maximieren, durchaus sinnvoll sein, sich in ökologischer Hinsicht keine Blöße zu geben oder den Mitarbeitern, als wichtigster Ressource des Unternehmens, das von ihnen gewünschte Arbeitsumfeld zur Verfügung zu stellen. Allerdings können wirtschaftliche und nicht wirtschaftliche Zielsetzungen auch in einem konkurrierenden Verhältnis zueinander stehen, das heißt, die einen Ziele können nur auf Kosten anderer besser erreicht werden. In solchen Situationen sind offensichtlich schwierige ethische Entscheidungen zu fällen.

Anzumerken ist weiter, dass die unternehmerischen Gestaltungsspielräume besonders in längerfristiger Sicht groß sind. Weder einem Unternehmensgründer noch dem Leiter eines bereits bestehenden Unternehmens sind die Hände gebunden. Vielmehr besteht in der Regel durchaus die Möglichkcit, neu zu entwickelnde Strategien eigenen Wertvorstellungen zumindest anzugleichen. Auf diese Weise kann es zum Beispiel gelingen, zumindest aus einer längerfristigen Perspektive heraus sozialen und ökologischen Bedürfnissen des Umfeldes entgegenzukommen und entsprechend zugeschnittene Marktleistungen anzubieten, ohne deswegen Gewinn- und Wachstumsaussichten preisgeben zu müssen, im Gegenteil: Es lassen sich durchaus Betätigungsfelder finden, deren Ergebnisse anderen Geschäftstätigkeiten in keiner Weise nachstehen.

Hinzuweisen ist schließlich auf den Umstand, dass die Unternehmen sich nicht nur individuell mit ihren Stakeholdern und deren ethisch begründeten Anforderungen auseinander zu setzen haben. Vielmehr können sie sich auch kollektiv, auf dem Weg zwischenbetrieblicher Vereinbarungen oder durch Unterstützung von Parteien und Non-Profit-Organisationen, dafür einsetzen, dass die Umfeldbedingungen ethischen Zielsetzungen gerecht werden. Auf diese Weise können sie es vermeiden, eventuelle ethisch bedingte Wettbewerbsnachteile in Kauf nehmen oder deswegen ethische Postulate über Bord werfen zu müssen. Die Übernahme von Selbstverantwortung kann auf diese Weise enorm erleichtert werden.

Nachhaltigkeit als Unternehmensziel

In Anbetracht der verschiedenen, sehr wohl berechtigten Ansprüche an die Unternehmen hat, unter dem Einfluss ökologischen und sozialen Gedankenguts, der Begriff der Nachhaltigkeit auch in die Chefetage der Firmen Eingang gefunden. Er ist die deutschsprachige Übersetzung des angelsächsischen Wortes »Sustainability«. Dieses wiederum entstammt der Forstwirtschaft und sollte dort den Gedanken eines dauerhaften finanziellen Ertrags (»Sustained Yield«) zum Ausdruck bringen. Der Begriff der Nachhaltigkeit geht also interessanterweise auf finanzwirtschaftliche Überlegungen zurück. Erstmals breit diskutiert wurde das Konzept einer nachhaltigen Entwicklung im Zusammenhang mit dem Brundtland-Report der United Nations Commission on Environment and Development (1983–1987).

Im Zusammenhang mit der Unternehmensführung will das Konzept der Nachhaltigkeit die Zielsetzung hervorheben, *langfristig* – oder eben: nachhaltig – *zugleich ökonomische, soziale und ökologische*

Zielsetzungen zu erreichen. Mit dem Stakeholder-Ansatz berücksichtigt das Prinzip »Nachhaltigkeit« mehrere Dimensionen, denen unterschiedliches oder gleiches Gewicht beigemessen werden kann. Im Gegensatz zu diesem orientiert es sich aber nicht primär an bestimmten Anspruchsgruppen, sondern an Problembereichen.

Vom theoretischen Ansatz her weicht das Prinzip »Nachhaltigkeit«, wie der Stakeholder-Ansatz, von der Zielsetzung ab, ökonomische Größen unter Beachtung sozialer, ökonomischer und weiterer Nebenbedingungen zu maximieren. Denn es erfordert eine gewisse Gleichgewichtigkeit dieser drei Dimensionen. Damit wird gedanklich eine allzu einseitige Fixierung auf nur ökonomische Größen vermieden. Vielmehr wird Raum gelassen für andere Überlegungen; das Konzept zwingt die Mitarbeiter aller Stufen, ganzheitlich und mehrdimensional zu denken. Dies wiederum fördert die Innovationskraft des Unternehmens, motiviert aufgrund der offensichtlichen Sinnhaftigkeit des Konzepts die Mitarbeiter und wirkt sich positiv auf das Image des Unternehmens aus.

Nachhaltigkeit bei Gallus

Im Gallus-Managementmodell (Abbildung 3.2 auf Seite 36), das den statischen konzeptionellen Bezugsrahmen des Managements enthält, wurde der anzustrebende Erfolg als zugleich ökonomisch, sozial und ökologisch bezeichnet. Damit rückten die drei Dimensionen der so genannten »triple bottom line« ins Zentrum der Darstellung. Diese Art der Darstellung spiegelt die von Gallus vertretene Werthaltung wider. Gallus besteht nicht aus Eiferern und Dogmatikern, doch sind die Führungskräfte überzeugt, dass die Berücksichtigung aller drei Dimensionen letztlich zum Mensch-Sein und zum Unternehmertum gehört. Eine Vielzahl von empirischen Untersuchungen zeigt deutlich, dass sich die drei Ziele – besonders auch für Industrieunternehmen, wie sie in diesem Buch beschrieben werden – einander harmonisch ergänzen. Hierzu passt die Vision des Vereins für ökologisch bewusste Unternehmensführung, »öbu«, die lautet: »Auf Nachhaltigkeit ausgerichtetes Handeln lohnt sich. Die Mitglieder der öbu bekennen sich zur Nachhaltigkeit und nehmen die wirtschaftliche, soziale und ökologische Verantwortung gleichermaßen wahr. Durch Schaffung eines dreifachen Mehrwertes steigern wir die Wettbewerbsfähigkeit und den Wert unserer Unternehmungen.« Gallus vertritt diese Anschauung klar und konsequent.

Im Rahmen der bei Gallus eingesetzten Führungsinstrumente wurde jedoch davon abgesehen, eine besondere Dokumentation zum Prinzip Nachhaltigkeit zu erstellen. Hierfür bestand bislang kein Handlungsbedarf. Doch der Gedanke der Nachhaltigkeit ist in der Unternehmensgruppe allerorts anzutreffen. So finden sich im Leitbild der Gallus-Gruppe sehr konkrete Ausführungen zu allen drei Dimensionen. Im Folgenden wird das Engagement der Gallus-Gruppe im Bereich »soziale« Ziele und Umweltschutz näher beschrieben.

Kultur, Kunst und öffentliche Anliegen als soziale Ziele

Die Palette sozialer Ziele der Unternehmen ist breit und umfasst die vielfältigsten Betätigungsbereiche. Bei Gallus steht ganz oben auf der Liste die Wertschätzung eines jeden einzelnen Mitarbeiters, von dem im Gegenzug ein großes Engagement erwartet wird. Die folgenden Kapitel werden sich noch ausführlich damit befassen. An zweiter Stelle des Katalogs der betrieblichen Sozialorientierungen steht die »Betriebliche Vorsorge«. Seit Jahrzehnten besitzt Gallus eine unternehmenseigene, autonome Pensionskasse für alle Mitarbeiter, deren Leistungen über das gesetzlich geforderte Minimum hinausgehen. Eine professionelle, jederzeit transparente Anlagepolitik hat eine beachtliche, ebenfalls über den behördlich vorgeschriebenen Mindestsätzen liegende Verzinsung gebracht und sich auch in den gegenwärtigen stürmischen Zeiten an den Aktienbörsen durchaus bewährt. Diese Vorsorgeleistungen werden für Führungskader ergänzt durch eine zweite, patronal konzipierte Pensionskasse, deren Aufwendungen vollständig vom Unternehmen übernommen werden. Auf weitere soziale Betätigungsfelder der Gallus-Gruppe soll nicht weiter eingegangen werden. Ein weiteres Thema ist vielmehr der Grenzbereich von betrieblichem Sozialwesen, gesamtgesellschaftlicher Verantwortung und Corporate Identity; das Einbeziehen von Kunst, kulturellen Veranstaltungen und Philanthropie ins Gesichtsfeld der Unternehmensführung. Dieses Feld stellt zwar keinen unausweichlichen Teil der Managementaktivitäten dar, verdient jedoch als Gestaltungsoption Aufmerksamkeit.

Kunst, Ästhetik, kulturelle Veranstaltungen: Für die einen bilden sie das Zentrum des Mensch-Seins überhaupt. Für andere sind sie eher nebensächlich oder stellen allenfalls einen Interessenschwerpunkt einer sich zum Teil als Elite verstehenden Minderheit dar. In den Unternehmen ist das nicht anders. Am deutlichsten ist eine *Tendenz weg von der altruistischen Förderung hin zur marketingorientierten Imagepflege durch gezieltes Sponsoring*, unter anderem auch von kulturellen Anlässen, festzustellen. Immerhin gibt es eine ganze Reihe von großen, aber durchaus auch kleinen und mittelständischen Unternehmen, denen die genannten Gebiete, und namentlich auch die Pflege der innerbetrieblichen Ästhetik, ein echtes Anliegen ist. Bei Gallus hat die gesamte Thematik in offiziellen, auf eine längere Frist angelegten Dokumenten nie einen Niederschlag gefunden. Sie wurde auch nie systematisch angegangen. Doch es wurde im Unternehmen eine entsprechende Haltung gelebt. Diese war stets entspannt und entsprang nicht einer Managementtheorie, sondern einer selbstverständlichen Einstellung zum Leben in einem erfolgreichen, in der Heimatstadt tief verwurzelten Unternehmen. Dazu gehörten, neben Kultur und Kunst, stets auch das Eintreten für öffentliche Belange und die Hilfe für Schwächere.

Das Bürogebäude wurde im Jahre 1996 um eine zusätzliche Etage vergrößert. In deren Innern ist es hell und licht. Ein großzügig dimensionierter Raum ist als Begegnungsraum gestaltet, man kann dort Getränke zu sich nehmen und sich austauschen. Die kleineren und größeren Büros sind um diesen zentralen Raum angeordnet und im Wesentlichen durch transparente Glasfenster und Türen vom Zentrum und untereinander abgetrennt. So kann das Tageslicht den gesamten Gebäudekörper durchfluten. Gleichzeitig wird der Sichtkontakt unter den Mitarbeitern erleichtert. Graue Korridore gibt es keine. An den wenigen hochgezogenen Wänden hängen Bilder zeitgenössischer Maler, teils abstrakt, teils konkrete Sujets darstellend. Sie finden sich neben Plakaten rein betriebswirtschaftlichen Inhalts zur Unternehmenskultur. In Nischen stehen plastische Werke, zum Teil auch alte, sorgfältig restaurierte Maschinen. Das Ganze vermittelt dem Betrachter eine genussvolle Mischung von Harmonie und Fortschrittsglauben neben einem gewissen, unaufdringlich wirkenden Wohlstand.

Gallus hat traditionsgemäß ein großes Interesse an den Anliegen öffentlicher Organisationen. Besonders am Herz liegen dem Unternehmen seit jeher weiterführende Schulen, die Betriebswirtschaftslehre, die Technik, aber auch soziale Institutionen und nicht zuletzt die Politik, besonders im kommunalen oder kantonalen Bereich. Die Firma praktiziert eine Politik des offenen Ohrs und der offenen Hand. Ein direkt messbarer Nutzen wurde von diesen Aktivitäten in den meisten Fällen nicht erwartet. Es handelte sich um rein patronale Akte auf Grund persönlichen Engagements und der Verantwortung gegenüber dem Unternehmensumfeld.

Gallus praktiziert die ganzheitliche Sicht der Unternehmungsführung und sieht es als in jeder Hinsicht lohnend an, die bisher verfolgten Grundsätze auch in Zukunft hochzuhalten – ohne Übertreibung und insbesondere ohne unangebrachtes Prestigedenken, dafür mit Überzeugung und mit Nachdruck. In unserer hoch dynamischen Zeit darf zu den bildnerischen Elementen der Harmonie und des Fortschrittsglaubens ruhig auch ein Schuss Provokation, eine Aufforderung zu eigenem kreativen Nachdenken treten. Elemente, die sich in der zeitgenössischen Kunst ja häufig finden. Sicherlich beeinflussen die Symbolik von Raum und Raumschmuck die sich im Gebäude aufhaltenden Mitarbeiter. Sie verdient es deshalb, gepflegt zu werden. Auch die Hinwendung zur Öffentlichkeit und ihren Institutionen, namentlich im Rahmen der eigenen Region, verdient weiterhin Unterstützung. Ihr verdankt gerade ein Unternehmen von der Größe Gallus' außerordentlich viel. Es ist ein Geben und Nehmen. Die Übereinstimmung mit dem Prinzip der Nachhaltigkeit und seinen drei tragenden Säulen ist auch in diesem Bereich überall zu spüren.

Das Engagement für den Umweltschutz

Das Engagement für den Umweltschutz hat in den veröffentlichten Dokumenten von Gallus weitaus stärker Eingang gefunden als die letztlich eher als selbstverständlich empfundene und patronal konzipierte soziale Verantwortung. Zum Thema Umweltschutz finden sich im Leitbild von Gallus die in Abbildung 5.2 wiedergegebenen Aussagen.

Der Wortlaut im Leitbild von Gallus weist klar auf den Zwiespalt hin, ob die Ziele der »triple bottom line«, und hier insbesondere von Ökonomie und Ökologie, harmonisch oder antinomisch, also widersprüchlich, sind. In den Formulierungen wird deutlich, dass auf die

Ökologie als Chance	Mit der ständig grösser werdenden Umweltgefährdung gewinnen ökologische Aspekte an Gewicht. Wir bekennen uns zu den Grundsätzen der Nachhaltigkeit und richten uns danach. Der Einbezug von ökologischen Gesichtspunkten in unser Denken und Handeln betrachten wir dabei nicht als zusätzliche Belastung oder Erschwernis, sondern als Chance und Herausforderung, um Bestehendes loszulassen und Neues anzupacken.

Wir setzen uns deshalb ein:
- dass die Umwelt im Sinne des Ressourceneinsatzes und der Entsorgung in unsere Leistungsinnovationen einbezogen werden
- dass die nötige Betroffenheit und Sensibilität bei den Mitarbeitern und Partnern gefördert wird und
- dass die Ökologiemaßnahmen umfassend marktgerichtet und marktgerecht gestaltet werden. |
| Neue Erfolgspotenziale, die sich wirtschaftlich lohnen | Ökologie und wirtschaftlicher Erfolg sind für uns keine Gegensätze; im Gegenteil, sie müssen künftig übereinstimmen. Die zunehmende Sensibilität unserer Kunden und Partner für diese Fragen erschließt uns neue Erfolgs- und Lernpotenziale und macht uns gegenüber andern noch einzigartiger.

Die Wahrnehmung der Umweltverantwortung unterstützen wir durch ein Umweltmanagementsystem nach ISO 14001. |

Abbildung 5.2: Umweltschutz bei Gallus

Harmonie größter Wert gelegt wird. Es muss jedoch sowohl im Markt wie auch im Unternehmen selbst eine gewisse Überzeugungsarbeit geleistet werden. Denn die entsprechende Auffassung wird nicht von allen Betroffenen in derselben bedingungslosen Art und Weise vertreten. Insbesondere machen die Ausführungen im Leitbild auch deutlich, dass die Ausrichtung auf ökologische Zielsetzungen zumindest zum Teil einen Wandel im Denken aller Beteiligten voraussetzt. Um eine möglichst breite Akzeptanz zu finden, muss die Idee unterstützt werden – innerhalb wie außerhalb des Unternehmens. Zunächst müssen, wenn die Firmenleitung nicht identisch ist mit dem Kreis der Kapitalgeber, diese davon überzeugt werden, dass das Konzept ihren längerfristigen Interessen nicht widerspricht, sondern sie im Gegenteil fördert.

Diese Ideen finden eine gewisse Konkretisierung in einem weiteren Dokument, das mit »Gallus Umweltpolitik« überschrieben wurde.

Als Privatperson war der CEO des Unternehmens ferner mehrere Jahre Präsident der öbu, des schweizerischen Vereins für ökologisch bewusste Unternehmensführung. Zu den rund 300 Mitgliedern dieses Vereins zählt selbstredend auch Gallus.

Bei den Mitarbeitern stößt das geschilderte Konzept in seiner abstrakten Form in aller Regel auf Zustimmung. Denn es entspricht der Grundauffassung ihres sozialen Umfeldes und ihrer eigenen Person. Sie möchten ja in einem Unternehmen arbeiten, das auch gesellschaftlich anerkannt ist und – vor allem – dessen Aktivitäten als sinnvoll und wertvoll bezeichnet werden können. Die konkrete Umsetzung des Konzepts erfordert gleichwohl erhebliche Anstrengungen: Gerade das Gebot ökologischer Nachhaltigkeit eröffnet nicht nur neue Perspektiven und künftige Chancen, sondern es erfordert kurzfristig von den einzelnen Mitarbeitern auch einen gewissen Verzicht und verlangt zusätzliche Anstrengungen. Das gilt besonders für die Bereiche Forschung und Entwicklung sowie Produktion. In ihnen tritt die ökologische Sichtweise regelmäßig nicht nur als Chance in Erscheinung, sondern vor allem auch als zusätzliches Bündel von Verboten, Restriktionen und Anforderungen, die neu und zusätzlich zu beachten sind. Häufig müssen auch neue Stellen zur Wahrnehmung der ökologischen Gesichtspunkte geschaffen werden. Deren Träger wiederum kommen nicht umhin, neue Anweisungen zu erlassen und das gesamte Führungssystem auf die neuen, zusätzlichen Erfordernisse auszurichten. All diese Vorkehrungen bergen die Gefahr, die ohnehin schon stark belasteten Mitarbeiter mit weiteren Zwängen zu konfrontieren. Dies wiederum kann durchaus *innerbetriebliche Widerstände* hervorrufen. Deshalb ist es wichtig, das Prinzip der Nachhaltigkeit nicht nur in abstracto zu bejahen und zu fördern, sondern im Rahmen der Führungsprozesse auch immer wieder zu besprechen und zu erläutern.

6. Vision/Leitbild/Mission: Realisierbarer »Traum« und erste Konkretisierung

Das Prinzip Nachhaltigkeit ist eine Weltanschauung. Diese lässt sich grundsätzlich auf jedes Unternehmen übertragen. Sie steht mit anderen möglichen Weltanschauungen im Wettbewerb, sagt aber über die konkrete Ausrichtung des Unternehmens noch nichts aus. Für sie kommen andere längerfristige Instrumente der Orientierung zum Einsatz: eine Vision, ein Leitbild und – eventuell – eine Mission.

Die Vision

Eine Vision ist ein inneres Gesicht, eine Erscheinung vor dem geistigen Auge. In früheren Zeiten wurde das Wort mit neuen Sichtweisen, wie sie einem in Träumen oder ekstatischen Zuständen zuteil werden, in Zusammenhang gebracht. Auch wurde der Ausdruck mit religiösen und prophetischen Inhalten besetzt. Im Zuge der Säkularisierung unserer Zeit, aber auch auf Grund der Bestrebungen von Beratern und Publizisten, möglichst eingängige und kraftvolle Ausdrücke zu finden, hat das Wort in die Terminologie des Managements Eingang gefunden.

In der neueren Managementliteratur wird »Vision« umschrieben als eine *in absehbarer Zukunft wenigstens näherungsweise realisierbare Idealvorstellung eines Unternehmens*. Die Unternehmensvision soll, einem Leitstern gleich, Orientierungspunkt für alle unternehmerischen Entscheidungen sein. Diese erhalten damit »Richtung« und werden dadurch koordiniert.

Ihrem Wesen nach sollte eine Vision ausdrucksstark sein. Sie sollte überdies einzigartig sein, so etwas wie einen »göttlichen Funken« in sich enthalten und aus eben diesem Grunde Marktpartner von der *Persönlichkeit des Unternehmens* überzeugen. Auch auf die Mitarbeiter soll sie eine stark motivierende Wirkung ausüben. Visionen geben der beruflichen Arbeit Sinn. Sie zeigen die Chance für berufliche Erfüllung auf. So wandelt die Vision – wenn sie ideal funktioniert – *Druck* in *Sog, innere Kündigung* in *Identifikation, Macht* in *Partnerschaft* und *Egoismus* in *Wir-Gefühl* um. Visionen mobilisieren und bündeln die Lebensenergie aller Menschen im Unternehmen auf ein gemeinsames Ziel. »One of the strongest findings of our research was that successful corporations were those that had a vision and were committed to fulfil it over an extended period of time«, schreiben Collis/Montgomery.[1]

Visionen sollen ambitiös sein und auch auf diese Weise die Mitarbeiter mitreißen. So sprach Bill Gates zu Beginn der neunziger Jahre davon, dass in Zukunft auf jedem Büroplatz ein Computer zu stehen habe, in dem Microsoft-Software installiert ist. Siebzig Jahre früher wollte Henry Ford ein Automobil vor jede Wohnung stellen.

In der unternehmerischen Praxis stellt man freilich fest, dass sich die Visionen vieler Unternehmen in einem erstaunlichen Maß ähneln. Etwas boshaft ausgedrückt: Sie unterscheiden sich im Wesentlichen durch den Firmennamen. Zwar muss man nicht versuchen, um jeden Preis originell zu sein und alles anders als alle Übrigen zu machen. Aber ein Unternehmen muss ein unverwechselbares Profil besitzen, eine Art »Persönlichkeit«, die von anderen absticht und die wesentlichen Interessengruppen beeindruckt.

Bei Gallus wurde Anfang der neunziger Jahre – nachdem klar geworden war, dass die »perfekte Fabrik« nicht funktionierte – erkannt, wie notwendig eine Neuorientierung war. Dazu wurde eine Vision benötigt. Leitgedanke hierbei wurde ein Ausspruch von Erich Fromm:

»Wenn das Leben keine Vision hat, nach der man strebt, nach der man sich sehnt, die man verwirklichen möchte, dann gibt es auch kein Motiv, sich anzustrengen ...«

Bei der Ausarbeitung der Vision wurde in erster Linie eine klare Identität des Unternehmens angestrebt. Es genügte nicht mehr, einfach »gut« zu sein. Vielmehr sollte zum Ausdruck gebracht werden, in welchen Bereichen man »besonders gut« ist beziehungsweise, deutlicher, in welchen Bereichen man sich von den Wettbewerbern abhebt. Es sollte umschrieben werden, was das ganz Besondere, die Einzigartigkeit, von Gallus ausmacht.

Der Prozess des Kreierens der Gallus-Vision war langwierig und eine Zeit intensivsten Arbeitens. Vertreter unterschiedlicher hierarchischer Stufen und Funktionen waren an dem Werk beteiligt. Neben formalen Sitzungen in den Büroräumlichkeiten wurden auch konzentrierte Seminare in einem kleineren Hotel, fernab von der Hektik des Alltags, durchgeführt. Dort wurden Bilder des künftigen Unternehmens auch bei Bergwanderungen und während der Mahlzeiten entworfen. Entscheidend für die Sogkraft des Prozesses waren die Entschlossenheit, der Mut, die geistige Offenheit und die Fantasie, mit der bei der Erarbeitung der Vision vorgegangen wurde.

Ergebnis der langen und konzentrierten Gespräche war eine einfache, klare, kurze und eben einzigartige Vision. Sie ist in nur drei knappe Abschnitte gegliedert. Die wesentlichen Passagen davon sind in Abbildung 6.1 wiedergegeben.

Die Vision kreist um nur zwei Gedanken. Die Ziffern 1 und 2 der Vision beschreiben das Produkt-Markt-Konzept. Ökonomisch ausgedrückt will Gallus ein weltweit tätiger Nischenanbieter mit einer brei-

1. Wer wir sind

Wir, die Gallus-Gruppe, sind der führende Partner des Etikettendruckers. Unsere Aufgabe ist es, einen wichtigen Beitrag zum unternehmerischen Erfolg unserer Kunden zu leisten. Und dies nicht nur heute, sondern auch morgen und in aller Zukunft.

2. Was wir tun

Die Einzigartigkeit unserer Leistungen liegt in einem umfassenden Leistungspaket, das immer wieder neu auf die spezielle Situation und die Auftragsstruktur des einzelnen Kunden zugeschnitten werden kann. Wir begleiten den Kunden ... und sind ihm ein Partner für sämtliche drucktechnischen und verarbeitungstechnischen, ökologischen und betriebswirtschaftlichen Fragen.

Unsere Leistungen bedeuten für den Kunden die Sicherheit, alle heute und in Zukunft wichtigen Druckverfahren einzeln und in Kombination einsetzen zu können.....

3. Unsere Kultur

Erfolgreiche Mitarbeiter schaffen erfolgreiche Unternehmen......

Veränderungen und Wandel prägen die Zukunft. .... Wir wollen an vorderster Front nach eigenen Vorstellungen mitgestalten und damit die Randbedingungen und Entwicklungen unserer Branche mitprägen.

Unsere Zukunft wird getragen durch Mitarbeiter, die sich begeistern können, die in der Lage sind, Fragen zu stellen, alte Denkmuster aufzubrechen und Neuland zu erobern. Und als Unternehmen werden wir erfolgreich sein, wenn es uns gelingt, die Voraussetzungen und die Kultur zu schaffen, in der diese Mitarbeiter sich wohlfühlen, in der sie sich entfalten und wachsen können und in der sie Verantwortung übernehmen und mitgestalten können.

Abbildung 6.1: Die Vision von Gallus

ten Angebotspalette sein. Das heißt, negativ ausgedrückt: Gallus will nicht länger ein Unternehmen des Maschinen- und Werkzeugbaus mit Schwergewicht auf der Herstellung von Maschinen zum Bedrucken von Etiketten sein, sondern ein glasklar erkennbarer Spezialist. Wichtig war bei der Umschreibung des Angebots, nicht einzelne Produkte oder andere Marktleistungen in den Vordergrund zu rücken. Aus dieser Denkart heraus versteht sich Gallus nicht länger als Hersteller von Maschinen. Vielmehr will das Unternehmen ein Partner des Etikettendruckers sein. Ihm soll eine breite Palette an Maschinen und Dienstleistungen angeboten werden, um auf diese Weise dessen Bedürfnisse nach Sicherheit und wirtschaftlichem Erfolg zu gewährleisten. Gallus wird umso erfolgreicher sein, je mehr die Kunden mit ihren Bedürfnissen im Zentrum allen Denkens und Handelns stehen. Mit der konsequenten Ausrichtung auf die Wünsche der Kunden wird die ökonomische Stoßrichtung mit Kraft und Leben erfüllt.

Genauso, wie aus der Außensicht die Marktpartner sind, stellen aus der Innensicht die Mitarbeiter wesentliche Pfeiler des Unternehmenserfolgs dar. Das ist der zweite Gedanke der Vision. Sie fußt auf einem ganz bestimmten Bild der Mitarbeiter. Diese sind idealerweise erneuerungsfreudig, aktiv, selbstständig und engagiert. Diesen Typus von Menschen sucht Gallus, er soll im Unternehmen gefordert und gefördert werden.

Mehr sagt die Vision nicht – aber auch nicht weniger. Alle übrigen Führungsaktivitäten im Unternehmen, insbesondere auch die längerfristig orientierten Führungsdokumente, sind letztlich nur darauf ausgerichtet, die Angemessenheit dieses Credos immer wieder zu überprüfen – und es zu verwirklichen.

Die klare Positionierung als Partner von Etikettendruckern stellt den Endpunkt einer seit längerem stattfindenden Entwicklung dar. Gallus hat die entsprechenden Märkte schon seit langem bearbeitet, und der entsprechende Geschäftsanteil ist jahrzehntelang der bedeutendste gewesen. Gleichwohl erforderte der Schritt lange und intensive Auseinandersetzungen. Die – scheinbar – so einfache und überzeugende Lösung musste erstaunlich hart erarbeitet werden. Die entsprechende Fokussierung hat sich jedoch sehr positiv ausgewirkt: kostensenkend und leistungsfördernd. Größenvorteile konnten realisiert werden, und die Unübersichtlichkeit eines stärker diversifizierten Unternehmens ließ sich vermeiden. Der Markt seinerseits hat die Einzigartigkeit von Gallus als spezialisiertem Unternehmen deutlich wahr-

genommen und honoriert. Noch wesentlich schwieriger als die Verwirklichung des Produkt-Markt-Konzepts war es indessen, die mitarbeiterbezogenen Teile der Vision in die Tat umzusetzen. Leider entsprachen mehrere Mitarbeiter, darunter auch Inhaber von leitenden
Positionen, dem in der Vision niedergelegten Persönlichkeitsbild nicht.
Trotz gutem Willen und hoher Fachkenntnis waren einige nicht in der
Lage, Eigenverantwortung im gewünschten und erforderlichen Maße
zu übernehmen. Diese Erkenntnis steht so gar nicht in der Linie der
gängigen Klischees und Leitvorstellungen und führte bei Gallus zu
schmerzhaften Erkenntnissen.

Derzeit gibt es keine Gründe, die grundlegende Vision von Gallus
zu ändern. Zwar wird der eigentliche Tätigkeitsbereich des Unternehmens moderat ausgeweitet. Hierbei geht es darum, mit angepassten
Produkten auch spezialisierte Hersteller von Faltschachteln zu bedienen. Die sehr maßvolle Ausweitung der Angebotspalette soll die Identität des Unternehmens aber keinesfalls ändern oder auch nur in Mit-
leidenschaft ziehen. Sie ist derzeit eher eine Randerscheinung, die zwar
bedeutsam ist, aber das Wesen des Unternehmens nicht berührt. Es ist
allerdings eine Herausforderung, am eigenen Beispiel zu erfahren, wie
eine Änderung einer Vision sehr moderat, aber in vollem Bewusstsein
der Beteiligten, auf den Weggebracht werden kann.

Die Mission

Umschreibungen der »Unternehmensmission« sind besonders in der
nordamerikanischen Praxis weit verbreitet. Man versteht darunter eine *prägnante Umschreibung des Geschäftszwecks, die den Umfang
der zu betreibenden Geschäfte, also das Marktleistungsangebot und
die zu bearbeitenden Märkte, umreißt und die wesentlichsten Werte
und Prioritäten widerspiegelt.* Beantwortet wird also die Frage: »In
welchem Geschäft (beziehungsweise welchen Geschäften) sind wir tätig?« Man kann auch sagen, die Mission erteile Auskunft über die
»Raison d'être« des Unternehmens. Eine Mission mag etwa lauten:
»To be the leader in the food field with highly differentiated quality
products that attain optimum share of market while meeting estab-
lished profit objectives« (Hormel Foods Corporation) oder »We build

homes to meet people's dreams« (Kaufmann and Broad Home Corporation)[2]. Die Mission eines Unternehmens überschneidet sich zum Teil mit der Vision und dem unten zu beschreibenden Leitbild; von einzelnen Unternehmen wird sie auch an die Stelle einer Vision oder eines Leitbildes gesetzt.

Bei Gallus ist die »Business Mission« ein Teil der Vision und kein eigenständiges Führungsinstrument. Daran soll sich auch in Zukunft nichts ändern. Am ehesten besteht Raum für eine schriftlich formulierte Mission für einzelne kleinere Tochtergesellschaften. Sie kann deren Beitrag zu den Gesamtaktivitäten der Gallus-Gruppe hervorheben und verdeutlichen.

Das Leitbild

Das Unternehmensleitbild ist in der Hierarchie der Unternehmensentscheidungen der Vision (und allenfalls der »Mission«) unmittelbar nachgeordnet. *Es ist die allgemeine Umschreibung des zukünftigen Unternehmens, insbesondere der grundlegenden Prinzipien, an denen die Geschäftstätigkeit auszurichten ist.* In ihm sind bestimmte Zwecksetzungen, Zielsetzungen und Verhaltensweisen generell festgelegt. Damit kann das Unternehmensleitbild auch als »Modell« des in Zukunft zu realisierenden Unternehmens in allen wesentlichen Dimensionen bezeichnet werden. Wie die Vision sollte auch das Unternehmensleitbild die Einzigartigkeit eines Unternehmens deutlich zum Ausdruck bringen. Das gilt auch für die von ihm angesprochenen Gesichtspunkte, weil ja bereits sie zeigen, welche Dimensionen und Inhalte dem Autorenteam besonders wichtig erscheinen. Ferner entspricht es durchaus persönlichem Ermessen, ob ein Unternehmensleitbild eine relativ umfassende Darstellung des Unternehmens der Zukunft enthalten soll oder ob es sich eher holzschnittartig auf einige wenige, aber als besonders bedeutsam betrachtete Aussagen beschränken soll. Schließlich können sich Unternehmensleitbilder eher nach innen orientieren, sich im Wesentlichen also an die Mitarbeiter des Unternehmens wenden, oder eher nach außen, an Kunden, an Lieferanten oder Meinungsbildner. Auch das beeinflusst naturgemäß ihren Inhalt und die Art ihrer Aufmachung.

Leitbilder wurden zum Teil bereits zu Beginn des vergangenen Jahrhunderts niedergeschrieben, so etwa vom legendären IBM-Manager Thomas Watson, und den Gebrüdern Sulzer. In der Folge hat eine große Zahl von Unternehmen ebenfalls ein entsprechendes Dokument erarbeitet. Dessen Nutzen ist allerdings unterschiedlich groß. Wissenschaftliche Umfragen zeigen ebenso wie informelle Gespräche immer wieder, dass in vielen Unternehmen die gedruckten Texte des Leitbildes weitestgehend unbeachtet bleiben und im praktischen Leben deshalb kaum eine Rolle spielen. Auch in diesem Zusammenhang kann von einem Implementierungsproblem gesprochen werden. In anderen Unternehmen dagegen ist das Leitbild beinahe überall präsent.

Bei Gallus ist ein »Leitbild der Gallus-Gruppe« erstmals im Jahre 1994 verfasst worden. Der äußere Anlass dazu war das Wachstum der Gruppe. Die Kohärenz sollte gefestigt werden. Dazu erwies es sich als

1. **Tätigkeitsgebiet**: Gallus - ein globaler Nischenanbieter

2. **Unsere Leistungen**: Ein hoher Kundennutzen
   2.1 Ein umfassendes und situativ einsetzbares Leistungsprogramm
   2.2 Schwerpunkte der Leistungserstellung bei den kundennahen Wertschöpfungsstufen

3. **Die Wahl der Märkte**: Marktstärke durch Kundennähe

4. **Innovation**: Fortschritte im Produkt, in den Dienstleistungen, in den Verfahren und Abläufen

5. **Partnerschaft**: Wir brauchen starke Partner

6. **Ökologie**: Chance und Lernprozess

7. **Qualität**: Oberstes Ziel ist die Kundenzufriedenheit

8. **Wachstum**: Profitabel grösser werden

9. **Finanzielles**: Cash is King

10. **Firmenkultur**

Abbildung 6.2: Gliederung des Leitbildes der Gallus-Gruppe

vorteilhaft, die informellen Normen zusammenzutragen, zu überdenken und schriftlich festzuhalten. Das entsprechende Schriftstück umfasst 16 Seiten und ist in die zehn Abschnitte gemäß Abbildung 6.2 unterteilt.

Die Arbeiten am »Leitbild« ermöglichten es, die seit langem geübte Praxis in den als besonders bedeutsam erachteten Bereichen zu Papier zu bringen und entsprechende Akzente zu setzen. Die ersten beiden Abschnitte vertiefen das in der »Vision« Gesagte. In ihnen findet sich unter anderem die Passage: »Keine Tätigkeit außerhalb der Branche … Damit wir uns nicht verzetteln, vermeiden wir konsequent jede Tätigkeit und Entwicklung außerhalb unserer Branche. Das gilt auch für Arbeiten, bei denen die nötigen technischen Anpassungen klein und die Markteinführungskosten tief sind.« Die Selbstbeschränkung wird damit unterstrichen und verstärkt. Wie erwähnt, ist Gallus jedoch acht Jahre nach der Niederschrift des Leitbildes im Begriff, eine gewisse Ausweitung der Geschäftsaktivitäten vorzunehmen. Das aber geschieht sehr konzentriert, ist eine längerfristige Orientierung und führt gewiss nicht zu einer Verzettelung der Kräfte. In engem Zusammenhang mit der damit angesprochenen Orientierung des Angebots steht die Innovation. Sie wurde in der »Vision« nur ganz grundsätzlich, im Sinne einer Grundhaltung, postuliert. Das Leitbild enthält spezifischere Aussagen über die Innovation im Bereich der Marktleistung einerseits und im Bereich der internen Verfahren und Prozesse andererseits. Diese wiederum stehen in enger Beziehung zur Qualität, da die modernen Systeme des Qualitätsmanagements prozessorientiert sind. Auch die Qualitätsorientierung hat bei Gallus eine lange Tradition, gehört das Unternehmen doch zur Avantgarde der schweizerischen Unternehmen, die nach ISO 9001 zertifiziert sind. Die Kundenorientierung der »Vision« wird im Leitbild ausgedehnt zu einem Partnerschaftsgedanken. In ihn werden, neben den Kunden, auch selbstständige Verkaufsorganisationen, Lieferanten, Banken und öffentliche Institutionen einbezogen. »Partnerschaft« heißt für Gallus, längerfristige Beziehungen zum gegenseitigen Nutzen aufzubauen. Ganz im Sinne der Betonung der Mitarbeiter in der »Vision« wird dabei die Bedeutung der persönlichen Beziehungen zu den Repräsentanten der Partner besonders hervorgehoben. Über die in Ziffer 6 angesprochene Berücksichtigung ökologischer Anliegen wurde bereits weiter vorn berichtet. In den Ziffern 8 und 9 des Leitbildes wird die finanzwirtschaftliche Dimension angesprochen. Sie ist Ziel und Ergeb-

nis der übrigen Überlegungen zugleich. Mit diesen Überlegungen stellt
sich das Unternehmensleitbild in eine Linie mit den Autoren der Balanced Scorecard, von der noch die Rede sein wird. Eine führende
Marktstellung in der gewählten Nische soll es erlauben, Cash zum
König werden zu lassen, das heißt, jährlich einen positiven »Free
Cashflow« zu erarbeiten, der die Festigung einer hohen Eigenkapitalquote erlaubt. Diese Zielsetzung wurde übrigens nachhaltig über viele
Jahre erzielt, was zu einem vollständigen Abbau der Nettoverschuldung bei Banken führte. Zum Schluss des Leitbildes werden die in der
Vision enthaltenen Gedanken zur Unternehmenskultur ausgefaltet
und ergänzt.

Die Niederschrift des Leitbildes hatte folgende Wirkungen: Nach
innen trug seine Ausarbeitung in einem Team, dem neben bewährten
Mitarbeitern auch die Leiter der neu zur Gallus-Gruppe gestoßenen
Unternehmen angehörten, viel zur Schaffung einer gemeinsamen Basis
für die weitere Zusammenarbeit bei. Die überkommenen Gallus-Vorstellungen konnten in einem gemeinsamen Arbeitsakt vertieft und in
einer von allen Beteiligten auch innerlich angenommenen Art und
Weise verbreitert werden. Insofern konnte die Erfahrung gemacht
werden, dass mindestens teilweise der Weg auch das Ziel darstellt.
Auch in den Jahren nach seiner Ausarbeitung ist das Leitbild lebendig
geblieben. Verantwortlich hierfür war der integrierte Führungsansatz,
wie er in diesem Buch beschrieben wird. Dieses Ergebnis wurde nicht
nur erhofft, sondern auch erwartet.

Eher ein wenig überraschend war dagegen die Wirkung des Leitbildes nach außen. Die Banken waren davon recht angetan. Das Leitbild
hat mit wenig Aufwand die Grundhaltung von Gallus auch ihnen gegenüber deutlich und verständlich gemacht. Das Vertrauen, das auf
Grund der erfreulichen Geschäftsergebnisse zu dieser Zeit ohnehin
wieder vorhanden gewesen war, konnte weiter gefestigt werden. Auch
erleichterte das Fundament des Leitbildes immer wieder für beide Teile
anregende fachliche Gespräche. Als 1999 die Heidelberg Druckmaschinen AG an Gallus herangetreten war, um Möglichkeiten einer Zusammenarbeit zu prüfen, erwies sich das Vorhandensein eines Leitbildes erneut als sehr zweckdienlich. Ähnlich wie in den Beziehungen zu
den Banken erleichterte es die Kommunikation. Zudem gewährte es
einen einfachen und ungezwungenen Zugang zur Einzigartigkeit von
Gallus und seiner Unternehmensphilosophie. Nicht zuletzt unterstrich
es auch ohne viele Worte das Verständnis des Managements. Und ge-

rade das ist für eine vertiefte Kooperation eine unabdingbare Voraussetzung.

Mit Blick auf eben diese Wirkung mutet es geradezu als eine Ironie des Schicksals an, dass als Folge der erfolgreichen Kooperationsgespräche das Leitbild, das sie so trefflich unterstützte, in einem wesentlichen Punkt geändert werden musste. Wurde noch bei der Niederschrift des Leitbildes in gutem Glauben ausgeführt, die Gallus Holding AG solle ein eigenständiges Familienunternehmen sein und bleiben, erwies sich eine Anpassung an die Ergebnisse der Kooperationsverhandlungen als unumgänglich. Die früher dargestellten Überlegungen von Mintzberg über den Unterschied von beabsichtigter und verwirklichter Langfristorientierung trafen auf die Situation von Gallus vollständig zu. Es war im Laufe der Verhandlungen gut zu wissen, unter welchen situativen Bedingungen ein Abweichen von den zuvor aufgestellten Normen erwogen und gegebenenfalls auch vorgenommen werden darf und muss.

7. Die Strategie: Die Marktleistungen und die Kernkompetenzen im Zentrum

Das Konzept und seine Bedeutung

Vision, Mission und Leitbild werden im Sinne der Abbildung 3.2 auf Seite 36 in der Strategie beziehungsweise den Strategien fortgesetzt. Der entsprechende Begriff ist eine Ableitung des altgriechischen Wortes für »Feldherrenkunst«; in den sechziger Jahren wurde er ins Schrifttum der allgemeinen Managementliteratur aufgenommen. Eine allgemein anerkannte Definition besteht weder im deutschsprachigen noch im angelsächsischen Schrifttum. Ein Rückbezug auf Moltke mag aber als Ausgangspunkt hilfreich sein. Dieser bezeichnete die Strategie als »*Fortbildung des ursprünglich leitenden Gedankens entsprechend den stets sich ändernden Verhältnissen*«. Nach dem allgemein anerkannten Verständnis der betriebswirtschaftlichen Literatur ist auch eine »Strategie« längerfristig ausgelegt. Die ihr zugrunde liegende Frage lautet: Welche Potenziale muss ich heute aufbauen, um morgen erfolgreich zu sein? Gleichzeitig müssen die Indikatoren bestimmt werden, die heute eine Messung des mutmaßlichen künftigen Erfolges erlauben. Der so verstandenen Strategie stellt man die kürzerfristig konzipierte Taktik oder die Operationen gegenüber.

Wenn sich strategisches Denken grundsätzlich auch auf ganz verschiedene Inhalte beziehen kann, hat sich im Bereich des Managements doch eine Ausrichtung auf drei verschiedene Bereiche durchgesetzt, die untereinander in einer hierarchischen Beziehung stehen. Von Strategien spricht man in Bezug auf:

- Ein gesamtes Unternehmen.
- Einzelne »Strategische Geschäftseinheiten«. Darunter werden eigen-

ständige Aktivitätsfelder eines Unternehmens verstanden. Diese wiederum lassen sich als Kombination bestimmter relativ homogener Marktleistungen (Produkte und/oder Dienstleistungen) für bestimmte Märkte umschreiben, denen im Rahmen des Gesamtunternehmens eine erhebliche Selbstständigkeit eingeräumt wird. Typischerweise stehen solche strategischen Geschäftseinheiten mit denen anderer Firmen oder mit kleineren Unternehmen insgesamt im Wettbewerb.

- Einzelne betriebliche »Funktionen« wie Forschung und Entwicklung, Produktion, Absatz, Personal oder IT. Dazu können weitere Aufgaben wie zum Beispiel das Qualitätsmanagement oder die Überarbeitung von Geschäftsprozessen treten.

Wegen der Zunahme der Zahl von strategischen Allianzen ist es empfehlenswert, diesen drei Ebenen noch eine vierte hinzuzufügen: diejenige von Unternehmensnetzwerken (wie im Flugverkehr zum Beispiel die Star Alliance), die miteinander im Wettbewerb stehen.

Die strategische Grundfrage in Bezug auf das Gesamtunternehmen richtete sich lange nach der Zahl und Art der betriebenen strategischen Geschäftsfelder und der zwischen ihnen allenfalls bestehenden Synergien. Danach muss das Unternehmen immer wieder überprüfen, ob die bestehende Summe von strategischen Geschäftsfeldern im Lichte der übergeordneten Ziele optimal ist oder ob deren Zusammensetzung geändert werden soll. Dabei fragt man, ob das vorhandene Portfolio einen gesunden Ausgleich zwischen finanzielle (und andere) Mittel absorbierenden und finanzielle Mittel freigebenden strategischen Geschäftsfeldern verspricht.

In Bezug auf jedes einzelne strategische Geschäftsfeld beruht die herkömmliche Technik auf der Analyse und Würdigung von externen und internen Faktoren. Im Vordergrund dieser Betrachtungsweise steht der so genannte »market-based view«. Dieser nimmt industrieökonomischen Untersuchungen zufolge an, es sei für jedes Geschäftsfeld von größter Bedeutung, zwischen »guten« und »weniger guten« Märkten zu unterscheiden und sich auf den guten Märkten »richtig« zu positionieren. Entsprechende Analysen sind vor allem in der Praxis der Beratungsunternehmen nach wie vor sehr verbreitet. In den vergangenen Jahren werden sie jedoch immer häufiger und stärker als einseitig kritisiert. Der geschäftsbereichsbezogenen Perspektive wird eine zu enge und starre Sichtweise vorgeworfen. Sie nehme Märkte viel zu sehr als vorgegeben und unabänderlich an, sie beschränke sich allzu sehr auf einzelne Produkte und Produktfamilien und sie sei der Zusammenarbeit zwischen den einzelnen Geschäftsfeldern abträglich. Ganz besonders wird auch argumentiert, ökonomische Faktoren wie Branche und Marktanteil könnten den Erfolg eines Unternehmens nur teilweise erklären, in vielen Fällen seien die Unternehmensinterna ungleich bedeutungsvoller. Deshalb wurde dem »market view« die maßnahmenorientierte Sicht gegenübergestellt. Dieser zufolge zeichnet sich das Gesamtunternehmen gegenüber den Wettbewerbern durch bestimmte grundlegende Fähigkeiten – die Kernkompetenzen – beziehungsweise durch eine besonders wirkungsvolle Kombination entsprechender Fähigkeiten aus. Kernkompetenzen können umschrieben werden als *integrierte und durch organisationale Lernprozesse koordinierte Gesamtheiten von Technologien, Know-how, Prozessen und Einstellungen.* Sie sollten für den Kunden erkennbar wertvoll und gegenüber der Konkurrenz einzigartig und schwer imitierbar sein und potenziell den Zugang zu einer Vielzahl von Märkten eröffnen. Solche Kernkompetenzen können sein: Immaterialgüterrechte, Ruf und Image auf den Märkten, Kunden- und Lieferantenstamm, technisches Wissen, Vertriebsorganisation, Serviceleistungen, die Fähigkeit zur Beherrschung der Komplexität und eine bestimmte Unternehmenskultur. Zu ihnen gehört unzweifelhaft auch die Verwirklichung eines dynamisch verstandenen integrierten Managements.

Derartige Kernkompetenzen übergreifen die einzelnen strategischen Geschäftsfelder. Sie integrieren aber auch Länder und Regionen. Des Weiteren besitzen sie einen langen Lebenszyklus. Sie entwickeln sich demzufolge langsamer als einzelne Produkte, ja auch langsamer als ganze Geschäftsfelder. Da sie im Einzelnen schwer fassbar sind, vermitteln sie einen nur schwer kopierbaren Konkurrenzvorteil.

Basierend auf einer Analyse der Wertschöpfungskette haben Hax/Majluf für General Electric beispielsweise die in Abbildung 7.1 dargestellten, auf Kernkompetenzen beruhenden Wettbewerbsvorteile herausgearbeitet[1].

Damit die Kernkompetenzen im Unternehmen zum Tragen kommen, müssen sie von einer klaren und allgemein anerkannten Vision abgeleitet beziehungsweise durch sie miteinander verknüpft und gelenkt werden.

Der Inhalt der funktionalen Strategien kreist um die längerfristige Ausrichtung der tragenden Funktionsbereiche Forschung und Ent-

	Top Management Unterstützung (Welch als CEO)			
Infrastuktur				
Human Resources Management	Überlegene Ausbildung		Anreizsysteme f. Kommissionäre	
Technologie-Entwicklung	Beste Legierungstechnologie		Beste Ingenieur-Unterstützung	
Beschaffung			Beste Marktforschung	
			Exzellente Positionierung	
	Höchste Produktions-Qualität	Flexible Auslieferung	Intensive Werbung	Grosse Verkäuferdichte	Einfach zu gebrauchende Produkte
			Ausrichtung auf Wachstum		
	Höchste Spezifikationstreue			Enge persönliche Beziehungen	Intensive Ausbildung der Kunden
				Günstige Kreditbedingungen	
	Technik	**Logistik**	**Marketing**	**Verkauf**	**Service**

Abbildung 7.1: Die Wettbewerbsvorteile von General Electric

wicklung, Produktion und Absatz, aber auch der Bereiche Mitarbeiter, Finanzen, Informationswesen und Informatik. Unter dem Gesichtspunkt der Marktbedürfnisse ist dabei unter anderem zu entscheiden über die Breite des Programms (inklusive Dienstleistungen), die Richtung der eigenen Forschungs- und Entwicklungsbemühungen, Qualitätsanforderungen, die preisliche Positionierung und das Verhältnis von Eigenfertigung und Outsourcing.

Die Implementierungsproblematik und die Strategie

Nach der überkommenen und traditionellen Ansicht lassen sich die strategischen Prozesse (wie übrigens auch die mit der Vision und dem Leitbild in Zusammenhang stehenden Prozesse) in drei Phasen gliedern: die Analyse, die Strategieformulierung und die Strategieimplementierung. Die Phasen der Analyse und der Strategieformulierung gehören zu den Kernaufgaben des obersten Managements. Dementsprechend wird ein Top-down-Ansatz empfohlen: Die Unternehmensstrategie wird von einem verhältnismäßig engen Kreis von Managern, häufig unterstützt von externen Beratern, konzipiert und, wenn nötig, an geänderte Umstände und Bedingungen angepasst. Die Geschäftsbereichsstrategien werden im Wesentlichen von den für die Geschäftsbereiche Verantwortlichen erarbeitet respektive geändert und, im Regelfall, vom Top-Management des Gesamtunternehmens nach Diskussionen und den sich daran anschließenden Änderungen genehmigt. Die Strategie wird in einem relativ kurzen Schöpfungsprozess gestaltet und in einem einheitlichen Bild, einer Gesamtschau, dargestellt. In einer daran anschließenden Phase wird die Strategie, grundsätzlich nach hierarchischen Prinzipien, »implementiert«, also in die Realität umgesetzt. Dieses Konzept wenden weite Teile der unternehmerischen Praxis und viele Beratungsunternehmen an. Seine Verwirklichung stößt jedoch auf erhebliche Probleme. Denn häufig lässt sich eine tiefe Kluft zwischen dem strategischen Konzept und seiner Implementierung feststellen. Besonders in der wissenschaftlichen Literatur wird das Konzept aus diesem Grunde durch andere Sichtweisen ergänzt – wenn nicht gar postuliert wird, es sei durch diese zu ersetzen.

Die Implementierungsproblematik stellt sich insofern etwas anders als bei einer Vision dar, als die Strategien zwar immer noch langfristig sind, aber doch eine kürzere Zeitspanne umfassen und entsprechend konkreter sind. Eben diese Tatsache ist für Mintzberg Anlass, den eben beschriebenen Top-down-Ansatz zu kritisieren[2]. Er hält es für erforderlich, mit der zunehmenden Komplexität sachgemäß umzugehen. Den vom Tagesgeschäft allzu weit entfernten oberen Instanzen fehle es an den notwendigen Informationen, um überhaupt noch in der Lage zu sein, sachgemäß eine Strategie zu entwickeln (beziehungsweise sich am entsprechenden Prozess aktiv und maßgeblich zu beteiligen). Dem Top-down-Ansatz stellt er deshalb einen Bottom-up-Ansatz gegenüber. Im Zusammenhang damit spricht er von einem »*Grassroot*«-*Modell der Strategieentwicklung* und liefert dazu das folgende anschauliche Bild: Strategien werden nicht wie Tomaten im Gewächshaus gezüchtet; sie entwickeln sich wie Unkraut im Garten. Diese Sicht wird von zahlreichen Erfahrungsberichten gestützt. Insbesondere wird beschrieben, wie neue Ideen (zum Teil innerhalb von Jahren) im Verborgenen entwickelt und gepflegt worden sind. Erst zu einem späten Zeitpunkt wurden sie »offiziell« bekannt gemacht. Dieser Zeitpunkt war häufig bestimmt durch besondere Anlässe, wie plötzlich auftretende konkrete Bedürfnisse und/oder ein bereits beachtlich fortgeschrittenes Entwicklungsstadium der neuen Idee. In beiden Fällen ließen sich skeptische Stimmen durch Hinweise auf besondere Notwendigkeiten und/oder bereits eingetretene Erfolge widerlegen. Bewusst gepflegt werden kann eine derartige Entwicklung wenigstens zum Teil, indem die Entwicklung und Fortbildung von Geschäftsfeld-, Subgeschäftsfeld- und Funktionsbereichsstrategien bewusst delegiert wird. Man spricht dabei von »Kontrollierter Dezentralisation«.

Das strategische Management bei Gallus

Die Darstellung von Vision, Mission und Leitbild von Gallus hat die hohe Spezialisierung des Unternehmens deutlich gezeigt. Gallus will ein »Ein-Geschäft-Unternehmen« sein. In der Sprache des Altmeisters der Strategieforschung, Michael Porter, verfolgt das Unternehmen also eine sehr stark fokussierte Nischenstrategie. Es will mit aller Kraft die eigene Position in eben dieser Nische weiter ausbauen und festigen. Wie andere Nischenproduzenten auch lässt sich Gallus dabei vom Bestreben leiten, im Rahmen der engen Nische ein breites Angebot im Sinne eines »full range supply« auf den Markt zu bringen. Aus diesem Grund wird das Geschäftsfeld zu einem wahren Mikrokosmos von Teilaspekten.

Unternehmens- und Geschäftsfeldstrategien

In Bezug auf die Marktleistungen wurde das Programm unterteilt in Maschinen, Verbrauchsmaterialien und Dienstleistungen. Jede dieser drei Gruppen ist ihrerseits tief gegliedert. Der Bereich Maschinen gliedert sich im Wesentlichen auf Grund der ihnen zugrunde liegenden Technologie, ihrer mengenmäßigen und qualitativen Leistungsfähigkeit und einigen weiteren Charakteristika. Um das ganze Technologiespektrum nutzbar zu machen, wurde im Jahre 1990 die Firma Arsoma erworben. Deren technisches Know-how hat Gallus in die Lage versetzt, sehr unterschiedlichen Bedürfnissen gerecht zu werden. Darin finden sich Wünsche nach verhältnismäßig einfachen Etiketten neben solchen nach äußerst anspruchsvollen, wie sie zum Beispiel für edle Weine benötigt werden, Vielzweckmaschinen werden neben äußerst spezialisierten Aggregaten angeboten, und die Kapazitäten sind sehr unterschiedlich. Diese Breite des Angebots zwingt Gallus, nach Möglichkeiten eines modularen Aufbaus der Maschinensysteme zu suchen und diese entschieden auszunutzen.

Getreu der Vision, primär nicht nur Hersteller von Maschinen zu sein, wird der Herstellung und dem Vertrieb des zu ihnen passenden Verbrauchsmaterials eine hohe Bedeutung beigemessen. Insbesondere ist Gallus auch bereit, Spezialentwicklungen für bestimmte Kundenwünsche vorzunehmen. Diese Arbeiten sind dank des von ihnen gestifteten Kundennutzens ganz besonders geeignet, die längerfristige Kundenbindung aufrechtzuerhalten und zu intensivieren. Darüber hinaus entstehen durch die kundenspezifischen Applikationen auch Innovationen, die für weitere Kunden genutzt werden können.

Auch die erbrachten Dienstleistungen richten sich am Kundennutzen aus. Neben der Betreuung durch einen weltweiten Service sollen die Kunden auch in denjenigen Bereichen unterstützt und beraten werden, in denen die Kompetenzen von Gallus liegen. Dazu gehören Beratungen über Technologieentwicklungen und darüber, welche Druckverfahren für einen Kunden am besten geeignet sind. Darüber hinaus stellt Gallus seinen Kunden, sofern sie es wünschen, einen Integrated Factory Organization Support (IFORS) zur Verfügung. Dieser umfasst Beratung in »Workflow«, bei der Organisation und bei betriebswirtschaftlichen Berechnungen. Besondere Aufmerksamkeit wird der technischen Ausbildung von Mitarbeitern der Gallus-Kunden zuteil. So wurden ganze Lernblöcke für den Unterricht entwickelt, die sich sehr bewähren. Sie sind ein hervorragendes Beispiel des Partnerschaftsgedankens. Dem Kunden erleichtern sie die Einführung von neuen Techniken und Maschinen; Zeitverluste, Kosten und Ärger werden damit möglichst erspart. Dies nützt dem Kunden, erhöht aber auch gleichzeitig das Ansehen des Unternehmens als verlässlicher Lieferant – und eben Partner. Alle Marktleistungen verbindet eine gemeinsame Devise: Sie sollen den Kunden in die Lage versetzen, ihre eigene Einzigartigkeit zu entwickeln und am Markt sichtbar zu machen. Das Leitmotiv von Gallus wird auf diese Weise abgewandelt und multipliziert. Auch das ist ein Zeichen eines partnerschaftlichen Miteinanders.

Aus strategischer Sicht konnten die Anforderungen der technischen Innovation vergleichsweise reibungslos bewältigt werden. Heute nimmt das Unternehmen eine viel beachtete und gefestigte Spitzenstellung ein. Es ist in der Lage, nicht nur den gegenwärtigen Anforderungen gerecht zu werden, sondern auch künftige Entwicklungen recht zuverlässig abzuschätzen. Aus diesem Grunde ist es ihm gelungen, in weiten Bereichen des Marktes gerade auch in technischer Hinsicht zum »Leader« zu werden. Dank der unablässigen Betonung des Qualitätsdenkens verbindet sich der hohe Stand des technischen Wissens mit einer soliden und zuverlässigen Fertigung, ergänzt durch ein breites Zusatzangebot. Um diesen Weg gehen zu können, wurden – Vision und Leitbild weiterführend – die eben dargelegten Grundsätze in einem besonderen Strategiepapier niedergelegt.

Schwieriger und anforderungsreicher als die Festlegung und technische Erbringung der Marktleistungen war für Gallus die Metamorphose von einem Exporteur mit selektiver Bearbeitung ausgewählter ausländischer Märkte zu einem globalen Anbieter. Zwar war schon in den achtziger Jahren eine Tochtergesellschaft in Newtown/USA gegründet worden. Und in der Vision heißt es lapidar: »Mit dem weltweit operierenden Service und Ersatzteildienst bleiben unsere Maschinen und Systeme funktionsfähig.« Aber Jahre danach wurde im »Leitbild« zurückhaltender formuliert: »Um unsere Kundenbeziehungen gezielt aufbauen, pflegen und ausbauen zu können, setzen wir Schwerpunkte, beurteilen unsere Märkte nach ihren Möglichkeiten und Eigenheiten und bearbeiten sie dann gemäß ihrer Bedeutung nach unterschiedlichen Strategien.« In der Tat hatte die Krise zu Beginn der neunziger Jahre just die Niederlassung in den USA in eine schwierige Lage gebracht. Diese konnte in der Folge zwar überwunden werden, aber dennoch: Bei aller Anerkennung der Bedeutung der USA und bei allem Respekt diesem Staat gegenüber machte die Krise Gallus bewusst, dass es in weiten Bereichen des Globus nur relativ schwach vertreten war. Um das angestrebte Niveau von Service und Dienstleistungen aufrechterhalten zu können, reichte eine lose Zusammenarbeit mit Vertretern in den meisten Fällen nicht aus. Um eigene Tochtergesellschaften zu errichten, waren in vielen Regionen des Globus die Umsätze zudem zu gering. Häufig fehlte es auch schlicht an den erforderlichen Kenntnissen der Märkte und ihrer Umfelder, so zum Beispiel in der Volksrepublik China. Vor diesem Hintergrund gelang es Gallus im Jahre 1996, eine Zusammenarbeit mit einem starken Partner, einem in Singapur angesiedelten ausgewiesenen Spezialisten im grafischen Gewerbe, ins Leben zu rufen. Dieser war in 15 südostasiatischen Ländern gut aufgestellt und verfügte insbesondere über eine festgefügte Serviceorganisation. Dank einer neuartigen Form der Zusammenarbeit konnten einige wenige Fachleute von Gallus in Singapur stationiert werden. Dies erleichterte die Zusammenarbeit enorm. Neben ihren vielfältigen Vorteilen wies die Kooperation aber zwei erhebliche Nachteile auf. Obwohl eigene Mitarbeiter vor Ort waren, wurde die Gefahr einer überstarken Abhängigkeit vom Partner in dem von ihm bearbeiteten Raum sichtbar. Schlimmer noch war, dass der Partner seinerseits in Übernahmeverhandlungen mit einem anderen Unternehmen trat. Dadurch wurde naturgemäß das gesamte Partnerschaftsverhältnis in Frage gestellt.

Diese Lage dürfte für Industrieunternehmen mit bedeutendem und wachsendem Anteil von Service- und Dienstleistungsgeschäften typisch sein. Die Alternativen lauten: relativ langsamer und schrittweiser Ausbau der eigenen Positionen aus eigenen Kräften, das heißt zu einem guten Teil nach Maßgabe der Verfügbarkeit von selbst generiertem Free Cashflow; Aufbau eines den gesamten Globus umspannenden Netzwerkes mit unterschiedlichen Partnern oder aber Kooperation mit einem bereits global tätigen, wesentlich größeren Partner. Auf Grund des unerwarteten Angebots von Heidelberg hat sich Gallus für die zuletzt genannte Möglichkeit entschieden. Laut den getroffenen Vereinbarungen bearbeitet Gallus nach wie vor einige europäische Märkte und die USA direkt. Weitere europäische Märkte werden über gut etablierte Vertretungen abgedeckt. In den übrigen Gebieten reicht die bereits bestehende Absatzorganisation von Heidelberg aus. Auf einen Schlag und mit Hilfe einer einzigen Verbindung konnte damit die Stellung auf den übrigen Weltmärkten wesentlich verbessert werden. Beispielhaft dafür sei die Volksrepublik China genannt: In diesem stark wachsenden, aber äußerst anspruchsvollen Markt ist der Partner Heidelberg bereits seit längerem gut aufgestellt. Das entsprechende Netz von Beziehungen und Partnerschaften und das Wissen um die politischen, wirtschaftlichen und sozialen Hintergründe konnten sehr rasch auch für das Marktangebot von Gallus nutzbar gemacht werden.

Funktionale Strategien und Förderung von Kernkompetenzen

Aus strategischer Sicht darf ganz im Sinne des ressourcenorientierten Ansatzes der Blick nicht allein auf die Märkte gerichtet werden. Er ist

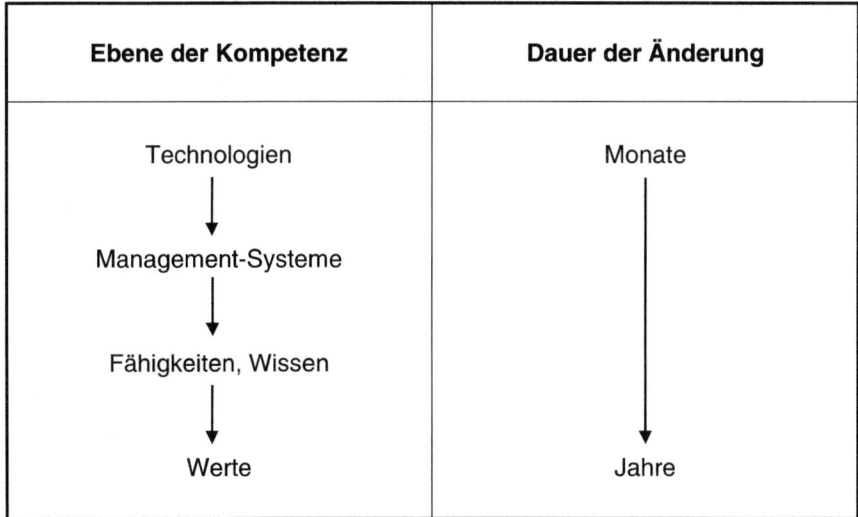

Ebene der Kompetenz	Dauer der Änderung
Technologien ↓ Management-Systeme ↓ Fähigkeiten, Wissen ↓ Werte	Monate ↓ Jahre

Abbildung 7.2: Der Aufbau der Kernkompetenzen

auch nach innen zu wenden. Hier gilt es, Kernkompetenzen aufzubauen, die es dem Unternehmen erlauben, »besser zu sein als die Wettbewerber« – und zwar so, dass der Kunde davon profitiert, dass die Kernkompetenz sich auf einen wesentlichen Anteil an der gesamten Wertschöpfung bezieht und dass sie schwierig nachzuahmen ist. Der für ihren Aufbau erforderliche Zeitraum ist, wie aus Abbildung 7.2. hervorgeht, recht unterschiedlich.

Die Kernkompetenzen durchdringen zum Teil das gesamte Unternehmen. Das gilt ganz besonders für die zentralen Werte und das integrierte Managementsystem, das in diesem Buch beschrieben wird. Andere Kernkompetenzen lassen sich an einzelnen Aufgaben und Funktionen festmachen. Aus diesem Grunde müssen tragfähige funktionale Strategien entwickelt werden. Mehrere von ihnen haben in verallgemeinerter Form ihren Niederschlag in besonderen Anweisungen gefunden. So wurden die Besonderheiten der Beschaffungspolitik, der Sicherheits- und der Qualitätspolitik, der Versorgungspolitik und der Logistik sowie der verfolgten Produktionsstrategie in knapper Form zu Papier gebracht.

Besondere Aufmerksamkeit muss gerade auch in einem mittelgroßen Unternehmen dem Aufbau und der Erhaltung einer *technologischen Führerschaft* geschenkt werden. Zwar gewinnen die Service-

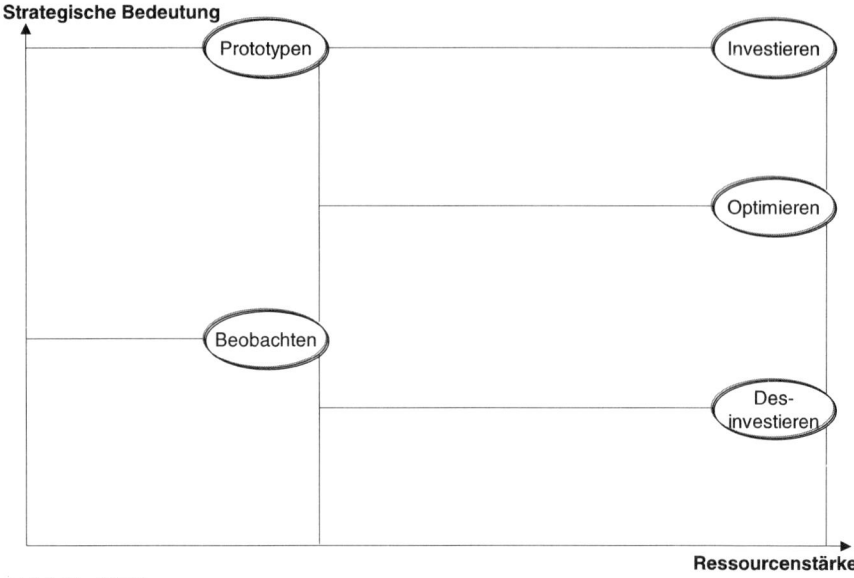

nach R. Boutellier, ITEM HSG

Abbildung 7.3: Das Technologieportfolio von Gallus

und anderen Dienstleistungsaktivitäten an Bedeutung. Auch lassen sich, wie eben gesehen, technische Potenziale rascher aufbauen als zum Beispiel die Unternehmenskultur. Und doch ist die Beherrschung der Technik eine unabdingbare Voraussetzung für das weitere Gedeihen des Unternehmens. Das gilt ebenso für kontinuierliche kleinere Verbesserung wie die rechtzeitige Beteiligung an einem technologischen Entwicklungssprung. Auch die Technik des Etikettendruckens macht einen tief greifenden Wandel durch. Um ihm gerecht zu werden, wurde vor einigen Jahren das in Abbildung 7.3 dargestellte Technologieportfolio erarbeitet.

Es hat Gallus seither begleitet und sich sehr bewährt. Leider können die Inhalte der einzelnen Felder aus Konkurrenzgründen nicht dargestellt werden. Unter dem besonderen Aspekt der Kernfähigkeiten wurden ferner die in Abbildung 7.4 gezeigten, verhältnismäßig allgemein gehaltenen Dimensionen erarbeitet.

Die angestrebten Kernkompetenzen sind einerseits geprägt von der Kundenorientierung des Unternehmens, andererseits beziehen sie sich auf interne Abläufe und auf die Zusammenarbeit mit den Partnern. Ihr Aufbau muss viele Anforderungen erfüllen. Anzuknüpfen hat das

Vier technologische Kernkompetenzen

1. Anwendungswissen und -beratung
2. Systems Engineering
3. Qualitätsmanagement
4. Beherrschung der technischen Komplexität

Anwendungswissen (und -beratung) im Besonderen

- Anwendungswissen erarbeiten und transferieren (Drucken und Bearbeiten, Farben, Druckvorstufe, Platten)
- Schulung
- Wirtschaftlichkeitsberechnungen
- Entwicklungsinput
- Beratung des Kunden
- Organisationswissen

Abbildung 7.4: Die technologischen Kernkompetenzen bei Gallus

Denken stets beim Kundenbedürfnis – schon das ist auch heute noch nicht unbedingt eine Selbstverständlichkeit im Bereich der Technik. Des Weiteren ist die Entwicklung der Technik in den unterschiedlichsten Bereichen zu verfolgen und zu nutzen, so in der Programmierung, der Verfahrenstechnik, dem Einsatz neuer Materialien und der Tendenz zu immer dünneren Folien. Die Verbindung von hoher Kreativität beim Suchen nach Lösungsansätzen und extremer Disziplin bei der möglichst raschen und schnörkellosen Verwirklichung einmal getroffener Entscheidungen bedeutet eine permanente Herausforderung. Als Ziel schwebt Gallus gegenwärtig ein derart hoher Stand der Entwicklung und Produktion vor, dass größere Anlagen nicht mehr am Produktionsstandort St. Gallen zusammengebaut und in ihrer Gesamtheit überprüft werden, sondern erst beim Kunden. Trotz aller Bemühungen in der Vergangenheit sind die bestehenden Verbesserungsmöglichkeiten noch längst nicht alle ausgeschöpft.

Als weitere Wegmarke wurde festgelegt, dass Gallus maximal x Prozent des Unternehmensumsatzes für die gesamten Aufwendungen im Entwicklungsbereich ausgeben will. Von den entsprechenden Kapazitäten sollen bis zu 50 Prozent im Entwicklungsbereich für die Technologiebereitschaft, die Grundlagenentwicklung sowie die Entwicklung neuer Produkte und Verfahren eingesetzt werden. 30 bis 40 Prozent der Ressourcen sind für Produktverbesserungen und Weiterentwicklungen geplant. Die verbleibenden 10 bis 20 Prozent der Kapazitäten sollen auf kundenspezifische Projekte und Applikationen entfallen.

Anzumerken bleibt, dass für den Bereich Marketing bis heute noch keine besondere Strategie entwickelt wurde, und das, obwohl Gallus der Kundenorientierung den höchsten Stellenwert beimisst. Da die Produkt- beziehungsweise Marktstrategien umfassend dokumentiert sind, lassen sich daraus jedoch die wesentlichen Marketingmaßnahmen ableiten.

Entwicklung, Anwendung und Änderung der Strategie

Die erstmalige Entwicklung eines strategischen Dokuments erfolgte bei Gallus nach der Ausarbeitung der unternehmerischen Vision. Die Zusammensetzung des Personenkreis, der daran beteiligt war, war homogener als bei der Erarbeitung der »Vision«. An den entsprechenden Workshops nahmen die Leitung der Gallus-Gruppe in corpore, die Leiter der Vertriebsgesellschaften und einzelne Spezialisten teil. Die Ausarbeitung der Strategie konnte erst nach der Entwicklung der »Vision« erfolgen, da sich bei einem Nischenproduzenten wie Gallus die Erarbeitung der Geschäftsfeldstrategie in weiten Bereichen mit der Entwicklung der Vision überschneidet.

Die Verknüpfung der strategischen mit der einjährigen operativen Führung und die Anpassung der Strategie wird später noch ausführlich erläutert.

8. Das System der Pläne: Nach der Planungseuphorie zur Einjahresplanung als Angelpunkt der operativen Führung

Planung – Ein kurzer Überblick

Der allgemeine Planungsbegriff ist sehr weit gefasst. Planen heißt, *in der Gegenwart künftiges unternehmerisches Handeln zu umreißen und sich auf das Ergebnis dieser Tätigkeit festzulegen.* Historisch gesehen hat der Begriff in den fünfziger Jahren in Form von »Unternehmensplanung« jedoch eine ganz spezifische Ausformung erhalten. Damals glaubte man, Entwicklungen im unternehmerischen Umfeld mit großer Verlässlichkeit prognostizieren zu können. Das wiederum ließ es lohnend erscheinen, langfristige Periodenpläne (in der Regel von zehn Jahren Dauer) zu erstellen und als Grundlage für die Unternehmensführung zu betrachten. Die entsprechenden Planungssysteme waren stark quantitativ ausgerichtet und zum Teil außerordentlich detailliert. In einzelnen Unternehmen wurden ganze Bücher verfasst, die genau abgestimmte Teilpläne enthielten.

Die den Planungssystemen zugrunde liegende Annahme einer relativ exakt voraussagbaren Zukunft erwies sich jedoch schon bald als zu optimistisch. Die Planungsprognosen waren nur allzu oft grotesk falsch, und wenn sie einigermaßen stimmten, scheiterte ihre Umsetzung häufig an innerbetrieblichen Widerständen. Die Planungseuphorie der sechziger und siebziger Jahre machte denn auch bald einer *nüchterneren Beurteilung der realen quantitativen Planungsmöglichkeiten* Platz.

Als Folge davon wurden neue Ansätze gesucht und gefunden. Diese wurden auch terminologisch von der überkommenen Art und Weise der Unternehmensplanung abgegrenzt: Man begann vom »Strategischen Management« und vom »Strategischen Denken« zu sprechen.

Wie so oft bei Entwicklungen ersetzte das neue Gedankengut das ältere aber nicht vollständig. Vielmehr galt es, die beiden Denkansätze in einer sinnvollen Weise miteinander zu kombinieren. Auch suchte man die offenkundigen Mängel des früheren Umgangs mit übermäßig quantitativ orientierten Periodenplänen zu beheben. Das System der herkömmlichen längerfristigen quantitativen Pläne wurde wesentlich vereinfacht, ihre Verwendungsmöglichkeiten wurden kritisch überprüft und in der Folge eingeschränkt. Allerdings wurde den einjährigen Periodenplänen, die dem operativen Bereich der Unternehmensführung zuzuordnen sind, ihre große Bedeutung belassen.

Struktur und Inhalte von Planungssystemen

Pläne im oben umschriebenen Sinn lassen sich aus heutiger Sicht im Wesentlichen unterscheiden auf Grund

- ihres Gegenstands, also der von ihnen erfassten »Objekte«,
- der Periodizität ihrer Erstellung,

```
1.   Nach Objekten:
     - Einzelne Aufgaben
     - Ganze Aufgabenbereiche

2.   Nach Perodizität ihrer Erstellung:
     - Einmalig, bzw. ad hoc
     - In regelmässigen, längeren oder
       kürzeren Abständen

3.   Nach Planungsinhalten:
     - Zielplanung
     - Massnahmen- bzw. Aktionsplanung

4.   Nach Planungshorizont:
     - Langfristplanung
     - Mittelfristplanung
     - Kurzfristplanung
```

Abbildung 8.1: Arten von Plänen

- des Inhalts ihrer konkreten Aussagen und
- ihrer Fristigkeit, also auf Grund der von ihnen erfassten Planungszeiträume (vergleiche Abbildung 8.1).

Zu den Planungsobjekten gehören das Unternehmen als Ganzes, einzelne Abteilungen beziehungsweise ihre Unterbereiche und einzelne konkrete Aufgaben. Mit der Planung ganzer Unternehmen befassen sich die folgenden Ausführungen. Bei der Periodizität wird, wie in Abbildung 4.1 (siehe Seite 48), zwischen periodischen Rahmenentscheidungen und der Planung einzelner Vorhaben, insbesondere Projekten, unterschieden. Die Inhalte der Planung wiederum lassen sich unterteilen in die Zielplanung und die Aktionsplanung. Erstere befasst sich mit der Ermittlung und Festlegung von gewünschten Ergebnissen, eben Zielen. Ziele lassen sich grundsätzlich zahlenmäßig, also quantitativ, oder, falls diese Möglichkeit nicht besteht, verbal, also mit qualitativen Umschreibungen, formulieren. Wie die Ziele erreicht werden sollen, bildet den Gegenstand der Maßnahmenplanung, welche die konkreten Aktionen festlegt. Da die Zielerreichung beziehungsweise die Durchführung von Aktionen auf Ressourcen angewiesen ist, gehört auch die Ressourcenplanung zu den Planungsinhalten. Am Planungshorizont schließlich orientieren sich die auch von den Autoren unterschiedenen Entscheidungsstufen der Führung. Bei der Erörterung dieses Schemas wurde die große Bedeutung der Einjahresplanung ins Zentrum gerückt.

Die Pläne für einzelne Bereiche und das Gesamtunternehmen in der Gestalt von Periodenplänen können sich auf verschiedene Planungszeiträume beziehen. Bekannt geworden und verbreitet ist die Dreiteilung in:

- *Langfristpläne* (mit einem Zeithorizont von fünf, eventuell aber auch sieben bis zehn Jahren). Angesichts der bereits oben angesprochenen Unsicherheiten können Zahlen nur im Sinne globaler Schätzungen eingebracht werden. Ihre Verbindlichkeit ist vergleichsweise gering; sie spiegeln vielfach Annahmen, Hoffnungen und bloße Absichten wider. Im Sinne eines Durchrechnens von Varianten und der Skizzierung einer noch am ehesten zu realisierenden Zukunft können sie aber, je nach Branche und Länge von Abschreibungszeiträumen, wesentlich zur Klärung des eigenen Denkens beitragen. Beispiele hierfür sind die Entwicklung neuer Flugzeugtypen und der Kraftwerkbau.

- *Mittelfristpläne* (mit einem Zeithorizont von zwei bis drei, eventuell bis zu fünf Jahren). Diese zeitliche Ebene ist in den meisten Industrieunternehmen für die Planung der einzelnen Funktionsbereiche sehr wichtig. Viele größere Projekte erstrecken sich über diesen Zeitraum und hinterlassen ihre Spuren auch in der Periodenplanung. Dazu gehören umfassende Entwicklungsvorhaben, insbesondere die Entwicklung einer neuen Produktgeneration, die Erweiterung und der Neuaufbau von Produktionsstätten und der Eintritt in neue Märkte sowie entscheidende Änderungen der Absatzorganisation, zum Beispiel der Übergang von auf Kommissionsbasis arbeitenden Vertretern zu eigenen Verkaufsgesellschaften. Sie alle bedingen hohe Investitionen. Gerade auch aus diesem Grunde ist ihre Zusammenfassung zu unternehmensweiten Gesamtplänen wesentlich. Gerade wegen ihrer Verbindung zu größeren Projekten entfalten sie nicht nur eine Wirkung nach innen, sondern auch nach außen. Vor allem für die Banken stellen sie eine wesentliche Information dar. Ihr Verbindlichkeitsgrad ist höher als derjenige von Langfristplänen. Sie sollten im Sinne einer rollenden Planung jährlich überarbeitet werden, wobei der Zeithorizont jeweils um ein Kalenderjahr zu verlängern ist.
- *Kurzfristpläne* (mit einem Zeithorizont von einer Woche bis zu einem Jahr). Kurzfristpläne werden für einzelne Bereiche (Produktionspläne, Absatzpläne etc.) und für das Gesamtunternehmen erstellt. Sie sind sehr detailliert und besitzen zumeist Vorgabe- und Zielcharakter. Mit ihrer Hilfe können persönliche Zielvorgaben für Vorgesetzte und Mitarbeiter aufeinander abgestimmt werden. Den Kurzfristplänen werden zum Teil »Budgets« gegenübergestellt. Wenn der entsprechende Unterschied gemacht wird, enthalten Budgets, im Gegensatz zu Plänen, nur quantitative Angaben. Zweckmäßiger ist allerdings die Sprachregelung, wonach Budgets den quantitativen Teil der Kurzfristplanung darstellen.

Wie sich die Inhalte der Bereichspläne aufeinander abstimmen und zu einem in sich geschlossenen Gesamtplan zusammenfügen lassen, geht aus der unten stehenden Abbildung 8.2 hervor. Ihre Grundarchitektur lässt sich auf alle Fristen von Periodenplänen anwenden.

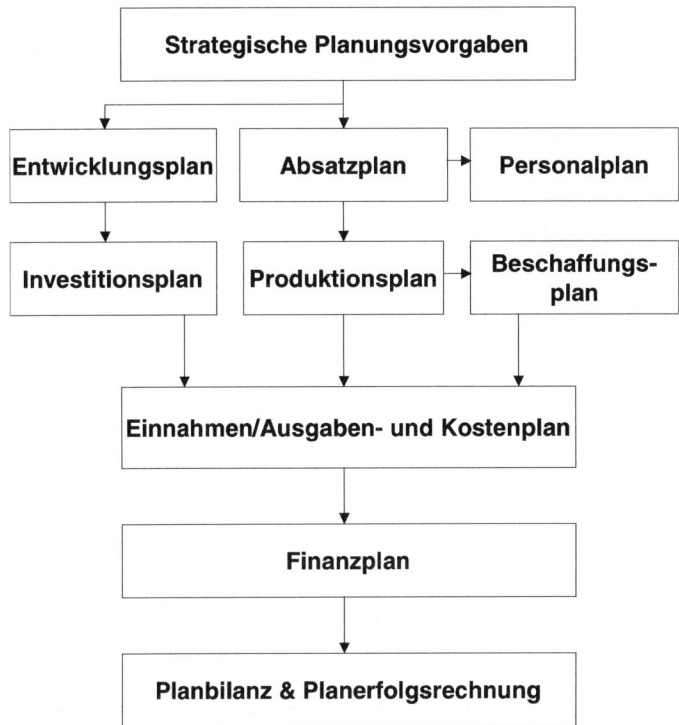

Abbildung 8.2: Die Grundarchitektur der Planung

Der Prozess der Planerstellung

Die Erstellung und Revision der Perioden erfolgt im Rahmen eines Planungszyklus. Schematisch lässt sich dieser im Sinne von Abbildung 8.3 darstellen; dieser Ablauf entspricht der gängigen Praxis und Theorie.[1] Er entspricht jedoch nicht den Vorstellungen und der Praxis bei Gallus, wie später gezeigt wird.

Aus organisatorischer Sicht kann der Aufbau der Unternehmenspläne, auf welche Zeitperiode sie sich auch beziehen, in einer gewissen Analogie zur Strategieerarbeitung auf drei Arten erfolgen: von oben nach unten (= Top-down- oder retrograde Planung), von unten nach oben (= Bottom-up- oder progressive Planung) oder durch eine Kombination dieser beiden Vorgehensweisen (= Planung nach dem Gegenstromverfahren). Bei Letzterem erstellt zu Beginn des Planungszyklus die oberste Unternehmensführung vorläufige Ziel- und Maßnahmen-

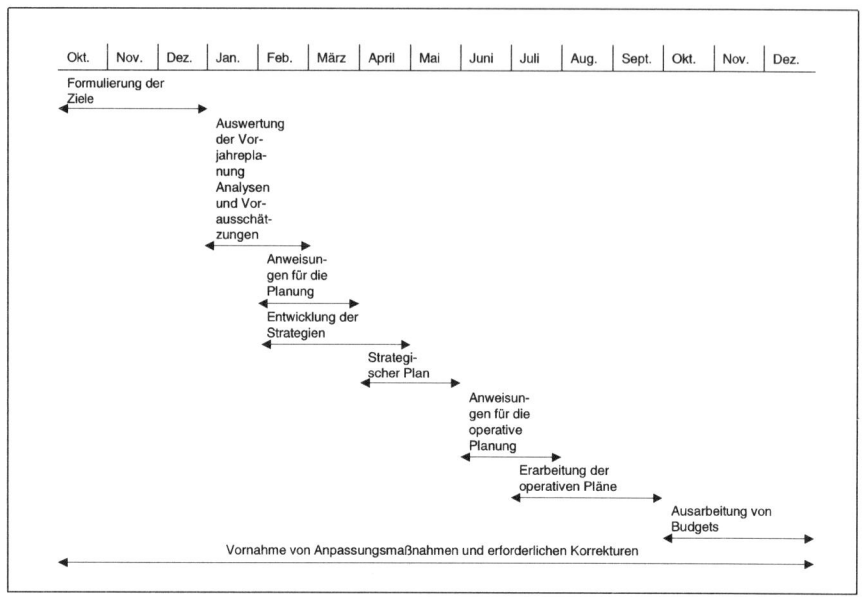

Abbildung 8.3: Der Planungszyklus

pläne mit vorläufigen, aber realistischen Vorgaben. Diese werden von den nachfolgenden Stufen verfeinert und ergänzt, bis die Vorgaben, in stufengerecht adaptierter Form, die unterste vom Verfahren erfasste organisatorische Ebene erreichen. Diese setzt sich nunmehr mit den Vorgaben auseinander und gibt ihre eigenen Planvorstellungen bekannt. In einem Bottom-up-Verfahren wird nunmehr geprüft, ob die ursprünglichen Vorgaben eingehalten werden können oder ob sie modifiziert werden müssen. Das Verfahren ist abgeschlossen, wenn die Vorstellungen aller an der Planung Beteiligten harmonisiert sind.

In den entsprechenden Gesprächen zwischen den Planungsverantwortlichen auf den verschiedenen hierarchischen Stufen werden naturgemäß unterschiedliche Interpretationen der Wirklichkeit zum Ausdruck gebracht. Gleichzeitig stehen, nicht zuletzt mit Blick auf die Festlegung der Bonus-wirksamen Ziffern, unterschiedliche Interessen einander gegenüber. Bei der Planung nach dem Bottom-up-Prinzip und nach dem Gegenstromverfahren ist eine Vereinbarung über die in die Planung eingehenden Ziele zwischen Vorgesetzten und den ihnen unterstellten Mitarbeitern unerlässlich.

Auch bei einem begrenzten Zeithorizont von einem Jahr erhebt sich die Frage nach der überhaupt möglichen Genauigkeit respektive nach dem Umgang mit der immer noch verbleibenden Unsicherheit. Hier können grundsätzlich die folgenden Methoden angewandt werden:

- Inflexibilität nach dem Prinzip einer »frozen zone«.
- Flexible Planvorgaben in Abhängigkeit von bestimmten Variablen. So können Umsatzvorgaben auf volkswirtschaftliche Gesamtgrößen oder Vorgaben von Produktionskosten auf den Beschäftigungsgrad bezogen werden.
- Ausarbeitung mehrerer Pläne auf Grund der Trias »wahrscheinliche, optimistische und pessimistische Variante«. Auch in diesem Fall können die Pläne, wenn sie verbindlich sein sollen, an andere Variablen, wie die bereits genannten volkswirtschaftlichen Gesamtgrößen, gebunden werden.
- Anpassung der Pläne an Änderungen von internen/externen Daten im Laufe der Planungsperiode.
- Parallelität von unterschiedlichen extern mitgeteilten und intern als verbindlich erklärten Plänen. Ein derartiges Vorgehen mag aus kurzfristiger Sicht politisch klug erscheinen. Es verstößt aber klar gegen die Forderung der Wahrhaftigkeit der Planung.

Das Planungssystem und sein Einsatz bei Gallus

Gallus hat an der Planungseuphorie der sechziger und siebziger Jahre nicht teilgenommen. Die Periodenplanung war ausschließlich Sache des Unternehmenseigentümers. Auch in den achtziger Jahren hat sich daran lange nichts geändert. Die schwierigen Jahre um 1990 haben dann allerdings auch Gallus gezwungen, den Banken einen vollständigen »Business-Plan« vorzulegen. Dazu gehörten die im vorangehenden Kapitel geschilderten strategischen Überlegungen sowie mittelfristige und einjährige Periodenpläne für das gesamte Unternehmen. Beide erwiesen sich sowohl nach außen, nämlich bei den Gesprächen mit den Banken, als auch nach innen, hauptsächlich bei Gesprächen im Rahmen der Unternehmensleitung, als äußerst hilfreich. In der Folge wurden Entwicklung und Einsatz von Gesamtunternehmensplänen im oben umschriebenen Sinn stark systematisiert.

Die Lang- und Mittelfristplanung

Für die Gallus-Gruppe wird ein Gesamtplan für eine Zeitperspektive von fünf Jahren entwickelt und im Sinne einer rollenden Planung jährlich überarbeitet. Bei der Planerarbeitung erfolgt eine Beschränkung auf verhältnismäßig wenige Daten.

Die Planungsunsicherheiten sind bekannt, und die Prognostizierbarkeit eines Zeitraumes von fünf Jahren wird mit Respekt und Vorsicht behandelt. Die Fünfjahrespläne erhalten aus diesem Grunde auch nie das Gewicht von Vorgaben, sondern sprechen von möglichen beziehungsweise anzustrebenden Entwicklungen. Auf diese Weise entsteht doch eine gewisse Verbindlichkeit für diese Art von Plänen. Das zeigt sich insbesondere auch in den alljährlichen Gesprächen im Rahmen der rollenden Planung. Die Frage, ob und inwieweit frühere Annahmen zu revidieren seien, steht stets auch unter dem Eindruck früher eingegangener geistiger Verpflichtungen. Die entsprechenden Planungsarbeiten erleichtern im Übrigen Gedankenspiele »rund um die Zukunft« ungemein. Die in ihnen enthaltenen Zahlen zwingen zu genauerem, präziserem Denken, schärfen den Blick auf das unternehmerische Umfeld und auch auf die unternehmerischen Risiken. Die Auseinandersetzungen mit den Fünfjahresplänen führen denn auch häufig zu Erkenntnissen, die einem rein »verbalen Denken« kaum zugänglich sind, das heißt, ohne sie schriftlich festzuhalten. Sie inspirieren so die Gespräche im Kreise des Planungsgremiums, weil ihre Erarbeitung einen geradezu herausfordert, künftige Entwicklungen unterschiedlich einzuschätzen.

Stets befasst sich Gallus auch intensiv mit dem Wechselspiel der Planung von ganzen Produktgenerationen, ausgewählten neuen Produkten, der Bearbeitung der Weltmärkte und Investitionserfordernissen. All diese Überlegungen legen einen Planungszeitraum von fünf Jahren nahe. Für eine seriöse Finanzplanung ist er nach Auffassung der Autoren unverzichtbar.

Die Geschäftsleitung erarbeitet die Fünfjahrespläne, verabschiedet werden sie vom Verwaltungsrat. Weil sie die strategischen Überlegungen quantitativ ergänzen und zum Ausdruck bringen, verbessern sie auch auf der Ebene des Verwaltungsrates die Kommunikation. Sie erleichtern es, mögliche Entwicklungen auch mit dieser Personengruppe zu erörtern. Gerade die damit verbundene Offenlegung eines Gemischs von Annahmen, Hoffnungen und Absichten erleichtert das Gespräch und erhöht das Vertrauen. Die vorhandenen Fünfjahrespläne und die Erfahrungen im Umgang mit diesem Instrument erweisen sich ferner bei Gesprächen über eventuelle Beteiligungen und Übernahmen als äußerst wertvoll.

Und dennoch: Bei allen Vorzügen der fünfjährigen Unternehmensgesamtplanung steht diese nicht im Zentrum der Planungstätigkeiten. Sie ergänzt und unterstützt diese aber auf wertvolle Weise und bildet in einem gewissen Maße auch ein Verbindungsglied zwischen der Strategie und der Einjahresplanung.

Die Einjahresplanung

Im Führungssystem von Gallus nimmt die Einjahresplanung eine herausragende Position ein. Aus diesem Grunde wird ihr in diesem Buch ein eigenes Kapitel gewidmet. Wegen seiner Nähe zu den übrigen Führungsprozessen wurde es an den Anfang des vierten Teils gesetzt.

An dieser Stelle soll deshalb nur festgehalten werden, dass die bis jetzt beschriebenen Teile des Gallus-Entscheidungssystems aufeinander abgestimmt sind und durch eine Vielzahl von Rückbezügen und Fortentwicklungen der Dynamik des wirtschaftlichen und sozialen Umfeldes und den Entwicklungen Rechnung tragen. Dass auf die Implementierung der längerfristigen Absichten und Entscheidungen ein besonderes Gewicht gelegt wird, wurde immer wieder betont. Die nachfolgenden Teile des Buches werden diese Grundidee weiter verdeutlichen.

Teil III
Die Aufbauorganisation
Die Aufteilung von Aufgaben und
Entscheidungskompetenzen
im Zeichen des Empowerment

9. Die Aufbauorganisation: Käfig oder Gewächshaus?

Dem zweiten Teil dieses Buches lag eine »funktionale«, rein aufgabenbezogene Betrachtungsweise zugrunde. Damit konnte die Frage, wer denn die einzelnen Aufgaben zu übernehmen habe, ausgeblendet werden. Diese Abstraktion soll nunmehr aufgehoben werden. Gerade das Problem des »Wer denn?« soll nun ins Zentrum gerückt werden, denn Unternehmen sind arbeitsteilige Gebilde. Eine mehr oder weniger große Zahl von Personen setzt ihre Arbeitskraft ein, um »für das Unternehmen«, aber auch »für sich selbst« bestimmte Ergebnisse zu erzielen. Damit ist die Frage aufgeworfen, wie die organisationalen Aufgaben auf die einzelnen Organisationsmitglieder aufgeteilt und wie diese koordiniert werden. Sie wird hauptsächlich durch die Art der Aufbauorganisation beantwortet. Diese legt im Wesentlichen Aufgaben, Kompetenzen und Verantwortungsbereiche der Mitarbeiter des Unternehmens fest. Damit prägt sie das Handeln jedes Einzelnen, aber auch die Art ihres Zusammenwirkens und damit die Führung ungemein. Wegen ihrer großen Bedeutung wurden Fragen der Unternehmensorganisation im Allgemeinen und mit Bezug auf Gallus im Besonderen bereits in den einführenden Kapiteln angesprochen.

Im Folgenden werden die entsprechenden Überlegungen und Vorgehensweisen gründlicher beschrieben. Sie kreisen in erster Linie um die – doppelte – Frage, wie die *vorhandenen Aufgaben auf die einzelnen Organisationsmitglieder aufgeteilt und die Koordination einzelner, zumeist verschiedenartiger Aufgaben gewährleistet werden können.* Dieser Hauptfrage schließt sich diejenige nach der Flexibilisierung einer einmal geschaffenen organisatorischen Grundstruktur an.

Die innerbetriebliche Aufgabenteilung: Kompetenzdelegation als Muss

Die innerbetriebliche Aufgabenteilung beruht weitgehend auf dem Prinzip der Spezialisierung, das zwei Dimensionen umfasst. Die eine betrifft den *Gegenstand der Tätigkeit*. Man unterscheidet hierbei die funktionale, die objektorientierte und die geografische Gliederung. Diese Dimension ist theoretisch weitgehend ausgeleuchtet und auch für Gallus aus Sicht der Führung unproblematisch. Die der Gallus Holding AG nachgeordneten Gesellschaften sind zwar auf Grund der historischen Entwicklung nach unterschiedlichen Kriterien gebildet worden, aus der Perspektive der allgemeinen Führungsproblematik ergeben sich daraus aber keine nennenswerten Probleme.

Als umso bedeutsamer hat sich dagegen die zweite Dimension der innerbetrieblichen Aufgabenteilung erwiesen. Sie orientiert sich weniger an der inhaltlich-fachlichen Spezialisierung als vielmehr an der *Verteilung der Entscheidungsbefugnisse* mit Bezug auf eben diese Aufgaben. Mit ihr befasst sich der folgende Abschnitt.

Weg vom »Rädchen-Denken«

In Bezug auf die Entscheidungsbefugnisse der Mitarbeiter haben die vergangenen Jahre, wenn nicht Jahrzehnte, ein grundlegendes Umdenken gebracht. Dieses ergab sich aus den oben dargestellten Änderungen der Umfeldansprüche – und vor allem auch den Erfolgen der japanischen Automobilhersteller. Die Studie des MIT, die enormes Aufsehen erregte, führte die damalige japanische Überlegenheit in diesem Industriezweig auf ein anderes Konzept von Management und Unternehmensorganisation zurück. Das »Lean Management« war geboren. Dieses stemmte sich gegen das »Rädchen-Denken« früherer Zeiten und maß dem Mitarbeiter eine weit bedeutendere Stellung zu.

Befasste sich das Lean Management anfänglich hauptsächlich mit Produktionsprozessen und der Verbesserung der Qualität, wurde es aus organisatorischer Sicht rasch mit einer Straffung der organisatorischen Strukturen und – vor allem – mit einer Verflachung der Hierarchie verknüpft. Die Zahl der Stufen von Vorgesetzten wurde zum

Teil dramatisch reduziert. Parallel dazu wurden die Kompetenzen der Mitarbeiter der noch verbliebenen hierarchischen Stufen drastisch erhöht und ihre Aufgabenbereiche erweitert; die horizontale Arbeitsteilung wurde auf diese Weise zum Teil rückgängig gemacht. Entsprechende Bestrebungen hatten selbstredend ihre Vorläufer, so im Management by Objectives, im Konzept des weitgehend autonomen Profit Centers und in der Einführung von (teil-)autonomen Arbeitsgruppen, zum Teil schon in den sechziger Jahren. Die neue Welle des Managementdenkens war indessen viel allgemeiner und radikaler. Sie hatte sich sozusagen zu einem neuen Paradigma, zu einer neuen Sicht der Dinge entwickelt. Im Zentrum stand der mit weitgehenden Kompetenzen, aber auch mit entsprechender Verantwortung ausgestattete Mitarbeiter.

Im Zusammenhang damit wurde unter anderem auch der Begriff des »Empowerment« popularisiert. Dieser lässt sich zwar mindestens bis in die siebziger Jahre des vorigen Jahrhunderts zurückverfolgen (und besitzt, unter anderen Namen, noch weit ältere Wurzeln), weithin bekannt geworden ist er aber erst durch das Lean Management. Er geht weit über die Vorstellung von einer rein organisatorischen Zuordnung von größerer Entscheidungskompetenz auf jeden einzelnen Mitarbeiter hinaus. Das stellt zwar die Basis, die conditio sine qua non, des Konzeptes dar. Gemäß dem Oxford Dictionary heißt »to empower« in erster Linie aber »to enable«. Das wiederum weist in die Persönlichkeitspsychologie und bringt zum Ausdruck, dass *die organisatorisch zugesprochenen Kompetenzen es dem einzelnen Mitarbeiter ganz bewusst erlauben, seine Wirkungskraft zu vergrößern.* Seine persönliche Bedeutung steigt, weil er nicht bloß ein passives Rädchen ist, sondern eine eigene Wirkungsquelle. Dies wiederum führt direkt zur Vorstellung des »involvement«, des als individuelle Kraftquelle Einbezogen-Seins in ein größeres Ganzes. Das in dieser Weise verstandene Empowerment sollte, so wird gesagt, ferner begleitet sein von »commitment«. Dieses Wort kann mit »Selbstverantwortung« übersetzt werden. Es bedeutet aber weit mehr als der rechtlich beeinflusste Begriff der Verantwortung in der älteren Organisationsliteratur. Es umfasst diese Vorstellung zwar auch, darüber hinaus bedeutet es aber auch Hingabe an die übergeordnete Aufgabe, Engagement, Lust am Dabei-Sein und Mitwirken sowie innere Begeisterung für die Aufgabe und das Aufgabenumfeld.

Hin zur Eigenverantwortung bei Gallus

Bei Gallus wurden die beschriebenen Entwicklungen mit größtem Interesse verfolgt. Gallus wollte – und musste – weg vom überkommenen System, in dem die Mitarbeiter als vom Chef gesteuerte »Rädchen« betrachtet wurden. Im Zusammenhang damit sind die Worte des großen Max Weber (1864–1920) interessant, der schon zu Beginn des vorigen Jahrhunderts schrieb: »In den Privatbetrieben der Großindustrie … wird … jeder Arbeiter zu einem Rädchen in dieser Maschine und innerlich zunehmend darauf abgestimmt, sich als ein solches zu fühlen und sich nur zu fragen, ob er nicht von diesem kleinen Rädchen zu einem größeren werden kann.« Gallus war bewusst, dass mit diesem Modell die Gegenwart – und erst recht die Zukunft – nicht zu meistern war.

Am deutlichsten zeigte sich diese Notwendigkeit bei den Kontakten mit den ausländischen Kunden. Die Repräsentanten, seien es Vertreter von Niederlassungen oder ad hoc ins Ausland Entsandte, mussten in der Lage sein, den Kunden verbindliche Zusagen zu machen. Natürlich bedingt das zum Teil Rückfragen, zum Beispiel in Bezug auf die Verfügbarkeit eines Spezialisten oder auf Möglichkeiten der Werkstätte. Die entsprechenden Gespräche sind aber im Bereich der Selbstkoordination anzusiedeln und keinesfalls im Bereich von hierarchieabhängigen Weisungen. Die Selbstkoordination kann denn auch in aller Regel rasch und auf einfache Weise erfolgen. Angesichts des notwendigen radikalen Wandels hat auch Gallus die Zahl der hierarchischen Stufen reduziert. Heute verfügt das Unternehmen grundsätzlich nur noch über eine zweistufige Hierarchie: Mitglieder der Geschäftsleitung und Mitglieder des Führungskräfte-Kaders. Nach dieser organisatorischen Neuausrichtung konnte die Verantwortung für wesentliche Bereiche, wie zum Beispiel das Qualitätsmanagement und Fragen der Ökologie, an einzelne Kadermitglieder delegiert werden.

In einer solchen Organisation genügten »Rädchen« nicht mehr. Gefragt waren – und sind heute erst recht – »ganze« Menschen, die sich mit all ihren Fähigkeiten und all ihrem Enthusiasmus in das Unternehmen einbringen. Das neue organisatorische Konzept sollte das Unternehmen sozusagen zu einem Gewächshaus für Initiativen und hervorragende Leistungen werden lassen. Oder, mit anderen Worten: Wenn jeder in seinem Bereich ein Feuer entfacht, entsteht der gewünschte Flächenbrand von selbst. Das Konzept vom eigenverantwortlichen

Unsere Einzigartigkeit im Sinne der Kundenorientierung wird sichtbar über die Mitarbeiter. Wir wollen selbstständig denkende und handelnde Mitarbeiter, die sich engagieren und weiterentwickeln wollen, die den Gestaltungs- und Entscheidungsspielraum im Rahmen ihrer Aufgabe wahrnehmen und bereit sind, die damit verbundene Verantwortung zu tragen. Motivation entsteht gerade bei guten Mitarbeitern durch ihren Job. Wer heute hart arbeitet, tut dies, weil seine Tätigkeit für ihn sinnvoll ist und der Wunsch in ihm steckt, zusammen mit anderen eine Aufgabe zu erfüllen. Aktive Verantwortung übernehmen führt zur Selbstkontrolle und Selbstkorrektur und heisst damit für den einzelnen: „Mit allen Kräften dazu beitragen, dass etwas gut gemacht wird".

Abbildung 9.1: Das Konzept des eigenverantwortlichen Mitarbeiters

Mitarbeiter wurde im Unternehmensleitbild im Sinne von Abbildung 9.1 zum Ausdruck gebracht.

Gerade das Beispiel der im Ausland tätigen Mitarbeiter zeigt auch, dass die bloße Delegation von Entscheidungskompetenz nicht ausreicht. Sie muss durch weitere Maßnahmen ergänzt werden. Dazu gehört in erster Linie ausreichender Zugang zu Informationen und ein dichtes Geflecht intensiver aufgabenbezogener Kommunikation. Im Zuge dieser Schaffung von Freiräumen wurde bewusst auch auf die Verwendung von akademischen und auf die Position hindeutenden Titeln verzichtet. Damit sind Statussymbole, die eine überdauernde soziale Schichtung der Mitarbeiter formal zum Ausdruck bringen, beseitigt.

Prozessorientierung: Eine unerlässliche weitere Priorität für Gallus

Dass sich dieses Kapitel schwerpunktmäßig mit Fragen der Aufbauorganisation und nicht mit solchen der Prozessorganisation auseinander setzt, dürfte durch die vorangehenden Ausführungen verständlich geworden sein: Zuerst war es wichtig, die Aufbauorganisation zu ändern. Nun war allerdings nicht zu übersehen, dass von Anfang an ein wesentlicher Erfolg des Lean Management in der Prozessorientierung gesehen wurde. Die entsprechende Entwicklung erfuhr einen ungeahnten Bedeutungszuwachs. Standen anfangs allein Fragen von Ausschussquoten und die Möglichkeit kleinerer Verbesserungen im Zentrum, werden heute ganze Wertschöpfungsprozesse überprüft und neu geordnet. Das hat Auswirkungen auf das gesamte Unternehmen. »The design of business processes shapes the design of jobs and the kinds of people needed to perform them. These in turn give rise to an appropriate set of organizational structures and management systems for measuring, hiring, training, and developing these people. These systems in turn induce a set of attitudes, beliefs, and cultural norms about what is important; these support the performance of the process.«[1] Die entsprechenden Überlegungen machen dabei *an den Grenzen des Unternehmens nicht Halt, sondern beziehen Lieferanten von*

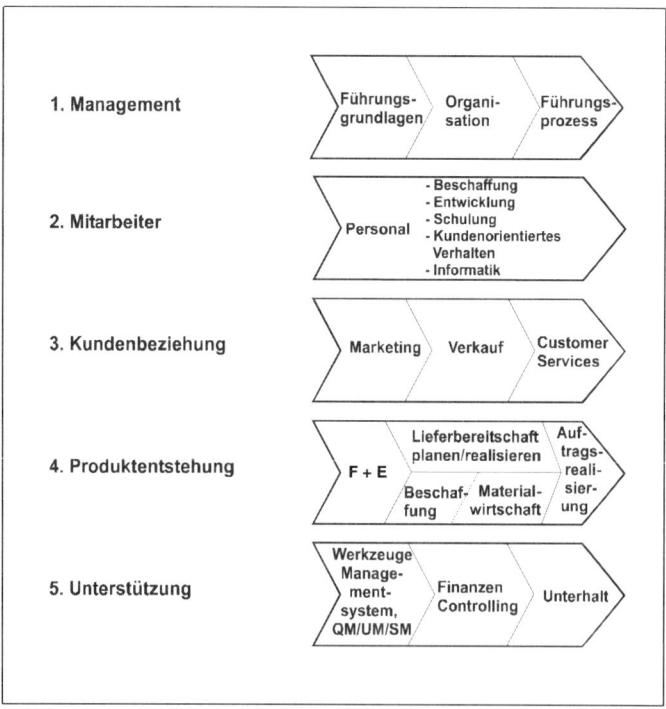

Abbildung 9.2: Die Einführung von Prozessgruppen bei Gallus

materiellen und geistigen Gütern ebenso mit ein wie die Abnehmer der eigenen Leistungen, also die Kunden. Gallus hat diese Entwicklungen verfolgt und bei manchen, je nach den besonderen Ausrichtungen, eine Vorreiterrolle übernommen. Die notwendig gewordene Rückbesinnung auf ein System des ganzheitlichen Managements hat das Unternehmen schon zu Beginn der neunziger Jahre veranlasst, ein System des Qualitätsmanagements einzuführen. Es hat aber nicht einfach das damalige Normensystem ISO 9000 übernommen, sondern dessen Einführung von Anfang an auf eine prozessorientierte Basis gestellt. Diese Pionierleistung geschah lange vor der großen Umstellung des Qualitätsmanagements auf die Norm ISO 9000/2000.

Abbildung 9.2 zeigt deutlich, wie durch die Einführung von Prozessgruppen die funktionale Orientierung der Aufbauorganisation ergänzt werden sollte.

Im Rahmen der Einführung des Qualitätsmanagements und der neuen Prozessperspektive wurde die *Kundenorientierung als maßgebender Orientierungspunkt* gewählt. Darunter ist die Berücksichtigung der Bedürfnisse der Marktpartner, aber auch der eigenen Mitarbeiter zu verstehen. Gerade für die »internen Kunden« musste das Prozessdesign überprüft werden. Mit dieser Ausrichtung wurde sichergestellt, dass bei Gallus die von Hammer geschilderten innerbetrieblichen Blockaden gegen eine Prozessüberarbeitung nicht aufgebaut wurden. Im Gegenteil, mit Blick auf die Kundenorientierung konnte im Unternehmensleitbild geschrieben werden: »Wer Kunden langfristig zufrieden stellen will, darf sich nicht auf Zufallstreffer verlassen. Unsere permanent hohe Qualität können wir nur durch ein konsequent ausgerichtetes Qualitätssicherungssystem garantieren, das sämtliche Prozesse, unter Einbezug des Mitarbeiters an der Maschine bis zum CEO, einschließt. Die Zertifikate nach ISO 9001 machen unsere Bemühungen um die Qualität unserer Erzeugnisse und den Erfolg unseres Qualitätsmanagements auch nach außen sichtbar.« Durch die Revision 2000 der ISO-Normen mit ihrer Hervorhebung der Prozesse ist das Denken in Prozessen auch bei Gallus erneut gefördert worden.

Ein weiteres wesentliches Element einer Prozessverbesserung stellt der stete Aufbau der Informationen über die Entwicklungen der Märkte und der Technologie dar. Ihre rasche Erfassung unter Einbeziehung möglichst vieler Mitarbeiter und ihre Würdigung durch die verantwortlichen Mitarbeiter aller Stufen ist in den heutigen dynami-

Unser Erfolg hängt vom Verlass auf leistungsstarke Partner ab. Ob es sich um Verkaufsorganisationen, Lieferanten, Banken, öffentliche Institutionen oder auch Kunden handelt: Wir fühlen uns als Teil eines Netzwerkes, in dem Partner eine gemeinsame Aufgabe erfüllen.

Abbildung 9.3: Gallus ist Teil eines Netzwerkes

schen Zeiten ein absolutes Muss. Die Menge der im Unternehmen aufgenommenen Informationen muss weiter erhöht und ihre Umwandlung zu erkennbaren Mustern als Grundlage von Maßnahmen beschleunigt, verbilligt und qualitativ verbessert werden.

Diese unternehmensinternen Überlegungen finden in den Beziehungen zu den Partnern von Gallus durchaus ihre Entsprechung. Auch hier rückt zunächst das aufbauorganisatorische in den Vordergrund. In dem Sinne ist Gallus, unabhängig von seiner Beziehung zu Heidelberg, Teil eines organisatorischen Netzwerks. Im Unternehmensleitbild wurde dementsprechend der in Abbildung 9.3 wiedergegebene Passus niedergeschrieben:

Für Gallus ist es wesentlich, die »richtigen« Partner zu finden, nämlich starke Unternehmen, die klare Vorstellungen über ihren eigenen Tätigkeitsbereich entwickelt haben, langfristige Ziele und Wertvorstellungen anstreben und mit Gallus enger zusammenarbeiten, um die Bedürfnisse der Etikettendrucker zu erfüllen. Erst wenn ein entsprechendes Fundament gelegt ist, kann daran gedacht werden, über die zweckmäßigste Art der Arbeitsteilung zu reden und einzelne Arbeitsprozesse zu verbessern. In diesem Bereich erschließt sich noch ein weites Feld unausgeschöpfter Möglichkeiten. Insbesondere wurde bis jetzt noch mit keinem anderen Unternehmen ein computergestütztes Modell der Zusammenarbeit entwickelt, weder in Richtung des Supply-Chain-Managements noch in Richtung eines Customer-Relationship-Managements. Ebenso wenig wurde versucht, einen virtuellen Unternehmensverbund aufzubauen oder einem solchen beizutreten.

Die Integration der geteilten Aufgaben

Die Aufgabenteilung ruft nach Integration des Geteilten. Dies können die in Abbildung 9.4 aufgeführten Instrumente leisten.

Wie ersichtlich, gibt es viele unterschiedliche Möglichkeiten, Aufgaben zu integrieren. Das klassische Instrument der Koordination und Integration ist die Hierarchie mit ihren Weisungswegen von der Unternehmensspitze zu den ausführenden Mitarbeitern. Auf dem »Dienstweg« können persönliche Weisungen von Stufe zu Stufe erteilt werden. Er ist nach wie vor unverzichtbar, sollte aber möglichst kurz sein. Das System der persönlichen Einzelanweisungen wird ergänzt durch Programme, also verbindlich festgelegte Verfahrensrichtlinien. Diese eignen sich vorzüglich, um die Wahrnehmung repetitiver Aufgaben auf eine unpersönliche, aber immer noch dem Hierarchieprinzip gehorchende Art sicherzustellen. Konkrete Einzelanweisungen werden auf diese Weise durch generell-abstrakte Vorschriften ersetzt; der Dienstweg wird dadurch entlastet. Vorbild hierfür ist nach wie vor die öffent-

---

Instrumente im Rahmen der Organisationsstruktur

- Persönliche Einzelanweisung im Rahmen der Hierarchie.

- Programme im Sinne von einzelnen Vorgehens- und Verfahrensrichtlinien und Handbüchern, die zeitlich undeterminiert sind.

- Pläne im Sinne von Zielvorgaben, die zeitlich determiniert sind. Dazu gehören auch einjährige Periodenpläne.

Weitere Koordinationsinstrumente

- Selbstabstimmung ohne Rücksicht auf hierarchische Positionsmacht: Im Rahmen von Ausschüssen und Komitees oder fallweise.

- Interne Märkte durch nicht hierarchische Festlegung von Verrechnungspreisen.

- Einfluss der Unternehmenskultur.

- Vision als allumspannendes Koordinationsmittel.

Abbildung 9.4: Instrumente zur Integration der Aufgaben

liche Verwaltung, die auf das Prinzip der Gleichbehandlung der Bürger großes Gewicht legen muss und durch eine Vielzahl von Vorschriften das Ermessen der einzelnen Beamten stark einschränkt. Das Qualitätsmanagement sowohl in seiner alten als auch in seiner neuen Form bedient sich ebenfalls weitgehend dieses Mittels. Wie der Hinweis auf die staatliche Verwaltung zeigt, ist bei derartigen Vorschriften und Regelungen der Vereinheitlichungs- und Rationalisierungseffekt stets von der Gefahr einer Rigidität, Verkrustung und Inflexibilität begleitet. Ein weiteres Mittel der organisatorisch verankerten Koordination stellt die Planung dar, mit der sich dieses Buch ausführlich befasst.

Es gibt noch weitere organisatorische Instrumenten der Koordination. Bei Gallus bedient man sich der Selbstkoordination, der Unternehmenskultur und der Vision. Die fallweise und vollständig freie *Selbstkoordination* kann sehr unterschiedliche Formen annehmen. Oben wurde als Beispiel genannt, wie im Ausland tätige Mitarbeiter autonom bestimmte Aktivitäten koordinieren. Ihre hierarchische Stellung ist dabei irrelevant: Sie haben die Pflicht und die Möglichkeit, das Erforderliche zu tun, um ihre Aufgabe zu erledigen. Durch die wiederholte Wahrnehmung ähnlicher Aufgaben können sich die entsprechenden Beziehungen verdichten und verstetigen. Geschieht das in größerem Umfang, spricht man von einer *Netzwerkorganisation*. Diese wird überall dort wichtiger, wo dank Empowerment und Intrapreneurship einzelne Mitarbeiter und Arbeitsgruppen ihre Autonomie wahrnehmen, so dass Netzwerke entstehen, die sich spontan bilden und damit außerhalb der formalen Hierarchie stehen. Entwickeln sich derartige Beziehungen zwischen einzelnen Personen und kleineren Gruppen von Personen, tritt neben die rein rationalen Austauschbeziehungen in aller Regel eine Reihe von gegenseitigen persönlichen Verpflichtungen, die das Verhältnis ungleich reichhaltiger gestalten als eine einfache, auf einen einzigen Akt ausgerichtete Beziehung.

Einen Übergang zwischen organisationsmäßig verfasster und freier Selbstkoordination bilden *Ausschüsse* und *Komitees*. Diese werden zwar formell mit bestimmten Aufgaben betraut, und ihre personelle Zusammensetzung leitet sich aus der Hierarchie ab. In den entsprechenden Gremien sollte die Arbeit aber nicht durch hierarchische Überlegungen, sondern ausschließlich durch die Kraft des sachlichen Arguments bestimmt werden. Bei Gallus sind insbesondere die Steuerungsausschüsse, zum Beispiel für große IT-Investitionen und Maschinenentwicklungen, besonders wichtig.

Eine Koordinationsaufgabe kann auch eine starke Unternehmenskultur erfüllen. In dem Maße, in dem die kulturellen Werte und Normen von den Unternehmensmitgliedern verinnerlicht und damit von
ihnen getragen und gelebt werden, vermitteln sie Richtung und Einheit. Peters und Waterman schreiben dazu: »Je stärker diese Kultur
ausgeprägt war ..., umso weniger braucht das Unternehmen ge-
schäftspolitische Handbücher, Organigramme oder detaillierte Regeln
und Verfahrensvorschriften. In diesen Unternehmen wissen die Mitarbeiter auf allen Ebenen fast in jeder Situation, was sie zu tun haben
...«[2] Diese Sätze umschreiben in einprägsamer Kürze die Wirkung,
die von einer starken Unternehmenskultur ausgehen kann. Sie entsprechen im Wesentlichen auch der Auffassung der Autoren, auch wenn
diese sich ein wenig nüchterner und zurückhaltender ausdrücken würden. Die große Bedeutung der Kultur im Führungssystem von Gallus
wird im Folgenden noch ausführlich besprochen.

Auf die große Bedeutung der Unternehmensvision als Mittel, um die
Mitarbeiter zu koordinieren, wurde bereits früher verwiesen.

Offenkundig haften sämtlichen Koordinationsmechanismen spezifische Vor- und Nachteile an. Deren Gewicht verändert sich mit den
Anforderungen, die an ein Unternehmen gestellt werden. Entsprechend muss die Art der Koordination einem gewandelten Organisa-
tionsverständnis angepasst werden. In der Literatur hat man in diesem
Zusammenhang von einer Gewichtsverschiebung weg vom »SSS« hin
zum »PPP« gesprochen. Dabei steht »SSS« für »Strategy, Systems und
Structure«, »PPP« dagegen für »People, Purpose und Processes«.[3] Bei
Gallus liegt die Gewichtung ein wenig anders. Hier wird lieber von
einem *Übergang von der »Rädchen-Organisation« zur »Selbstverant-
wortungs-Organisation«* gesprochen. Als Koordinationsmechanismus
ist der Dienstweg heute weit weniger wichtig, alle anderen Koordinationsmechanismen haben dagegen an Bedeutung gewonnen. Auch die
Selbstabstimmung, ob sie nun organisatorisch vorgesehen ist oder
spontan und fallweise erfolgt, wird so stark wie möglich gefördert,
besonders auch in der Form von Gruppenentscheidungen. Am stärksten haben die Vision »Weltweit tätiger Partner des Etikettendruckers«,
die Unternehmenskultur und die einjährigen Periodenpläne an Bedeutung gewonnen. Im Sinne einer ganzheitlichen Sicht stellt diese Mischung von SSS plus PPP die am besten geeignete Mischung von Koor-
dinationsinstrumenten dar.

10. Der Verwaltungsrat und die Corporate Governance

Die rechtliche Normierung der Unternehmensverfassung

Innerhalb der Aufbauorganisation des Unternehmens besitzt das oberste Führungsorgan formal gesehen die am weitesten reichenden Kompetenzen. Die zentrale Frage lautet, wie diese Kompetenzen zum Wohle des Unternehmens am zweckmäßigsten eingesetzt werden können, oder, noch schärfer formuliert: *wie viel Macht die Unternehmungsspitze auf sich vereinigen soll und wie in ihr ein genügend großes Wissen vereinigt und tatsächlich auch eingesetzt werden kann.* Diese Problematik verlangt nach einem eigenen Kapitel – dies umso mehr, als sie in der Schweiz lange Zeit ein Schattendasein führte. Das Schweigen ist umso erstaunlicher, als das vorhandene Material schon lange darauf hindeutete, dass gerade auch auf der obersten Unternehmensebene noch ein beachtliches Verbesserungspotenzial schlummerte.

Angefacht wurde die breitere Debatte der obersten Führungsorganisation durch die abschließenden Erörterungen rund um die Revision des Schweizerischen Aktienrechts und, vor allem, mit den noch immer im Gange befindlichen Debatten um die »Corporate Governance«. Diese haben ihre Wurzeln in den USA der achtziger Jahre und sind zu Beginn der neunziger Jahre in Großbritannien entscheidend gefördert worden. Von da aus schwappte die Diskussion rasch auf die kontinentaleuropäischen Staaten über, wobei die Schweiz, wie auch Deutschland, keine Ausnahme darstellte. Weil die Aktiengesellschaft die für größere Unternehmen vorherrschende Rechtsform ist und auch Gallus sie gewählt hat, beziehen sich die folgenden Ausführungen auf sie.

Dabei muss man sich bewusst sein, dass in der Schweiz die Aktiengesellschaft in vielfältiger Form in Erscheinung tritt: in Gestalt der kleinen Einmannaktiengesellschaft, als Familienaktiengesellschaft, als Aktiengesellschaft mit einem anderweitig beschränkten Aktionariat wie auch als große, an der Börse notierte Publikumsgesellschaft. Um diese Letzteren kreisen die gegenwärtigen Bemühungen um die Corporate Governance. Viele der dabei angestellten Überlegungen lassen sich aber leicht – und mit einem Nutzen – auf kleinere Aktiengesellschaften wie auch auf Personengesellschaften übertragen.

Den vielfältigen Erscheinungsformen der Aktiengesellschaften entspricht eine verhältnismäßig grobmaschige gesetzliche Regelung. Sie findet sich in den Artikeln 698 ff. des Obligationenrechts. Nach herrschender Lehre ist die oberste Macht im Unternehmen funktional auf Generalversammlung und Verwaltungsrat verteilt, ohne dass eines der beiden Gremien eine klare Vorrangstellung hätte. Man spricht in diesem Zusammenhang von einer paritätischen Aufgabenverteilung.

Der Verwaltungsrat kann nach Artikel 716 Absatz 1 OR in allen Angelegenheiten Beschluss fassen, die nicht nach Gesetz oder Statuten Sache der Generalversammlung sind. Nach Artikel 716 Absatz 2 OR führt er die Geschäfte der Gesellschaft, soweit er die Geschäftsführung nicht übertragen hat. Seine unentziehbaren Aufgaben sind in Artikel 716a Absatz 1 OR umschrieben. Zu ihnen gehören insbesondere die oberste Leitung der Gesellschaft und die Erteilung der nötigen Weisungen, die Festlegung der Organisation, die Ausgestaltung des Rechnungswesens, der Finanzkontrolle sowie der Planung, die Ernennung und Abberufung der mit der Geschäftsführung betrauten Personen und die Oberaufsicht über eben diese Personen. Dieser bunte Strauß von Aufgaben lässt sich in zwei Gruppen gliedern: die *aktive Gestaltung der Unternehmensaktivitäten* – insoweit ist er »Gestaltungsrat« – und die *Überwachung und Kontrolle des Managements* und seiner Arbeit – insoweit ist er »Überwachungsrat«. Bei beidem ist zu berücksichtigen, dass nach Artikel 716b Absatz 1 OR die Statuten den Verwaltungsrat ermächtigen können, die Geschäftsführung nach Maßgabe eines Organisationsreglements ganz oder zum Teil an einzelne Mitglieder oder an Dritte zu übertragen.

Die flexiblen gesetzlichen Normen lassen den einzelnen Unternehmen große Freiräume für die konkrete Art und Weise ihrer Organisation und damit für die Aufgabenverteilung auf die einzelnen Organe der Aktiengesellschaft.

Zum besseren Verständnis der vorhandenen Optionen ist zu berücksichtigen, dass aus internationaler Sicht zwei grundsätzliche Möglichkeiten zur Ausgestaltung der Spitzenorganisation von Aktiengesellschaften bestehen. Neben der Generalversammlung der Aktionäre kann das Gesetz eine oder zwei Instanzen vorschreiben. Das einstufige Modell, das Board-System, dominiert in den USA und in Großbritannien. Es vereinigt Geschäftsführung und Kontrolle in einem einzigen Organ, weshalb es auch als Vereinigungsmodell bezeichnet wird. In der Praxis besteht der Board aus »Inside Directors«, das sind hauptberufliche Manager des betreffenden Unternehmens, und »Outside Directors«, also nebenamtlichen Mitgliedern des Board. Der Präsident des Board ist in Personalunion auch der CEO. Er hat aus diesem Grunde ein besonders hohes Maß an Macht. Bei diesem Modell liegt die faktische Herrschaft über das Unternehmen bei den im Board vertretenen Spitzenmanagern, weshalb man auch von »Managerherrschaft« spricht. Berle und Means haben in ihrem bahnbrechenden Buch *The Modern Corporation and Private Property*[1] schon im Jahre 1932 auf diesen Übergang der faktischen Verfügungsgewalt aufmerksam gemacht, der sich weg von den das Eigenkapital des Unternehmens zur Verfügung stellenden Aktionären (und damit »Eigentümern«) hin zu einer kleinen, zumeist vom Präsidenten dominierten Gruppe von Managern vollzieht.

Das zweistufige Modell ist seit Jahrzehnten aus Deutschland bekannt. Es kennt neben der Hauptversammlung der Aktionäre einen Aufsichtsrat und einen Vorstand. Der Aufsichtsrat hat den Vorstand zu bestellen und abzurufen und dessen Geschäftsführung zu überwachen. Der Vorstand leitet die AG in eigener Verantwortung, wobei er aber dem Aufsichtsrat mindestens vierteljährlich zu berichten hat. Allerdings setzte sich die Erkenntnis durch, dass eine alleinige Ex-post-Kontrolle den heutigen Anforderungen an die Unternehmen nicht mehr genügt. Aus diesem Grunde hat sich das Institut »Beratung mit dem Vorstand« entwickelt; es ist vom Bundesgerichtshof als ausdrückliche Pflicht des Aufsichtsrates akzeptiert worden. Dennoch ist der Aufsichtsrat primär Überwachungsrat und nur in Krisensituationen Gestaltungsrat. Freilich bestehen in der Praxis in der Regel enge, informelle Beziehungen zwischen den Vorsitzenden von Aufsichtsrat und Vorstand. Professor Marcus Lutter hat aus diesem Grunde einmal gesagt, der Aufsichtsrat sei »Unternehmer hinter dem Vorstand«. Neben der Bundesrepublik kennen auch Österreich und Italien sowie, auf

Organisation der Unternehmens-Spitze	VR-Präsidium	
	Vollzeitlich	**Teilzeitlich**
Einstufig (nur VR/Board)	Machtkonzentration beim VR-Präsidenten	---
Zweistufig (VR/Aufsichtsrat + Vorstand)	Checks/Balances Patt-Situation	Machtkonzentration beim CEO

Abbildung 10.1: Varianten der Machtverteilung bei AGs

Grund neuerer Gesetzesnovellen, ebenfalls Frankreich und Holland mit ihren großen AGs diese Form der Unternehmensspitze.

Wie gesehen basiert das schweizerische Aktienrecht grundsätzlich auf dem einstufigen System. Dieses erlaubt es, die Entscheidungsmacht in vielfältiger Weise auf unterschiedliche Gremien und einzelne Personen zu verteilen und ein mehr oder weniger komplexes und zweckmäßiges System von Checks and Balances aufzubauen. Was die unterschiedlichen Gremien angeht, so führt eine vollständige Delegation der Geschäftsführung an nicht dem Verwaltungsrat angehörende Dritte sehr nahe an das zweistufige System. Die entsprechenden Möglichkeiten der Machtverteilung auf einzelne Personen sind in Abbildung 10.1 zusammengestellt.

Die Abbildung zeigt im Wesentlichen drei Möglichkeiten der personellen Ausstattung der Unternehmensspitze. Sie alle haben ihre spezifischen Vorzüge und Schwächen. Sowohl das einstufige als auch eine bestimmte Ausformung des zweistufigen Systems können zu einer Konzentration der Macht bei einer einzigen Person führen. Werden dagegen zwei Personen Vollzeit, aber als Repräsentanten unterschiedlicher Gremien mit der obersten Leitung der Geschicke des Unternehmens betraut, können die Machtbefugnisse wohl besser ausgeglichen werden. Patt-Situationen und Konflikte sind aber nicht auszuschließen. Vor einer ausführlichen Würdigung dieser Problematik soll jedoch kurz noch ein Blick auf die gegenwärtige Diskussion über die »Corporate Governance« geworfen werden.

Die gegenwärtige Diskussion über die Corporate Governance

Im vergangenen Jahrzehnt wurden Fragen der Ausgestaltung der obersten Leitungsorgane der großen Kapitalgesellschaften auch in der Schweiz und Deutschland ausführlich thematisiert. Ein wesentlicher Anstoß dazu ging von der eingangs erwähnten Diskussion um die Corporate Governance aus. Diese basiert auf dem einstufigen Leitungsmodell und wirft die Frage *der Macht des obersten Managements und ihres möglichen Missbrauchs* erneut, aber mit großer Schärfe, auf. Ausgelöst wurde die entsprechende Diskussion durch die Selbstherrlichkeit einzelner Top-Manager (etwa durch die Verteidigung feindlicher Übernahmen, übermäßige Erhöhung der eigenen Saläre, kaum nachvollziehbare Verursachung von Unternehmenskrisen durch Missmanagement). Dabei wurde eine ganze Reihe von Gestaltungsvorschlägen entwickelt. Diese wiederum fanden ihren Niederschlag in gesetzlichen Normen und einer Reihe von Codices.

Ausgangspunkt der gegenwärtigen Diskussion bildet der berühmt gewordene Cadbury Report mit dem Code of Best Practice, den das britische Cadbury Committee on the Financial Aspects of Corporate Governance als Reaktion auf die genannten Missstände im Jahre 1992/93 veröffentlicht hat. Er richtet unter anderem an alle Verwaltungsräte von börsennotierten Gesellschaften die Forderung, drei kleine und je nach Aufgabe spezialisierte Ausschüsse zu bilden, nämlich ein »audit committee«, ein »remuneration committee« und ein »nomination committee«. Diese sollen ganz oder mehrheitlich aus Personen zusammengesetzt sein, die im Unternehmen keine exekutiven Aufgaben erfüllen. Auf diese Weise kann ein erhebliches *Gegengewicht gegen die*

Allmacht eines einzigen Spitzenmanagers gebildet werden. Nur wenig später, 1995, wurden, erneut in Großbritannien, die Ergebnisse der Beratungen einer anderen Expertengruppe, des Greenbury Committees, über die gute Praxis im Bereich der Entschädigung für Verwaltungsratsmitglieder und Spitzenkader publiziert. Der Bericht fordert, wie bereits der Cadbury Report, eine weitgehende Offenlegung der finanziellen Entschädigungen für diesen Personenkreis. Wiederum drei Jahre später, 1998, ist in Großbritannien der Bericht des Hampel Committees erschienen. Er enthält eine Reihe von Prinzipien, die sich wahrscheinlich zu weltweiten Standards entwickeln werden. Diesen zufolge ist es unter anderem vorzuziehen, wenn die Rollen des Präsidenten des Verwaltungsrates und des Vorsitzenden der Geschäftsleitung getrennt werden. Das ist, wie oben gesehen, im zweistufigen Modell der Spitzenverfassung der Fall. Ebenfalls im Jahre 1998 führte die Londoner Börse einen neuen Codex ein, auf den 1999 ein weiterer Bericht, dem Turnbull Report, folgte. Dieser befasst sich mit der Aufgabe der internen Kontrolle durch den Verwaltungsrat. Parallel zu dieser Entwicklung haben die OECD und rund 15 Staaten Codices über gute Corporate Governance veröffentlicht. Diese betreffen Fragen wie die Organisation, das heißt die sachgerechte Festlegung der Aufgaben und die zweckmäßige Strukturierung der obersten Leitungsorgane; das Gleichgewicht zwischen erfolgreicher, längerfristig orientierter Führung und der Kontrolle – und das Verhältnis der obersten Leitungsorgane zu den Aktionären. Die letztere Frage ist einerseits eingebunden in die Auseinandersetzung um die Bedeutung des Shareholder Value und andererseits in die Thematik der zunehmenden Bedeutung der institutionellen Investoren. In der Bundesrepublik Deutschland ist im Jahre 2001 ein umfangreicher Bericht einer Regierungskommission Corporate Governance erschienen,[2] und in der Schweiz hat im März 2002 der Vorstand von economiesuisse einen »Corporate Governance – Swiss Code of Best Practice« einstimmig angenommen.[3] Dieser Text wendet sich im Sinne von Empfehlungen an die schweizerischen Publikumsgesellschaften. Die in ihm enthaltenen Leitideen verdienen aber auch die Beachtung der nicht an der Börse notierten Aktiengesellschaften und von Unternehmen mit anderer Rechtsform.

In Bezug auf die Aufgaben des Verwaltungsrates geht der schweizerische Kodex kaum über die Ausführungen des Aktienrechts hinaus, weist jedoch eine griffigere Formulierung auf: »Der Verwaltungsrat bestimmt die strategischen Ziele, die generellen Mittel zu ihrer Errei-

**Anzustreben ist eine ausgewogene
Zusammensetzun**

- Der Verwaltungsrat soll so klein sein, dass eine effiziente Willensbildung möglich ist, und so gross, dass seine Mitglieder Erfahrung und Wissen aus verschiedenen Bereichen ins Gremium einbringen und die Funktionen von Leitung und Kontrolle ... unter sich verteilen können. Die Grösse des Gremiums ist auf die Anforderungen des einzelnen Unternehmens abzustimmen.

- Dem Verwaltungsrat sollen Personen mit den erforderlichen Fähigkeiten angehören, damit eine eigenständige Willensbildung im kritischen Gedankenaustausch mit der Geschäftsleitung gewährleistet ist.

- Eine Mehrheit besteht in der Regel aus Mitgliedern, die im Unternehmen keine operativen Führungsaufgaben erfüllen (nicht exekutive Mitglieder).

- Ist eine Gesellschaft zu einem bedeutsamen Teil im Ausland tätig, sollen dem Verwaltungsrat auch Personen mit langjähriger internationaler Erfahrung oder ausländische Mitglieder angehören.

Abbildung 10.2: Die Zusammensetzung des Verwaltungsrates laut schweizerischem Kodex

chung und die mit der Führung der Geschäfte zu beauftragenden Personen. Er sorgt in der Planung für die grundsätzliche Übereinstimmung von Strategie und Finanzen.«[4] Über die erstrebenswerte Zusammensetzung des Rates enthält er unter anderem die in Abbildung 10.2 wiedergegebenen Passagen.[5]

Das Kernstück dieser Ausführungen liegt im zweiten Abschnitt. Hier wird ein »kritischer Gedankenaustausch« mit dem professionellen Management vertraglich festgelegt. Die Funktion einer vom Tagesgeschehen entfernten und damit objektiveren Sichtmöglichkeit einer Kontrollinstanz soll auf diese Weise erfüllt werden. Die Beratung mit dem Vorstand nach deutschem Recht erfährt auf diese Weise eine wichtige Ausweitung und Präzisierung. Die zwei nachfolgenden Abschnitte verfolgen das Ziel, die *Unabhängigkeit des Verwaltungsrates vom Management* zu fördern und eine *ausreichende Sachkenntnis* gerade *auch in internationalen Belangen* sicherzustellen.

Der Grundsatz der Ausgewogenheit von Leitung und Kontrolle gilt auch für die Unternehmensspitze.

- Der Verwaltungsrat legt fest, ob sein Vorsitz und die Spitze der Geschäftsleitung (Delegierter des Verwaltungsrates, Geschäftsleitungsvorsitzender oder „CEO") einer Person (Personalunion) oder zwei Personen (Doppelspitze) anvertraut werden.

- Entschließt sich der Verwaltungsrat aus unternehmensspezifischen Gründen oder weil die Konstellation der verfügbaren Spitzenkräfte es nahe legt, zur Personalunion, so sorgt er für adäquate Kontrollmechanismen. Zur Erfüllung dieser Aufgabe kann der Verwaltungsrat ein nicht exekutives, erfahrenes Mitglied bestimmen („lead director"). Dieses ist befugt, wenn nötig selbständig eine Sitzung des Verwaltungsrates einzuberufen und zu leiten.

Abbildung 10.3: Der schweizerische Kodex zur Frage Personalunion oder Doppelspitze

Zur Frage »Präsident des Verwaltungsrates und Geschäftsleitung: Personalunion oder Doppelspitze« äußert sich der Kodex im Sinne von Abbildung 10.3[6].

Angesichts der in der Schweiz herrschenden faktischen Verhältnisse konnte ein von einem Großverband verabschiedeter Codex eine klare Stellungnahme zugunsten einer der beiden Organisationsformen der obersten Unternehmensleitung kaum enthalten. Die Problematik einer reinen Einmannspitze wird aber klar gesehen. Sie sollte deshalb durch die Bestellung eines Lead Directors entschärft werden. Der Idee nach sollte dieser eine besonders starke und unabhängige Persönlichkeit sein, und, falls erforderlich, ein Gegengewicht zum Verwaltungsratspräsidenten und CEO in einer Person darstellen. Ob sich ein derartiges Institut faktisch bewährt, hängt stark von den in Frage stehenden Persönlichkeiten ab, ist aber zweifellos auch abhängig von der im Verwaltungsrat herrschenden Kultur.

Zur Realisierung der Corporate Governance durch Familienunternehmen wie Gallus

Die Debatte über Großunternehmen

Die Familienunternehmen können die gesetzlichen Freiheiten in der Corporate Governance nach ihrem Belieben nutzen. Sie tun aber sicherlich gut daran, die im Gange befindliche Diskussion aufmerksam zu verfolgen und daraus Konsequenzen zu ziehen. Selbstverständlich müssen dabei die besonderen Verhältnisse jedes Unternehmens gebührend beachtet werden. Dazu gehören die Fragen, ob der Präsident des Verwaltungsrates gleichzeitig auch der CEO ist, ob der Präsident des Verwaltungsrates Vollzeit oder Teilzeit für sein Amt zur Verfügung steht und wie die Hauptaktionäre gruppiert und organisiert sind. Trotz all dieser Unterschiede lassen sich doch einige wesentliche Folgerungen aus der derzeitigen Diskussion auch für diesen Typus von Aktiengesellschaften ziehen. Dabei ist zwischen dem *Normalfall eines normalen Geschäftsganges* und dem *Ausnahmefall der Krisensituation* zu unterscheiden. Im Folgenden wird zunächst der Normalfall beschrieben. Bevor auf die Sachaufgaben des Verwaltungsrates eingegangen wird, sollen jedoch einige Überlegungen zur Kultur der Arbeit im Verwaltungsrat und auf dessen Beziehung zur Geschäftsleitung angestellt werden.

Die Arbeitskultur des Verwaltungsrates

Die Kultur der Arbeit im Verwaltungsrat und seiner Beziehungen zu der von ihm ernannten Geschäftsleitung ist wesentlich von dem Bild geprägt, das sich die Beteiligten von der Machtverteilung und der Art der Zusammenarbeit im Unternehmen machen. Das Bild kann normativ im Sinne einer Sollvorstellung oder beschreibend im Sinne eines bestimmten Zustandes der Dinge sein. Bei Gallus wurde ein Idealbild, also eine Vision, entworfen, das sowohl den praktischen Bedürfnissen als auch dem Zeitgeist gerecht wird. Es schließt direkt an einige Überlegungen aus dem vorangegangenen Kapitel 9 an.

Das rein hierarchische Denken stößt auch in Bezug auf die Funktion des Verwaltungsrates und die Zusammenarbeit sowohl zwischen seinen Mitgliedern als auch zwischen ihm und der Geschäftsleitung

rasch an Grenzen. Ist der Präsident des Verwaltungsrates in Personalunion auch CEO, besitzt er zwar eine Fülle formaler Macht und,
insbesondere gegenüber den übrigen Verwaltungsratsmitgliedern,
auch einen klaren Informationsvorsprung. Gerade das macht ihn
aber verwundbar. Auch er kann in der heutigen Welt nicht allwissend
sein. Missachtet er diese Grenzen, dürfte ihn seine Hybris früher oder
später zu Fall bringen. Es entspricht deshalb ebenso seinem persönlichen Eigeninteresse wie dem Interesse des Unternehmens, wenn er
gerade dagegen Schutzwälle aufbaut. Ein »Empowerment« der engsten Mitarbeiter reicht dazu nicht aus. Eine offene Gesprächs- und
Streitkultur im ganzen Unternehmen, besonders aber im Rahmen der
Geschäftsleitung, ist schon besser geeignet, der Gefahr zu begegnen.
Doch sind damit nicht alle Gefahren gebannt. Abweichungen zwischen Ideal und Wirklichkeit können sich ebenfalls einstellen, so zum
Beispiel das Phänomen einer gewissen *Gleichschaltung des Denkens*.
Ein geschickt zusammengesetzter und gut arbeitender Verwaltungsrat mit einer angemessenen Kultur kann deshalb gerade auch in einer
derartigen Situation ein Unternehmen enorm stärken. Das setzt aber
voraus, dass die scheinbar übermächtige Persönlichkeit sich zurück-
nimmt und sich mit den anderen Mitgliedern des Verwaltungsrates
zu einer echten Teamarbeit zusammenfindet. Diese ihrerseits sollten
sich jeder Art von »Liebedienerei« enthalten. Ein Gegengewicht zum
faktisch Mächtigen kann nur bedingungslose Offenheit und Ehrlichkeit sein. Mit Professor Rolf Dubs kann man ein entsprechendes Verhalten auch als kritisch-konstruktiv bezeichnen. Es ist Ausfluss
höchster Professionalität. Gerade in dieser Hinsicht sind die im
schweizerischen Kodex zur Corporate Governance vorgetragenen
Grundsätze sehr zu beherzigen. Steht dagegen dem Verwaltungsrat
ein nur Teilzeit für das Unternehmen tätiger Verwaltungsratspräsident vor, haben die formellen Weisungsbefugnisse des von ihm geleiteten Verwaltungsrates gegenüber dem CEO auf Grund der Zeit- und
Informationsasymmetrie keine reale Basis.

Nun versuchen zwar einige der neuen Veröffentlichungen zur Corporate Governance, besonders auch der Cadbury Report, dieses Defi-
zit durch verschiedene formale Vorschriften einzuebnen. Ganz besonders für private Aktiengesellschaften dürfte dieser Weg aber kaum ziel-
führend sein. Vielmehr dürften sich, genau wie in der weiter oben
geschilderten Konstellation, ein personell geschickt zusammengesetzter Verwaltungsrat und eine angemessene Kultur ungleich günstiger

auswirken. Der Verwaltungsratspräsident, die übrigen Mitglieder des Verwaltungsrates und der CEO – ob dieser nun dem Verwaltungsrat angehört oder nicht – sollten sich auch in dieser Konfiguration zu echter Teamarbeit, in der stets auch ein kritischer Geist walten soll, zusammenfinden. Die nun bereits zweifach genannten *Prinzipien der Teamarbeit* schließen selbstverständlich alle Mitglieder des Verwaltungsrates mit ein und lassen sich letztlich auf einige wenige Grundprinzipien zurückführen. Die weiter unten beschriebenen Grundsätze sollten demzufolge auch auf die Arbeit im Verwaltungsrat und auf seine Beziehungen zur Geschäftsleitung angewandt werden. Zu ihnen gehören insbesondere gegenseitiges Vertrauen und die bereits erwähnte Offenheit. Eine Ergänzung sei an dieser Stelle noch angebracht: In einer Zeit, in der alles nach Professionalität und Perfektion schreit, sind diese Prinzipien natürlich auch auf das Organ anzuwenden, dem die oberste Leitung der Gesellschaft obliegt. Halbherzigkeiten sind in diesem Gremium fehl am Platz. Die Vorbildfunktion prägt gerade auch die Arbeit des Verwaltungsrates. Dazu gehört nicht zuletzt eine ausreichende Portion an Selbstkritik und Lernwille.

Zusammensetzung und Kernaufgaben des Verwaltungsrates

Zur Zahl der Mitglieder sagt das Obligationenrecht schlicht, dass der Verwaltungsrat aus einer oder mehreren Personen besteht. Nach den Erfahrungen der Autoren ist für ein Unternehmen in der Größenordnung von Gallus ein kleines Gremium von fünf bis sechs Personen angemessen. Im Gremium sollten hohe und möglichst verschiedene Kompetenzen, aber auch unterschiedliche Charaktere vereinigt sein. Auf diese Weise kann am ehesten ein breit gefächertes Wissen, aber auch ein anregendes und kreatives Arbeitsklima gewährleistet werden.

Im Sinne der vom Obligationenrecht geforderten obersten Leitung der Gesellschaft sollte sich der Verwaltungsrat insbesondere mit Fragen der längerfristigen Ausrichtung, also mit Vision, Leitbild und Strategie, befassen. Zentral sind dabei die Vision und die Mission des Unternehmens, wenn eine solche neben der Vision explizit formuliert worden ist. Dabei muss auch der Verwaltungsrat überlegen, ob und inwieweit die langfristige Ausrichtung des Unternehmens den sich unablässig ändernden Rahmenbedingungen entspricht beziehungsweise ob sie in einem Erfolg versprechenden Sinn geändert werden sollte. Im

Sinne eines »Gewissens« sollte er sich auch vergewissern, ob die als richtig erkannte Vision/Strategie auch gelebt wird oder nicht. Diese Frage ist besonders dann zu stellen, wenn der Verwaltungsrat über Investitionsanträge mit langfristigen Wirkungen zu befinden hat. Die von ihm und der Geschäftsleitung unabhängig voneinander vorgenommene *Evaluation der längerfristigen Ausrichtung* führt gleichermaßen zu größerer Kreativität wie auch Sicherheit über die gefällten Entscheidungen. Die Mitbeeinflussung einer sachgemäßen Weiterentwicklung und die Überwachung der Einhaltung der Linie gehen dabei Hand in Hand.

Mit dieser Feststellung ist bereits die *Kontrollfunktion des Verwaltungsrates* angesprochen. Diese sollte sich, durchaus im Sinne des Obligationenrechts, auf die Organisation (gleichzeitig aber auch auf die eingesetzten Instrumente der Führung, namentlich auch im Bereich des Informationsmanagements), die Prinzipien der Rechnungslegung und die sich daraus ergebenden Zahlen sowie auf die »Human Resources« erstrecken. Auch bei diesen Tätigkeiten ist es ratsam, den Blick nicht nur nach rückwärts, sondern vor allem auch nach vorwärts zu richten. Der Verwaltungsrat soll sich, mit anderen Worten, nicht nur erläutern lassen, was in der Vergangenheit mit welchen Ergebnissen unternommen wurde, sondern Gelegenheit erhalten, einen eigenständigen und aktiven Beitrag zum künftigen Gang der Dinge zu leisten. Dabei ist besonders kritisch zu fragen, ob die gegenwärtige Struktur der Aufbau- und Ablauforganisation und die eingesetzten Managementinstrumente den zu erwartenden Anforderungen nach wie vor gerecht werden beziehungsweise in welcher Richtung sie zu modifizieren sind. Da gegenwärtig im Bereich des Rechnungswesens viele Änderungen vorgenommen werden können (zu erwähnen sind insbesondere die Praxis der Bewertung von Aktiva und die Handhabung von Abschreibungen), ist es besonders wichtig, adäquate Vergleiche über zeitliche Entwicklungen zu ermöglichen. Die Beschäftigung mit den Human Resources ist, gemäß der gesetzlichen Auflistung der unübertragbaren Aufgaben des Verwaltungsrates, auf die Ernennung und Abberufung der mit der Geschäftsführung und Vertretung betrauten Personen beschränkt. Zweifellos sollte sich in einer Zeit, in welcher der Mitarbeiterstab als der wichtigste Aktivposten des Unternehmens bezeichnet wird, der Verwaltungsrat mit dem gesamten Personalbereich auseinander setzen.

Der Verwaltungsrat in Zeiten einer Unternehmenskrise

Im Markt eingeführte Unternehmen können zwar in eine schwierige Lage geraten. Dennoch gilt die bereits im Kapitel 3 getroffene Aussage: Krisen sind in der Regel hausgemacht. Sie zu vermeiden ist ganz klar primär die Aufgabe der Geschäftsleitung und besonders auch ihres Vorsitzenden. Auch wenn der Verwaltungsrat noch so stark in die Führung des Unternehmens einbezogen wird, kann er nicht mehr sein als eine zweite – und letzte – Verteidigungslinie.

Unter diesen Voraussetzungen kann die zentrale Aufgabe des Verwaltungsrates nur darin liegen, rechtzeitig zu erkennen, dass bestimmte Mitglieder der Geschäftsführung abberufen und durch besser geeignete ersetzt werden müssen, ehe es zu spät ist. Entsprechende Entschlüsse fallen bekanntlich schwer. Sie stellen nicht nur einen schwerwiegenden Eingriff in die Lebenssituation des/der von der Entlassung Betroffenen dar. Aus gruppendynamischer Sicht bedeuten sie auch Entzug von Vertrauen. Das soll in einer auf Vertrauen aufbauenden Organisation nicht unbedacht und, von ganz seltenen Ausnahmen (wie strafbares, fahrlässiges oder ungebührlich risikoreiches Verhalten) abgesehen, nicht ohne entsprechende Vorgespräche geschehen. Es macht aber gerade auch das Wesen einer Vertrauensorganisation aus, dass auf ungenügende Leistungen rechtzeitig hingewiesen wird und, wenn eine Korrektur nicht möglich erscheint, gerade auch an der Unternehmensspitze in aller Fairness rechtzeitig diejenigen Maßnahmen ergriffen werden, die zum Wohle des Gesamtunternehmens und zur Vermeidung noch größeren Schadens unverzichtbar sind.

11. Der CEO im globalen Kontext

Nach der Delegation

Die in Kapitel 9 beschriebene Entwicklung nimmt dem CEO einen beträchtlichen Teil seiner früheren, sehr weit gehenden einzelfallbezogenen Entscheidungsbefugnisse weg. Er ist nicht länger der allmächtige Monokrat, der Alleinherrscher. Mit der Delegation von Aufgaben und dem damit verbundenen »Empowerment« der Mitarbeiter nimmt er sich zwangsläufig zurück. Die Mitarbeiter arbeiten nicht ausschließlich nach bürokratischer Vorschrift, sondern auch auf der Grundlage eigener Einsichten und Überlegungen.

Die Frage stellt sich, welche Aufgaben, Kompetenzen und Befugnisse nach einer derartigen Transformation dem obersten Manager noch verbleiben. Aus einer sozusagen basisdemokratischen Sicht könnte er sich darauf zurückziehen, die Koordinationssitzungen zwischen Repräsentanten von Untereinheiten zu leiten, und allenfalls ihre Interessen gegenüber den Kapitalgebern repräsentieren. In einer derart reduzierten Form würde er weitestgehend ersetzbar sein, etwa so, wie sich das Frühsozialisten und Karl Marx in Bezug auf die obersten Stufen des ihnen vorschwebenden idealen Staates vorgestellt hatten. Faktisch kann ein derartiges Konzept allerhöchstens ansatzweise, und auch das nur in Ausnahmefällen (was gleich noch näher erläutert wird), realisiert werden – so wie es sich auch gezeigt hat, dass die Vorstellungen eines leicht zu führenden Staates zu den fundamentalen Irrtümern von Karl Marx gehörten. Umso wichtiger ist es, sich auf ein *neues Verständnis der nach wie vor beim CEO liegenden Aufgaben*, aber auch auf die nach wie vor bei ihm liegende Macht und damit auf eine Umschreibung seiner Rolle – oder, richtiger: der unterschiedlichen, von ihm in Personalunion zu übernehmenden Rollen – zu besinnen. Derartige Überlegungen sind umso eher am Platz, als die Anforderungen an den CEO in den vergangenen Jahren, wie gesehen, nicht abgenommen, sondern zugenommen haben und nach allgemeiner Vermutung noch weiter zunehmen werden. Er ist also sicherlich nicht überflüssig geworden. Auch hat keine Einebnung der Gehälter stattgefunden. Im Gegenteil. Gerade in den Jahren, in denen von Empowerment so viel gesprochen worden ist, haben sich die Einkommensunterschiede zwischen den obersten Führungskräften und den übrigen Mitarbeitern im Durchschnitt vergrößert, selbst dann, wenn man von den – hier nicht weiter zu erörternden – Exzessen absieht. Im Folgenden geht es zunächst um die Frage nach den neuen beziehungsweise nach den nunmehr dominierenden Aufgaben der »neuen« Führungsrolle des CEO.

Fünf zentrale Aufgaben der Mitarbeiterführung durch den CEO

Das »Empowerment« der Mitarbeiter wirft die Frage auf, wie diese nunmehr geführt werden sollen beziehungsweise können. Hierfür müssen insbesondere die fünf in Abbildung 11.1 aufgeführten Teilaufgaben wahrgenommen werden.

Dem CEO obliegen fünf nicht delegierbare Aufgaben:

1. Befähigung/Energetisierung der Mitarbeiter
2. Koordination/Eindämmung durch indirekte Führungsmittel
3. Leitfigur
4. Wächteramt
5. Förderer des Gruppengeistes

Abbildung 11.1: Die zentralen Aufgaben der Mitarbeiterführung

Befähigung und Energetisierung der Mitarbeiter

Zum Empowerment der Mitarbeiter gehört es in erster Linie, *günstige Bedingungen für eigenes Wachstum und eigenes Handeln möglichst vieler Mitarbeiter* zu schaffen. Ein nicht weiter bekannter CEO hat das einmal so ausgedrückt: »Perhaps my real job is to be the ecologist for the organization.« Das heißt zunächst einmal, unternehmensinterne Bremsklötze, wie zum Beispiel überdimensionierte Berichtssysteme, zu entfernen. Das kann aber auch viel weiter gehen und bedeuten, dass die Organisation des Unternehmens, unter Umständen sogar dessen längerfristige Ausrichtung, die Wünsche der davon Betroffenen berücksichtigt. Gerade in diesem Streben äußern sich aber notwendigerweise die Grenzen der »Macht« des CEO. Denn dieser muss sich auf die Wünsche und Bedürfnisse der Mitarbeiter einlassen. Insoweit er darauf eingeht und deren »Umfeld« ihren Wünschen entsprechend gestaltet, verzichtet er unter Umständen auf die Verwirklichung eigener Wunschvorstellungen.

An diesem Dilemma zeigt sich, dass dem »Empowerment« auch Grenzen gesetzt werden müssen. Eine entsprechende Harmonie zu finden gehört unzweifelhaft zu den anspruchsvollsten Aufgaben des CEO – und das umso mehr, je tüchtiger und fähiger seine nächsten Mitarbeiter sind. Professor Jay W. Lorsch spricht in diesem Zusammenhang von »alignment«[1], übersetzbar etwa mit gegenseitige Ausrichtung. Am deutlichsten sichtbar sind derartige Notwendigkeiten bei den Anbietern professioneller Dienste, also den großen Rechtsanwaltskanzleien, Krankenhäusern und Unternehmensberatungen. Sie kulminieren im außerordentlich weit gehenden Begriff von »Führung ohne Kontrolle«. Er verweist auf die überragende Bedeutung der einzelnen Fachspezialisten; das Hauptanliegen der »Führung« muss in einem solchen Fall darin bestehen, sie bei der Stange zu halten. Da das größere Ganze aber doch von einer gewissen einmaligen Einheitlichkeit geprägt sein sollte, kann die entsprechende Harmonisierung der Interessen letztlich nur durch einen *stetigen gegenseitigen Anpassungsprozess* auf der Basis gewisser Wahlverwandtschaften der beteiligten Akteure stattfinden. Offensichtlich befindet sich dieser Unternehmenstyp in einer Grenzsituation. Derartige Grenzlagen sind aber auch für andere Unternehmen anregend und aufschlussreich.

»Befähigung« und Energetisierung bedeutet zumeist nicht nur Befreiung von äußeren Grenzen, sondern auch *persönliche Unterstützung*.

Das kann in erster Linie die Förderung des persönlichen Wissens und Könnens, der Erfahrungen, aber auch der Persönlichkeitsentwicklung in so unterschiedlichen Richtungen wie Reifung, Kommunikationsfähigkeit und Empathie sein. Auch Rat und Unterstützung in persönlichen Lebenskrisen, die sich vom Leben im Unternehmen ja nicht vollständig ausblenden lassen, können dazugehören. Menschen sind ja keine Maschinen, sondern durchlaufen in aller Regel Zyklen, die sich am Gegensatz von Manie und Depression, von Aktivismus und Passivität und von Optimismus und Pessimismus orientieren, also an gegensätzlichen Niveaus von Aktivitäten und Stimmungen. Im Durchschnitt sind sie dankbar, wenn ihnen von Zeit zu Zeit auch von außen neue Energien zugeführt werden. Die entsprechende persönliche Führung in Form des Coaching, Counseling und Mentoring wird in Kapitel 20 noch ausführlicher besprochen. Schon an dieser Stelle ist jedoch festzuhalten, wie wichtig die Wahrnehmung derartiger Aufgaben gerade auch für den CEO ist. Senge schreibt dazu: »At its heart, the traditional view of leadership is based on assumptions of people's powerlessness, their lack of personal vision ..., deficits which can be remedied only by a few great leaders. The new view of leadership ... centers on subtler and more important tasks. ... leaders are designers, stewards, and teachers«[2]. Das alles gehört in den Bereich der Leadership und nicht in denjenigen des Managements im Sinne von Kotter. Gilbert Fairholm schreibt, auf diese Weise würde der Vorgesetzte bis zu einem gewissen Grade zum Diener: »The leader is a servant first and then a boss.«[3]

Dabei darf sich nach den Erfahrungen der Autoren eine entsprechende Betätigung keinesfalls auf den engsten (obersten) Führungskreis beschränken. Ein CEO ist in der Lage, ein entsprechendes Netzwerk mit Dutzenden von Mitarbeitern im In- und Ausland am Leben zu erhalten. In diesem Zusammenhang sei an eine Aussage des früheren Spitzenmanagers von Nestlé, Helmut O. Maucher, erinnert, dass er mehr als 5 000 Mitarbeiter des von ihm geleiteten Konzerns wenigstens vom Namen her kenne.

Koordination und Eindämmung durch indirekte Führungsmittel

Wenn auf die eben geschilderte Art und Weise die direkte persönliche Führung im Sinne von Coaching und Counseling auch auf der obersten Führungsebene an Gewicht gewinnt, so verliert sie doch im Sinne von hierarchiegebundenen Einzelanweisungen wesentlich an Bedeutung. Bereits an früherer Stelle wurde darauf hingewiesen, dass sie bei einem »Empowerment« der Mitarbeiter zu einem großen Teil durch *indirekte Mittel der Führung* ersetzt wird. Für den CEO stehen dabei die durch ein Leitbild ergänzte Vision des Unternehmens, die Unternehmenskultur und die Einjahresplanung im Zentrum. Diese Instrumente vermitteln Richtung, einmalige Identität – und Gemeinsamkeit. Der CEO hat deshalb diesen Instrumenten und der Entwicklung und Verbreitung ihrer Inhalte größte Aufmerksamkeit zu schenken. Auch hier befinden wir uns im Bereich der Leadership. Ziffer 3 bis 5 der Aufgabenliste von Abbildung 11.1 befassen sich denn auch mit einzelnen Aspekten des Umgangs mit diesen Aufgaben.

Zuvor soll aber das bereits oben angesprochene fragile und empfindliche Zusammenspiel von verbindenden, kollektiv geteilten Auffassungen, Meinungen, Verhaltensweisen und Werten und der persönlichen Einmaligkeit und Individualität der Mitarbeiter wieder aufgegriffen werden. Visionen, Leitbilder und Pläne sind nicht nur Magnete und Anziehungspunkte, die eben »Richtung« geben. Das Korrelat zu diesen Eigenschaften sind *Ausschlüsse und Verbote*. Jedes »So« bedeutet notwendigerweise gleichzeitig auch »Nicht anders«. Ausgangspunkt zur Überwindung des Widerspruchs ist die Erkenntnis, dass der Mensch ein gesellschaftliches Wesen ist und Autismus zu Recht als schwere psychische Erkrankung betrachtet und behandelt wird. Er wünscht sich deshalb zutiefst, an etwas teilzuhaben, das er als wertvoll, vernünftig und begeisternd betrachtet. Visionen und die Unternehmenskultur können derartigen Wünschen durchaus gerecht werden. Sie sind geeignet, innere, tief reichende Bedürfnisse zu erfüllen, und sollten ihnen nicht entgegenstehen. Zudem ist nicht nur der neugeborene Mensch ein ungeprägtes Wesen, sondern auch der ältere Mensch ist anpassungsfähig und, innerhalb gewisser Grenzen, durchaus in der Lage, bestimmte Bedingungen seines Umfeldes wenigstens in Kauf zu nehmen, und zwar auch dann, wenn er sie persönlich anders ausgestaltet hätte. Individualität jedes Einzelnen und Kollektiv des Unternehmens brauchen, ja dürfen aus diesem Grunde nicht als widersprüchliches Gegensatzpaar verstanden werden. Die Chance, dass sie in einer insgesamt durchaus harmonischen Beziehung zueinander stehen, besteht durchaus. Aus diesem Grunde muss es dem CEO wichtig sein, dass eine Vision, eine Kultur und Einjahrespläne das Unternehmen durchziehen, die Zustimmung finden und, mehr noch, mitreißen.

Die Unterschiedlichkeit der Menschen und Unternehmen sollte im Übrigen, wenigstens der Tendenz nach, dazu führen, dass nach den *Gesetzen von Wahlverwandtschaften* bestimmte Unternehmen mit ihren Visionen und Kulturen bestimmte Menschen anziehen und andere abstoßen. Dieser Zyklus beginnt mit der Einstellung neuer Mitarbeiter und fährt fort mit einer Haltung des »love it, change it (if you can) or leave it«. Dass man sich gegenseitig auch abstößt, ist die klare Konsequenz der bisherigen Überlegungen. Dies kann im Falle Turnaround-artiger, extrem rascher und tiefgreifender Änderungen von Vision und/oder Kultur allerdings zu schmerzhaften personellen Änderungen führen, worauf im nächsten Kapitel nochmals eingegangen wird. Zuvor muss jedoch mit aller Deutlichkeit betont werden, dass das Gesetz der Wahlverwandtschaften nie und nimmer zu einer *Uniformierung des Geistes* führen darf. Vor dem Hintergrund allgemein anerkannter Regeln sollte vielmehr sowohl im Management als auch im Verwaltungsrat (und in der wettbewerblich orientierten Marktwirtschaft) für unterschiedliche Meinungen und Charaktere Raum sein. Nur auf diese Weise kann eine langfristige Innovationsfähigkeit gewährleistet werden.

Der CEO als Leitfigur

Es gehört zu den Widersprüchlichkeiten und Gegensätzlichkeiten unserer Zeit, dass im Leben der Unternehmen Empowerment ähnlich intensiv gefordert wird wie im politischen Raum Demokratie und Teilhabe breiter Kreise an den anstehenden Entscheidungen. Gleichzeitig wird aber auch in unseren demokratischen Gefilden ein nicht unbeträchtlicher *Personenkult* getrieben. Einzelne Personen stehen für Organisationen und Institutionen, aber auch für Geschehnisse und Abläufe, Ideen, Ziele und Werte. Das menschliche Denken sucht nicht nur das Abstrakte, sondern will das Allgemeine und das Kollektive vielmehr an einzelnen Personen festmachen. Auch die meisten modernen Menschen von heute schätzen, achten und wünschen gerade aus diesen Gründen immer wieder formal herausgehobene Repräsentanten irgendeiner Institution, sei es Staat, Kirche oder ein anderes Gebilde, darunter auch ein Unternehmen. Diesen menschlichen Zug machen sich bekanntlich die Massenmedien dadurch zunutze, dass sie, wann immer es geht, einzelne Personen in den Vordergrund beziehungsweise ins Zentrum des Blickfeldes rücken.

Im Unternehmensleben ist das nicht anders, und zwar sowohl in Bezug auf die Außenbeziehungen wie auch hinsichtlich der inneren Abläufe. Nach außen, insbesondere gegenüber den Massenmedien, aber auch gegenüber den Kapitalgebern und Kunden, ist der CEO der *erste Repräsentant des Unternehmens*. Er ist nicht nur der mit Macht und Energie ausgestatteter Macher, sondern auch das Symbol für das Ganze. Daran hat auch das Empowerment nicht viel geändert. Auch im Innern des Unternehmens nimmt der CEO, von wenigen Ausnahmen abgesehen, nach wie vor eine besondere, eine herausragende Stellung ein – trotz Empowerment. Er ist gleichsam dessen Fleisch gewordene Verkörperung. Er repräsentiert die Werte des Unternehmens und muss sie leben. Sein persönliches Vorbild ist von größter Bedeutung. Auch wenn in einem Unternehmen die Bedeutung eines jeden einzelnen Mitarbeiters extrem betont wird, darf die Symbolkraft, die mit der Position eines CEO verbunden ist, auf keinen Fall unterschätzt werden. In einem gewissen Sinne ist er gerade deshalb durch die Vision, das Leitbild und die von ihm wesentlich mitgeprägte Kultur am stärksten gebunden. Dies verdeutlichen auch die Meinung von Handy, an der Spitze des Unternehmens müsse die Führung »verpersönlicht« werden, und folgende Aussage: »The leader must live the vision. He ... must not only believe in it but must be seen to believe in it ... Effective leaders, we are told, exude energy. Energy comes easily if you love your cause. Effective leaders, again, have integrity. Integrity, being true to yourself comes naturally if you live for your vision ... These principles sound simple, ..., but in practice they are hard to deliver. Old-fashioned management is easier than the new leadership ...«[4]

Die Gefahr einer zu starken Bindung an die Vergangenheit und die Gegenwart scheint aus diesen Überlegungen herauszuklingen. Ihr muss entgegengewirkt werden. Erneut zeigt sich das Phänomen der Widersprüchlichkeit respektive des »Sowohl-als-auch«. Bei Gallus liegt die entscheidende Gegenkraft in der *Betonung des Kulturwandels*. Diesem Thema wurde bereits in Abbildung 3.2 (siehe Seite 36) und in der Folge immer wieder ein prominenter Platz eingeräumt. Wenn der Wandel aber ein derart prominentes Merkmal der Unternehmenskultur ist, muss auch der CEO konsequenterweise ein Bannerträger eben dieses Wandels sein. Dabei wurde bei Gallus eine an sich zu erwartende, aber gleichwohl für die Autoren überraschende Feststellung gemacht: Eigenverantwortung kann selbstredend nicht nur die Innovationsfähigkeit eines Unternehmens erhöhen, sondern tendenziell auch zu *Verharren und Konservativismus* führen, je nach Charakter der Beteiligten. Das gilt unter anderem auch für Vorschläge und Anträge, die, trotz Empowerment, zu ihrer Genehmigung das Einverständnis mehrerer Entscheidungsebenen benötigen, wie beispielsweise größere Investitionen. In solchen Fällen ist ein Nein-Entscheid – man könnte auch vom Abwürgen von Ideen und Projekten sprechen – schon auf unteren hierarchischen Stufen zulässig. Um dem vorzubeugen, wurde vor einigen Jahren in besonderen Seminaren mit Hilfe von »Kraftfeldanalysen« nach internen und externen Kräften gesucht, die den Wandel fördern oder ihn hemmen. Seitdem werden zum Beispiel Produktideen, ungeachtet ihres Ursprungs, systematisch erfasst und in kleinen Teams bewertet. Auf diese Weise ist gewährleistet, dass – bildhaft ausgedrückt – auch kleine, noch zarte Pflanzen eine Chance haben, größer zu werden. Um die derart freigelegten Energien nicht erlahmen zu lassen, sind jedoch immer wieder neue Impulse gerade auch des CEO äußerst wertvoll.

Wunsch nach und Zwang zur Innovation führen zu einem eigenartigen Zwiespalt in der Weltsicht gerade auch des CEO. Zum einen kann man die entsprechende Grundhaltung als Ausdruck von Aufbruchstimmung, Lebensfreude, visionärem Geist und Tatkraft bezeichnen. Ganz im Sinne der Vorstellung einer »schöpferischen Zerstörung« bei Schumpeter verbindet sich mit diesen Eigenschaften zum anderen auch eine gewisse Unruhe und Unrast, eine latente Unzufriedenheit mit dem bisher Erreichten, ein Suchen nicht allein nach Chancen und Besserem, sondern auch nach Schwächen und lauernden Gefahren. Gerade in einer Epoche eines schwächer werdenden Fortschrittsglaubens ist diese Ambivalenz ernst zu nehmen und auch unternehmensintern zu thematisieren. Ein entsprechender Geist der (Selbst-)Kritik ist aber unverzichtbar. Ein Unternehmen ist in diesem Sinne weder Paradies noch Idylle, es ist und bleibt die Stätte eines sich nach bestimmten Regeln vollziehenden Wettbewerbs – um nicht zu sagen *Kampfes*. Das ist der Preis der heutigen wirtschaftlichen Bedingungen. In ihnen hat der Geist des »Alles fließt« und eben des Wettbewerbs gegenüber dem Geist des »Alles bleibt gleich« (und alles soll gleich bleiben) und einer perfekten Harmonie allen menschlichen Strebens das größere Gewicht.

Der CEO als Wächter

Der CEO ist nicht nur Leitfigur, Leuchtturm und Bannerträger, sondern er muss auch laufend überprüfen, ob Vision, Leitbild, Pläne sowie kulturelle Normen und Vorstellungen eingehalten und realisiert werden. Unter dem Stichwort »Implementierungsproblematik« ist die entsprechende Aufgabe bereits in den Kapiteln 6 bis 8 mehrfach angesprochen worden. Im obigen Abschnitt Koordination und Eindämmung durch indirekte Führungsmittel wurde ferner gezeigt, wie die indirekten Führungsmittel nicht nur Attraktoren sind, sondern gleichzeitig auch Dämme. Die Überwachung, ob die angestrebten Ziele und Leitlinien auch verwirklicht werden, gehört deshalb zu den nicht delegierbaren Pflichten des CEO. Sie ist heikel und verlangt viel Einfühlungsvermögen und Fingerspitzengefühl. Denn die Grenze zwischen Konsequenz und Elastizität, zwischen Sturheit und Grundsatzlosigkeit ist oft fließend.

Wenn einerseits die Organisation eines Unternehmens dieses zu einem Gewächshaus machen soll, sind Grenzüberschreitungen beinahe mit Sicherheit zu erwarten. Bei der Erörterung der Unternehmensstrategie (Kapitel 7) wurde diese Problematik bereits angesprochen. Insofern ist eine gewisse Großzügigkeit bei der Interpretation vieler Normen und Regeln sicherlich angezeigt.

Andererseits ist der Pfad der Tugend zugegebenermaßen oft steil und steinig. Dann liegt die Suche nicht nach zielführenderen, wohl aber nach leichter begehbaren Wegen nahe. Das ist einsichtig und verständlich – aber nicht zu tolerieren. In derartigen Situationen bedarf es einer enormen Standfestigkeit und Zähigkeit des CEO, um einzelne Mitarbeiter, zum Teil aber auch das ganze Führungsteam, hartnäckig an früher getroffene Entscheidungen zu erinnern und auf deren Einhaltung zu drängen. Das mag im Augenblick unangenehm und unpopulär scheinen und als Sturheit bezeichnet werden. Beispiele dieser Art kann wohl jeder Manager nennen. Die Autoren erinnern sich insbesondere an die Beachtung strategischen Denkens im Sinne von Verboten und die Reise zu neuen, noch wenig bekannten Ufern im Bereich der Ökologie, der Prozessbeschleunigung und der Kostensenkung bei Gallus. Diese Härte ist jedoch unzweifelhaft im Interesse der längerfristigen guten Entwicklung des Unternehmens und ist deshalb unerlässlich.

Eben weil es notwendig ist, über die *Realisierung einmal gefasster Entschlüsse* unnachgiebig zu wachen, wird auch die *Art der Ent-*

schlussfassung wichtig. Die Verwirklichung von Entscheidungen, die in Gruppen gefällt worden sind, ist ungleich leichter durchzusetzen als die Verwirklichung einer allein kraft hierarchischer Stellung gefällten Entscheidung. Denn Abweichungen stellen in einem solchen Fall immer auch Verletzungen des Gruppenbeschlusses dar. Darauf kann sich der CEO implizit oder explizit berufen.

Förderung des Gruppengeistes

Diese Überlegungen zeigen deutlich, dass sich der CEO nicht auf die direkte Beeinflussung der Mitarbeiter im Sinne der Befähigung/Energetisierung und die Sorge um eine der unternehmerischen Vision adäquate Kultur beschränken kann. Vielmehr sollte er sich auch der Pflege des Teamworks annehmen. Das gilt für alle hierarchischen Ebenen. Für Gallus wurde diese Auffassung in Bezug auf den Verwaltungsrat bereits in Kapitel 10 beschrieben. Dieses Prinzip soll jedoch auch auf die anderen Führungsstufen, insbesondere die Geschäftsleitung, angewendet werden. Je nachdem, wie der Entscheidungsprozess und die Entschlussfassung im Team gestaltet sind, werden dabei individuelle Entscheidungskompetenzen freilich mehr oder weniger stark beschnitten. Das trifft für den CEO zu, aber in gleichem Maße auch auf die mit neuen Kompetenzen ausgestatteten Mitarbeiter. Empowerment und Selbstverantwortung weisen für diese deshalb bis zu einem gewissen Grade ein Janus-Gesicht auf. Auf der höchsten Führungsebene gewährt ihnen das Konzept des Teamgeistes einerseits umfangreiche Mitsprache- und Mitentscheidungsbefugnisse. Im Verhältnis zu ihren Mitarbeitern sind sie andererseits verpflichtet, auch diesen entsprechende Rechte zu gewähren. Angesichts der Bedeutung dieses Organisationsprinzips für das ganze Unternehmen wird später noch gründlicher darauf eingegangen.

Ein neuer Typus von CEO?

Die neuen Aufgaben und Rollen des CEO fordern eine Rückbesinnung auf die an ihn zu stellenden Anforderungen und auf die von ihm geforderten Eigenschaften. Das ist eine Pflicht, die man nicht auf die leichte Schulter nehmen kann. Denn gerade ein CEO sollte ein besonders hohes Maß an *unverwechselbarer Eigenart* besitzen und nicht einem Bild aus einem Musterkatalog entsprechen. Deshalb ist es auch der Wissenschaft trotz vieler Versuche nicht gelungen, ein einheitliches, umfassendes und allgemein anerkanntes Bild »des« CEO oder gar des »CEO einer neuen Prägung« zu entwerfen. Oft waren die Versuche ein Haschen nach dem Wind.

Mit dieser Problematik vor Augen soll wenigstens nach Trends und Richtungen gesucht werden, die es dem CEO erlauben, seinen veränderten Aufgaben gerecht zu werden. Dafür können die Profile herangezogen werden, die bereits in Abbildung 1.1 auf Seite 13 gezeigt wurden. Als wichtigste Eigenschaften werden die Vorbildfunktion, die Kundenorientierung und die Fähigkeit zum Aufbau einer gemeinsamen Vision hervorgehoben. Ferner zeigt der Vergleich von Vergangenheit und Zukunft nicht nur, dass die Anforderungen ständig zunehmen, sondern weist an drei Stellen einen besonders großen Sprung auf: Es sind dies das globale Denken, die Fähigkeit der Auseinandersetzung mit anderen Kulturen und ein Teilen der Führung. Die Ergebnisse der Studie des Andersen Consulting Institute for Strategic Change decken sich weitgehend mit der Auffassung der Autoren. Mit Blick auf die besondere

- Energie und Schaffensfreude
- Visionär und Verwirklicher
- Offenheit für Neues und für Realitäten
- Achtung gegenüber anderen Kulturkreisen und Personen
- Ehrlichkeit
- Kein Autokrat, aber starkes Selbstgefühl
- Teamorientierung und Unabhängigkeit
- Wahrnehmungs- und Zuhörfähigkeit
- Verbale und nicht-verbale Kommunikationsfähigkeit
- Humor

Abbildung 11.2: Wie muss ein CEO beschaffen sein?

Fragestellung des vorliegenden Kapitels, also die Änderung der organisatorischen Strukturen und die Konzeption der Führung, wurden die besonders wichtig erscheinenden Fähigkeiten, Eigenschaften und Verhaltensweisen von CEOs in Abbildung 11.2 zusammengefasst.

An die oberste Stelle der Liste wurden drei Fähigkeiten beziehungsweise Eigenschaften gesetzt, ohne die Führung nur schwer – wenn überhaupt – vorstellbar ist. Sie beziehen sich deshalb nicht nur auf den CEO und auch nicht nur auf unsere heutige Zeit. Um jedoch ein annähernd umfassendes Bild der Vorstellungen der Autoren zu geben, mussten sie formuliert werden. Damit soll auch zum Ausdruck gebracht werden, dass der moderne CEO sich keinesfalls in jeder Hinsicht von seinen Vorgängern aus früheren Epochen unterscheidet.

Die besonderen, für die Gegenwart und mit größter Wahrscheinlichkeit auch für die Zukunft maßgeblichen Fähigkeiten, Eigenschaften und Verhaltensweisen sind folgende: An deren Spitze steht das Wort *Achtung*. Darin schwingt die Bedeutung von Gleichwertigkeit mit. Überheblichkeit und Egozentrismus sollen damit ausgeschlossen werden. Das gilt ebenso für die Ebene der Begegnung mit anderen Menschen wie auch für die Ebene der unterschiedlichen Kulturen. Die nachfolgenden Merkmale hängen mit diesem Gedanken eng zusammen. Die Achtung vor anderen Menschen ist mit *Ehrlichkeit* eng verknüpft. Das Gegenüber soll sich auf einen verlassen können. Täuschungen sind zwar nicht immer vollständig zu vermeiden – man denke nur an die Geheimsphäre von Firmenzusammenschlüssen und an ähnliche Situationen. Sie sind aber wirklich nur im äußersten Notfall zu entschuldigen, weil sie einen schweren Bruch des Vertrauens darstellen und bei einer Abwägung der im Spiel stehenden Prinzipien die Ehrlichkeit ein sehr großes Gewicht besitzt.

Der CEO soll und kann nach dem Empowerment der Mitarbeiter nicht länger der einsam an der Spitze thronende, selbstherrliche (wenn unter Umständen auch fachlich sehr fähige!) Autokrat sein. Ebenso wenig soll er jedoch schwach und willfährig sein. Er muss durchaus auch gegen den Strom schwimmen können, ob es sich nun um einen Einzelnen oder um das Kollektiv eines Teams oder einer größeren Gesamtheit geht. *Gleichwertigkeit* bedeutet in diesem Zusammenhang nicht »gleiche Befugnisse« und auch nicht »gleiche Macht«. Umso wichtiger ist es, mit dem nach wie vor vorhandenen Macht-Übergewicht behutsam umzugehen und es nur dort einzusetzen, wo es aus der Sicht des CEO wirklich darauf ankommt. Eben diesen Gedanken drückt auch der nächste Punkt, *Teamorientierung* und *Unabhängigkeit*, aus. Auf dieses Spannungsfeld wurde bereits im Abschnitt Förderung des Gruppengeistes hingewiesen. Genau hier liegt eine jener Stellen, an denen sich das Management der rationalen Analyse zu entziehen beginnt und in »Kunst« umschlägt, bei der Einfühlungsvermögen und Gefühl von enormer Bedeutung sind.

Um mit Teams und selbstständigen Mitarbeitern wirkungsvoll zusammenarbeiten zu können, ist die Fähigkeit des *Zuhören-Könnens* unabdingbar. Nicht weit davon entfernt, aber umfassender, ist die *allgemeine Wahrnehmungsfähigkeit*. Sie bezieht sich ebenso sehr auf die Empathie zu den Mitarbeitern wie auf die Fähigkeit, Entwicklungen im Umfeld frühzeitig und adäquat wahrzunehmen. Beide, für das gesamte Unternehmen immens wichtige Fähigkeiten, kann man lernen, sie setzen aber auch den bewussten Willen dazu voraus. Sie sollten auch den CEO auszeichnen. Die *Kommunikationsfähigkeit* schließlich unterstreicht, dass der CEO nicht nur in der Lage sein muss, Informationen aufnehmen zu können, sondern sich auch selbst mitteilen kann. Präzision, Klarheit und Eingängigkeit der Gedanken sind dabei ebenso wünschenswert wie der Zugang zu den Gefühlen und Emotionen. Allerdings sind gerade in diesen Bereichen die persönlichen Nuancen und Besonderheiten besonders groß.

Am Schluss der Aufstellung findet sich schließlich noch der *Humor*. Das ist nicht üblich. Die Literatur befasst sich kaum mit dieser Thematik. Zu Unrecht. Denn die psychotherapeutische Wirkung von Humor und lustigen Geschichten ist in der Medizin bekannt. Die Autoren möchten vor allem auf die emotionale, die kommunikative und die kognitive Ebene hinweisen, die miteinander in enger Verbindung stehen. Auf der Ersteren löst der Humor nicht nur Hemmungen, er ermöglicht auch den unmittelbaren und spontanen Austausch von Gefühlen. Parallel dazu wirkt der Humor auf der kommunikativen Ebene erfrischend, entspannend und anregend. Gleichzeitig trägt er zu einer freundlichen, konstruktiven Beziehung bei und er festigt die Arbeitsbeziehung. Schließlich erschließt der Humor auch kreative Potenziale, er fördert eine kritische Haltung gegenüber scheinbar unumstößlichen Wahrheiten und sensibilisiert für neuartige Zusammenhänge. Bei Gallus wurden diese Zusammenhänge erkannt, und es wurde auch zur Kenntnis genommen, dass Humor die Würze einer anregenden und bisweilen anstrengenden Berufstätigkeit darstellt.

12. Mitarbeiter: Das Prinzip Eigenverantwortung

Jenseits des rein Organisatorischen

Die Notwendigkeit, Entscheidungskompetenz umfassend zu delegieren und damit der Eigenverantwortung der Mitarbeiter eine prominente Bedeutung beizumessen, wurde in Kapitel 9 damit begründet, dass das Unternehmen sachlich besser und rascher auf die Anforderungen der Märkte reagieren kann. Das war eine rein technisch-wirtschaftliche Denkweise. Die *soziale Dimension*, insbesondere auch die Wünsche, Möglichkeiten und Fähigkeiten der Mitarbeiter, wurde dabei ausgeblendet. Das geschah bewusst, weil die Thematik wegen ihrer Bedeutsamkeit ein eigenes Kapitel verdient. Diese Lücke ist nunmehr zu füllen: Dem Prinzip der »triple bottom line« entsprechend soll nach einer Harmonie zwischen wirtschaftlichen, ökologischen und sozialen Zielen gesucht werden. Diese Trias stellt die tragende Säule des gesamten Management- und Führungsdenkens bei Gallus dar.

Wenn gesagt wird, bei der Selbstverantwortung gehe es um den ganzen Menschen mit all seinen Fähigkeiten und seinem Enthusiasmus, dann werden folgende Fragen unausweichlich: Was ist der Mensch? Was will er? Was sind seine Bedürfnisse? Was sind seine Rechte, was seine Pflichten? Diese Fragen sind so alt wie die Menschheit selbst. Das vorgeschichtliche Denken, die Religionen und die Philosophie, die Anthropologie, die Soziologie und die Ethik – sie alle haben sich immer wieder mit ihnen auseinander gesetzt. Eng mit den Anschauungen über das Wesen des Menschen verknüpft sind Aussagen über das, was menschengerecht ist und, aus normativer Sicht, wie Menschen, menschliche Institutionen und Organisationen den Menschen gegenübertreten sollten. Die von der UNO deklarierten Menschenrechte sind ebenso Ausfluss derartiger Überlegungen wie die Europäische Menschenrechtskonferenz, die verfassungsmäßigen Grundrechte jedes Einwohners des Staatsgebiets und die gesetzlichen Bestimmungen wie das Arbeitsvertrags- und das Arbeitsschutzrecht.

Auch die Wirtschaftswissenschaften haben sich mit der Thematik immer wieder beschäftigt. Zwei Sichtweisen bestimmen dabei die Diskussion, die leider nicht immer deutlich voneinander getrennt werden. Teils wird aus normativ-ethischer Sicht gefragt, wie »der Mensch« und wie menschliche Institutionen sein sollten. Teils wird zu beschreiben versucht, wie »der Mensch« tatsächlich ist und wie er von menschlichen Institutionen betrachtet, behandelt, aber auch beeinflusst und geprägt wird. Gemeinsam sind beiden Fragestellungen ihr Facettenreichtum und ihre weitläufigen Verästelungen. Vor vorschnellen Urteilen sollte man sich bei beiden Sichtweisen allerdings hüten. Insbesondere dürfen die großen Unterschiede zwischen den einzelnen Menschen nicht unterschätzt werden. Aus genau diesem Grunde wurden seit dem Altertum immer wieder Typenlehren erarbeitet, um auf diese Weise wenigstens unterschiedliche Typen von Menschen darzustellen, die unter sich immer noch stark variieren. Internationale Kulturvergleiche weisen ferner bedeutende Unterschiede in den Wertvorstellungen und Verhaltensweisen der Angehörigen unterschiedlicher Kulturkreise nach. In unserer Kultur spricht man zudem bereits seit einigen Jahren von einer *Multioptionsgesellschaft*. Diese offeriert ihren Mitgliedern, je nach deren Geschmack, ganz unterschiedliche »Menüs« von Existenz und Orientierung. Schließlich erhält sich die Anpassungs- und Lernfähigkeit beim Menschen bis ins hohe Alter, so dass er sich innerhalb gewisser Grenzen auch verändern kann. Die Wissenschaft spricht in diesem Zusammenhang von der noetenischen Kompetenz des Menschen, das heißt von seiner Fähigkeit, gewisse Merkmale der embryonalen und frühkindlichen Entwicklungsphase, wie zum Beispiel die Lust am Spiel, auch in höheren Altersstufen zu bewahren. Nicht außer Acht zu lassen ist ferner der Zeitgeist, der durch bestimmte kulturelle Strömungen (zu denen zurzeit auch die Vorstellung der oben erwähnten Multioptionsgesellschaft gehört) umschrieben werden kann. Innerhalb eines bestimmten Kulturkreises sind derartige Veränderungen unter anderem abhängig von der Wirtschaftslage und vom Ausbildungsstand der Menschen. Im Folgenden wird diskutiert, ob sich in diesem Tiegel von Möglichkeiten wenigstens gewisse Kristallisationspunkte feststellen lassen. Zwei Fragestel-

lungen rücken dabei in den Vordergrund: diejenige nach den Lebens-
orientierungen im Allgemeinen und die nach der Spannung zwischen
Autonomie und Abhängigkeit im Besonderen.

Karriere und Lebenssinn

Die Frage nach dem Sinn des Lebens wird in den folgenden Ausführungen weder in einem religiösen noch in einem philosophischen oder
ethisch-normativen Sinn angegangen. Vielmehr werden Ergebnisse
von empirischen Untersuchungen über die Ansichten der schweizerischen und deutschen berufstätigen Bevölkerung wiedergegeben. Die
seit nunmehr bald 30 Jahren immer wieder erhobene »Psychologische
Karte« der Schweiz zeigt für dieses Land – übrigens ganz ähnlich wie
vergleichbare Untersuchungen in der BRD – eine Entwicklung weg
von einem innengerichteten Konservativismus hin zu einer außenge-
richteten, »progressiven« Grundhaltung.[1]

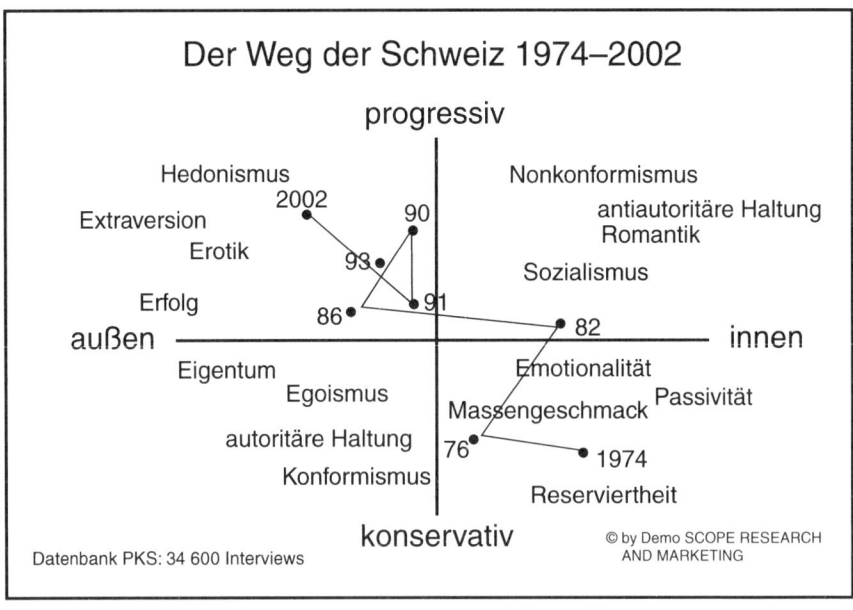

Abbildung 12.1: Psychologische Karte der Schweiz: Die Entwicklung einer progressiven Grundhaltung

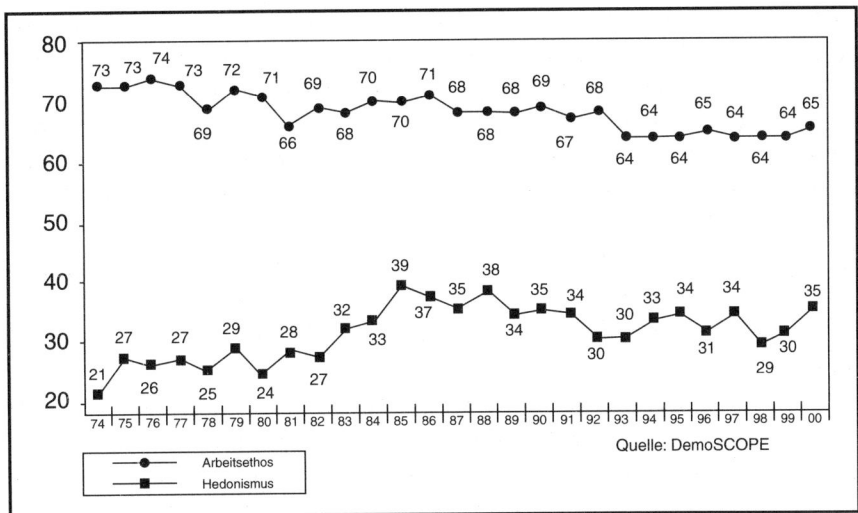

Abbildung 12.2: Arbeitsethos und Hedonismus

Lebensgenuss und Extraversion, aber auch Erotik und Erfolg (das schon von Freud erwähnte Gespann von Arbeit und Liebe) besitzen in der »*progressiven*« *Grundhaltung* eine besondere Bedeutung. Lebensgenuss und Hedonismus stehen, gerade auch aus der Sicht der jüngeren Erwachsenen, mit »Leistung« jedoch nicht in Widerspruch. Sie gehören zusammen, hat Professor Horst W. Opaschowski vor einigen wenigen Jahren geschrieben, wie Ein- und Ausatmen. »Wer sein Leben nicht genießen kann, wird auf die Dauer auch nicht leistungsfähig sein.«[2] Gemäß einer 1996 durchgeführten Umfrage in der BRD stand damals sogar die Arbeitsfreude, der Spaß an der Arbeit, an der Spitze der Werteskala der Befragten. Dass der *Arbeitsethos* gegenüber dem *Hedonismus* im vergangenen Jahrzehnt auch in der Schweiz nicht an Bedeutung verloren hat, macht auch Abbildung 12.2 deutlich.[3]

Eine im Jahre 2002 im Auftrag der Zeitschrift *Bilanz* durchgeführte Befragung von 1 400 kurz vor dem Abschluss stehenden Studierenden zeigte, dass diese, wenn auch in einem moderaten Ausmaß, zur Leistung von Überstunden durchaus bereit sind, wenn das ihre Karriere fördert und wenn die Arbeit attraktiv ist. Professor Warren Bennis, Altmeister beim Thema Führungsfragen, hat zu diesem Punkt im selben Jahr in der *Harvard Business Review* allerdings warnend geschrieben: »Over the past two years, I've interviewed many young leaders, and I can report that balance is a central concern for them. They are searching for some reasonable balance between their work and their quality of life, between their careers and their families. And they are unwilling to make some of the sacrifices that characterized the work lives of previous generations.«[4] Die von Warren Bennis vorgetragene Warnung, auch tüchtige Mitarbeiter seien immer weniger bereit, nur noch für den Beruf zu leben, sollte ernst genommen werden. Gerade aus einer ganzheitlichen Sicht heraus fällt es zudem schwer, der einen Lebensaktivität den unbedingten und absoluten Vorrang vor allen anderen zu geben. Und auch aus normativ-ethischen Überlegungen heraus sollte nach einer Balance gesucht werden. Deshalb wäre es äußerst bedauerlich, wenn die Mechanismen der Arbeitsmärkte dazu führten, dass nur die eindimensionale Arbeitskraft die beruflich attraktiven Arbeitsplätze zugesprochen erhält. Eine Zeit lang schien das so zu sein. Mit Blick auf die Zukunft erscheint diese Entwicklung allerdings wenig wahrscheinlich. Die Autoren glauben vielmehr, dass die Arbeitsmärkte gerade denjenigen Unternehmen die fachlich besten Mitarbeiter zuführen, welche die altgriechische Tugend der Mäßigung auch auf das Arbeitsleben anwenden und sich neben der Berufsarbeit auch noch für andere Aktivitäten interessieren, etwa für Hobbys, für die Familie oder für ein ehrenamtliches Engagement im gemeinnützigen Bereich. Bei Gallus zumindest werden alle derartigen Bestrebungen unterstützt. Die 70- oder 80-Stunden-Woche hält das Unternehmen im Sinne seiner »triple bottom line« für keinen erstrebenswerten Zustand.

Wenn jedoch die Mitarbeiter heute, und wohl auch in Zukunft, zu hohen Leistungen im Berufsleben bereit sind, verbinden sie ihre »Arbeitslust« doch mit bestimmten Vorstellungen über ein ihnen gemäßes Arbeitsfeld. Selbstverständlich handelt es sich dabei um Trends, Schwerpunkte und Durchschnittswerte. Aber auch mit diesem Vorbehalt verdienen sie Aufmerksamkeit, ihnen ist deshalb das nachfolgende Kapitel gewidmet.

Zwischen Aktivität und Passivität

Diese Thematik hat eine lange Tradition. Sie reicht zurück in die Antike, hat in der faschistischen Zeit einen traurigen Höhepunkt erreicht, ist in der Folge vertieft bearbeitet worden und hat in der betriebswirtschaftlichen Führungslehre größte Aufmerksamkeit gefunden. In der Antike war es vor allem Aristoteles, der die Ansicht vertrat, dass immer nur wenige Menschen fähig seien, überlegt und selbstverantwortlich zu handeln. Die große Mehrheit würde unter der Last der *Selbstverantwortung* zusammenbrechen. Aus diesem Grund sei es erforderlich, starke Institutionen aufzubauen, die gleichermaßen entlastend wie auch entmündigend wirken. Dieser Meinung steht diejenige von Descartes und Kant gegenüber. Sie hielten die Fähigkeit zu selbstverantwortlichem Handeln für die »bestverteilte Sache der Welt«. Der Faschismus hat mit seinem Ruf nach übermächtigen »Führern« diesem aufklärerischen Optimismus einen nachhaltigen Dämpfer versetzt.

Genau diese Spannung zwischen *Abhängigkeit* und *Autonomie*, zwischen passivem Hinnehmen und aktivem Selbstgestalten, findet sich auch in der Betriebswirtschaftslehre. Bekannt geworden ist sie in

---

Das X-Bild

Der durchschnittliche Mitarbeiter

- verabscheut Arbeit und vermeidet sie wenn möglich

- muss deshalb kontrolliert, angewiesen und mit Strafen bedroht werden

- will Weisungen, vermeidet Verantwortung, ist wenig ehrgeizig und sucht Sicherheit

Das Y-Bild

Der durchschnittliche Mitarbeiter

- hält körperliche und geistige Anstrengungen während der Arbeit für ebenso natürlich wie Spiel und Ruhe

- sucht selbstständig Ziele zu erreichen, für die er sich engagiert

- engagiert sich in Funktion der erhaltenen Belohnungen (Erfüllung von Ego-Bedürfnissen und Selbstverwirklichung)

- übernimmt nicht nur Verantwortung, sondern sucht sie. Kreativität und Vorstellungsvermögen sind breit verteilt. Die intellektuellen Fähigkeiten werden unter den obwaltenden Arbeitsbedingungen nur teilweise genutzt.

Abbildung 12.3: Die zweipolige Typologie von Menschenbildern

Gestalt der von Douglas McGregor 1960 beschriebenen zweipoligen Typologie von Menschenbildern, die er als Theorie X und Theorie Y bezeichnete. Sie sind in Abbildung 12.3 zusammengestellt[5].

Wie aus dem Wort zweipolig hervorgeht, stellen diese Menschenbilder Extremlagen menschlicher Befindlichkeit dar. Sie sind Eckpunkte eines Kontinuums. Als solche entsprechen sie durchaus den beiden eben genannten philosophisch fundierten Sichten.

McGregor stellt die These auf, dass in weiten Teilen der Wirtschaft die Managementkonzepte und das Handeln der einzelnen Manager weitestgehend den Annahmen dem Menschenbild der Theorie X entsprechen. Wenn sich die Mitarbeiter in der Folge diesem Bild entsprechend verhielten, sei das primär eine Folge ihres Umfeldes. Das X-Bild der theoretischen und der praktischen Führungslehre erweist sich in diesem Fall als eine *sich selbst erfüllende Prophezeiung*: Die Menschen verhalten sich so, wie es ihr Umfeld von ihnen erwartet. Genau diese Erfahrungen wurden auch bei Gallus gemacht. Die frühere, dem Rädchen-Modell entsprechende Art der Unternehmensführung entsprach weit gehend dem X-Bild der Mitarbeiter. Es ließ sich eine überwiegende Korrespondenz von Menschenbild und realem Verhalten feststellen: Viele Mitarbeiter haben sich damit aufs Beste arrangiert.

Auf eben eine solche Möglichkeit hat zwanzig Jahre nach dem Erscheinen des Werks McGregors, nämlich 1980, der Sozialpsychologe Professor Edgar H. Schein hingewiesen. Wenn er gegenüber McGregor den Vorwurf einer zu starken Vereinfachung der zwei Menschenbilder erhoben hat, ist das nicht ganz sachgerecht. McGregor wollte ja gerade Extremtypen darstellen. Wenn jedoch, darüber hinaus, Schein die Polarität des X- und Y-Bildes durch das Bild eines »complex man« ergänzt, dann ist das überaus verdienstvoll. Denn der »complex man« macht gleichzeitig die Wandlungsfähigkeit eines einzelnen Individuums wie die Unterschiede zwischen den verschiedenen Menschen deutlich. Abbildung 12.4 zeigt die wesentlichsten Eigenschaften dieses »complex man«[6].

Der »complex man« stellt unzweifelhaft eine sehr ernst zu nehmende Warnung vor einem mechanisch angewandten Schwarz-Weiß-Denken dar. Allerdings sollte dies die Wahrnehmung von Trends nicht behindern.

Die neue sozialwissenschaftliche Forschung berichtet über Berufswünsche, die weitestgehend dem Y-Bild im Sinne McGregors entsprechen. Es ist faszinierend, die Entwicklung der Werthaltungen in den

- Die menschlichen Bedürfnisse sind vielfältig und starken Änderungen unterworfen.

- Arbeitnehmer sind fähig, durch ihre Erfahrungen in einem Unternehmen neue Motive zu lernen.

- Dieselbe Person kann völlig verschiedene Bedürfnisse und Motive je nach Situation zum Ausdruck bringen.

- Produktivität für das Unternehmen kann auf der Grundlage vieler Bedürfnisse und Motivationsstrukturen erreicht werden. Optimale Befriedigung und optimale Effektivität sind nur zum Teil abhängig von diesen Strukturen.

- Arbeitnehmer können auf die unterschiedlichsten Führungsstategien ansprechen. Die eine richtige Strategie, die für alle gilt, gibt es nicht.

Abbildung 12.4: Die Eigenschaften des »complex man«

zurückliegenden zwanzig Jahren zu verfolgen und die erwarteten weiteren Änderungen bis zum Jahre 2010 abzuschätzen. Dazu hat Professor Horst Opaschowski vor nur wenigen Jahren die in Abbildung 12.5 angeführten Faktoren zur *Erhöhung der Leistungsbereitschaft* erhoben[7]:

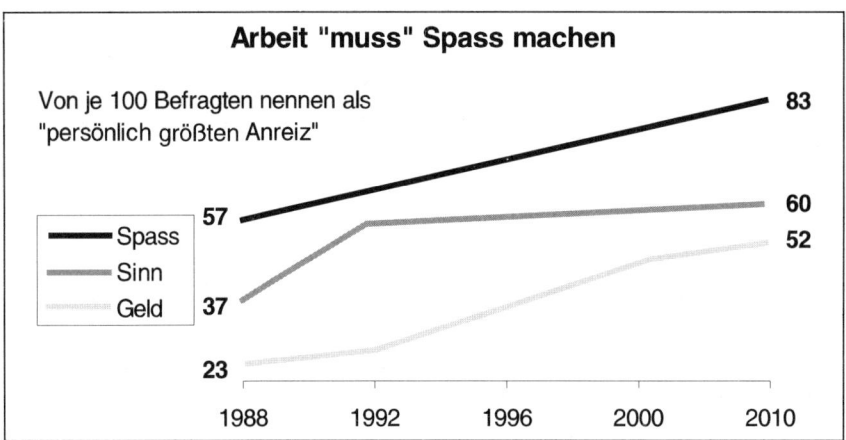

Abbildung 12.5: Kriterien einer erhöhten Leistungsbereitschaft

Diese Erhebung förderte Folgendes zutage: Arbeit soll in erster Linie Spaß machen. Zudem soll sie als sinnvoll, wenn nicht sogar als sinnstiftend empfunden werden. Mitarbeiter wollen ihre Arbeit nicht nur als Mittel zum Gelderwerb sehen, sondern sich mit ihrer Arbeit identifizieren, darauf stolz sein. Der frühere Berufsstolz des (selbstständigen) Handwerkers findet damit eine neue Form. Diese füllt das unter anderem durch die tayloristische Arbeitsteilung entstandene Sinn-Vakuum aus. Die Arbeit soll nicht länger als Fron empfunden werden, sondern eine Quelle von als positiv empfundenen Anreizen und Freude sein. Geld und monetäre Anerkennung sind zwar ebenfalls wichtig, rangieren aber nicht an erster Stelle. Weit mehr im Vordergrund steht der Wunsch nach *persönlicher Herausforderung* und Eigenaktivität. Bemerkenswert ist in diesem Zusammenhang auch die Erhebung von Professor Rolf Wunderer und Petra Dick über die erwartete Verschiebung der zentralen Karriereziele von Führungskräften zwischen 1999 und 2010. Lag das Ziel »Geschäftsführer mit Gewinn- und Verlustverantwortung« im Jahre 1999 noch vor dem Ziel »Unternehmerische Kreativität im Beruf verwirklichen können«, erwarten die Teilnehmer der Umfrage für das Jahr 2010 gerade die umgekehrte Reihenfolge. (Auf Rang drei wird übrigens das Ziel »Eine totale Herausforderung annehmen« durch das Ziel »Balance von Arbeits-, Familien- und Lernzeit« verdrängt.)

Mit den Vokabeln Spaß und Sinn können sich freilich ganz unterschiedliche Vorstellungen verbinden. Man könnte an die Befriedigung sozialer Bedürfnisse denken, wie sie namentlich von der Human-Relations-Bewegung hervorgehoben worden sind. Sie sind zwar bedeutungsvoll, stehen aber nicht im Vordergrund. Zentral ist der langsame, aber stetige Übergang weg von den Pflichtwerten hin zu den Selbstentfaltungswerten. Diese finden in den eben genannten Befunden von Wunderer und Dick ihren Niederschlag.

Die Untersuchungen von Professor Opaschowski wiederum haben die in Abbildung 12.6 wiedergegebenen Ergebnisse gebracht.[8]

Fleiß und Pflichterfüllung werden damit weniger wichtig (ohne allerdings gänzlich in den Hintergrund zu treten). Bedeutungsvoller werden demgegenüber *persönliche Unabhängigkeit* und *Freiräume bei der Arbeit*. Damit einher geht der Wunsch nach flachen Hierarchien, einer informellen Atmosphäre, Teamarbeit und vielen externen Kontakten bei einer möglichst flexiblen Arbeitszeit.

Aus einer ethischen und gesellschaftspolitischen Perspektive kann

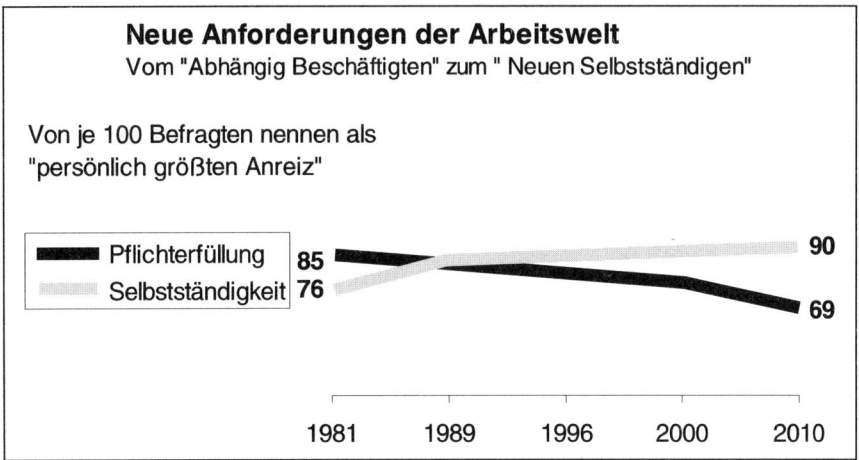

Abbildung 12.6: Künftige Anforderungen an die Arbeit

die Frage aufgeworfen werden, wie die beschriebene Änderung der Werthaltungen zu beurteilen sei, sprich: ob sie eher das Prädikat gut oder schlecht verdient. Im Sinne des aufgeklärten Rationalismus betrachten die Autoren sie grundsätzlich als hoch erfreulich. Das Menschenbild der Y-Theorie ist ansprechender, »humaner« als jenes der X-Theorie oder des aristotelischen Selbstständigkeits-Pessimismus. Seine Verwirklichung verdient deshalb jede nur mögliche Unterstützung.

Menschenbilder und ihre Konsequenzen für die Unternehmen

Die empirisch erhobenen Befunde über die Wünsche und Werthaltungen der Mitarbeiter lassen eine beinahe erstaunlich hohe Übereinstimmung mit den unternehmerisch gewünschten, da wirtschaftlich notwendigen, Eigenschaften erkennen. Weiter vorn wurde gezeigt, wie »Selbstständigkeit«, Eigeninitiative und Commitment der Mitarbeiter für das Unternehmen schon auf Grund technisch-administrativer Sachzwänge unerlässlich sind. Aus einer solchen Sicht lässt sich das in Abbildung 12.7 wiedergegebene Bild des Mitarbeiters zeichnen.

- Er ist kreativ
- Er handelt eigenverantwortlich
- Er ist zur Selbstführung fähig
- Er ist autonom und selbstbewusst
- Er besitzt soziale Kompetenz
- Er ist emotional und zu Empathie fähig
- Er ist kommunikativ
- Er ist kooperativ
- Er ist vertrauenswürdig und schenkt Vertrauen

Abbildung 12.7: Die Eigenschaften des »neuen« Mitarbeiters

Die Auflistung bedarf keines weiteren Kommentars. Sie entspricht weitestgehend dem Y-Bild von McGregor. Damit wird eine *Harmonie von unternehmerischen Notwendigkeiten und Wünschen der Mitarbeiter* erkennbar, die in einer Zeit der Widersprüche, der Gegensätze und des Chaotischen beinahe an ein Wunder grenzt. Sie ist beinahe zu schön, um wahr zu sein, und aus diesem Grunde kritisch zu überprüfen. Das soll auf einer sehr allgemeinen Ebene und im Spiegel der bei Gallus gemachten Erfahrungen erfolgen. Dabei müssen zwei Fragen aufgeworfen werden: ob das von der sozialwissenschaftlichen Forschung gezeichnete Bild des Mitarbeiters die Wirklichkeit adäquat wiedergibt und ob im realen Leben in den Unternehmen den zwei gezeichneten Profilen tatsächlich Rechnung getragen wird.

Was das Menschenbild angeht, sind die Autoren von der Richtigkeit des gezeichneten Trends überzeugt, da auch kein ihm widersprechendes anders lautendes Untersuchungsergebnis bekannt ist. Und doch darf dieser Trend nicht als eindeutige Entwicklungslinie bezeichnet werden. Der »complex man«, wie er von Schein beschrieben wird, aber auch, wie er am Eingang zu diesem Kapitel gezeichnet und in Kapitel 11 implizit angenommen wurde, muss in das Gesamtbild integriert werden. Dann verlieren die eben gezeichneten Linien doch einiges von ihrer Deutlichkeit, Klarheit, Eindeutigkeit und, vor allem, von ihrem scheinbar absoluten Anspruch. Es stellen sich Fragen wie:

Wie viel Selbstständigkeit ist konkret positiv? Eher mehr oder eher weniger als angeboten respektive verlangt? Wo muss jeder Einzelne, und nicht nur der CEO, sich zurücknehmen, und wo soll oder will er nicht? Zudem muss das zuvor gezeichnete Bild mit anderen Motiven und Farben angereichert werden – etwa mit den Elementen eines internen Wettbewerbs, von Kampf um Ideen und Betätigungsfelder, von Gefühlen der Sympathie und Antipathie, aber auch mit der steten Präsenz persönlichkeitsinterner Spannungen und Konflikte. Der »complex man« macht die Führung viel schwieriger und facettenreicher, gleichzeitig aber auch in sich widerspruchsvoller, als wenn sie schematisch das Y-Modell unterstellen kann; dies gilt erst recht im Vergleich mit dem X-Modell. Das alles macht die Führung aber auch zu einer faszinierenden Herausforderung.

Bei Gallus wurde zudem die bittere Erfahrung gemacht, dass der Übergang der Führung von den Prämissen des X-Modells zu denjenigen des Y-Modells nicht reibungslos vonstatten ging. Mit Bedauern musste man im Unternehmen zur Kenntnis nehmen, dass mehrere altgediente, verdiente und erfahrene Mitarbeiter trotz ihres vorhandenen guten Willens ihre neuen Freiräume nicht ausnützen konnten. Im Laufe der persönlichen Lebensgeschichte erworbene Verhaltensweisen erwiesen sich als *Starrheiten*, die sich auch durch intensive Lernanstrengungen nicht überwinden ließen. Aber auch im Zeichen des Y-Modells ist ein periodischer Ansporn von außen, sei es durch einen Einzelnen, sei es durch die Kraft der Gruppe, notwendig. In solchen Augenblicken zeigt sich, dass das Y-Modell mit seinem Bestreben, einen Extrempol zu zeichnen, das menschliche Aktivitäts- und Innovationsniveau doch zu hoch veranschlagt.

Möglichst vorurteilslos muss ferner gefragt werden, ob in den Unternehmen – und dazu gehört auch Gallus – die angestrebten Managementsysteme und Verhaltensweisen auch praktiziert werden. Hier muss zwischen einem »Ewig-strebend-sich-Bemühen« und einem »Nicht-wirklich-zur-Kenntnis-Nehmen« des Y-Menschenbildes und der ihm korrespondierenden Managementtechniken und Verhaltensweisen unterschieden werden. Hierzu muss neben das Y-Menschenbild und das Bild des »complex man« noch ein weiteres gesetzt werden: nicht das des »social man«, wohl aber das eines *extrem selbstbezogenen*, entsprechend *egoistischen* und letztlich auch *zynischen Menschen*. Der Homo oeconomicus erscheint hier mit all seinen ethischen Mängeln. Dieses Bild schließt ein hohes Maß an sozialen Fähigkeiten, Umgänglichkeit,

Schlagfertigkeit und Witz nicht aus. Vielmehr lässt es sich zu einem »complex man« einer besonderen Art anreichern. Empirisch lässt sich feststellen, dass verschiedene Repräsentanten dieses Menschentypus durchaus als erfolgreich bezeichnet werden können.

Vertreter dieses zuletzt gezeichneten Menschenbildes versucht man von Gallus fernzuhalten. Damit findet ein Übergang von der Deskription zu einer normativ-ethisch geprägten Sicht statt. Solange es um die Beschreibung von Menschenbildern und unternehmerischen Notwendigkeiten geht, lässt sich die Möglichkeit, ja Wahrscheinlichkeit einer weitgehenden Übereinstimmung der Wunschvorstellungen beider Seiten feststellen. Damit wird es auch möglich, hohe ethische und gesellschaftspolitische Postulate zusammen mit den wirtschaftlichen Zielsetzungen zu verwirklichen. Das Prinzip der »triple bottom line« erweist sich auch aus dieser Sicht nicht nur als ethisch erstrebenswert, sondern auch als lebensfähig. Wenn auch in der Postmoderne das Wort »Fortschritt« eher in Misskredit gekommen ist – im vorliegenden Zusammenhang ist es sicherlich angebracht.

Gallus ist zuversichtlich, gerade auch auf diese Weise im Wettbewerb um den *Schlüsselfaktor des künftigen Erfolgs* – Gewinnung und Erhaltung fähiger und leistungsbereiter Mitarbeiter – einen wesentlichen Vorteil zu erlangen. Dabei haben die Autoren die Aussage von Professor Arie de Geus vor Augen, mit der er das Resümee aus einer Untersuchung langfristiger Unternehmenserfolge gezogen hat: »Zwischen dem Unternehmen und seinen Mitgliedern … besteht ein impliziter Vertrag, der garantiert, dass das Unternehmen die Mitglieder bei der Verwirklichung ihres Potenzials so weit wie möglich unterstützen wird. Gleichzeitig ist allen Beteiligten klar, dass dies im Eigeninteresse des Unternehmens liegt. Das Eigeninteresse des Unternehmens ergibt sich aus der Einsicht, dass das Potenzial der Mitglieder zur Verwirklichung des Unternehmenspotenzials beiträgt. Durch das Wesen dieses grundlegenden Vertrags wird eine Vertrauensgrundlage geschaffen, die zu einem wesentlich höheren Maß an Produktivität führt, als es durch Disziplin und hierarchische Kontrolle je erreichbar wäre. Das Vertrauen ermöglicht auch Freiheit und Toleranz, sowohl innerhalb der Hierarchie als auch gegenüber der Außenwelt. Das sind die Grundvoraussetzungen für die extrem hoch entwickelte organisatorische Lernfähigkeit, auf die das Unternehmen angewiesen ist.«[9]

Teil IV
Führungsprozesse und Führungssystem
Die Einjahresplanung als Herzstück
des Führungssystems

13. Die Zentralität der Einjahresplanung

Auf die große Bedeutung der Einjahresplanung innerhalb des Führungssystems von Gallus wurde bereits hingewiesen. Die nachstehenden Ausführungen untermauern diese Grundeinstellung und schildern ihren Aufbau und ihre Verwendung.

Die Einjahresplanung baut auf dem *Zyklus der Jahreszeiten* auf. Seit Urzeiten richten Sammler und Jäger, die Nomaden, aber auch die sesshaften Ackerbauern ihr Leben nach dem Lauf des Jahres aus. Die moderne Zivilisation hat daran kaum etwas geändert. Das Jahr ist die Grundeinheit unseres Lebens, auch des »Lebens« der Unternehmen. Obligationenrecht und Steuerrecht betrachten das Geschäftsjahr als selbstverständliche Bezugseinheit des gesamten Rechnungswesens und der Steuererhebung (vergleiche OR Artikel 957 ff. und für die AG Artikel 662, vergleiche bezüglich der Generalversammlung auch OR Artikel 699 Absatz 2, DGB Artikel 40 und 79). Die kaufmännische Übung und die gesetzlichen Erfordernisse messen demnach dem Jahresabschluss eine hervorragende Bedeutung bei.

Diese äußeren Anforderungen wirken sich unmittelbar auf die unternehmerische Planung aus. Die Spanne eines Jahres gewinnt im kurzfristigen Bereich eine prominente Stellung. An ihr wird die Leistung des Unternehmens extern und, dementsprechend, auch vom Verwaltungsrat als Schnittstelle zwischen »innen« und »außen« gemessen. Die Planung für die Dauer eines Jahres ist auch insofern vorteilhaft, als die saisonalen Schwankungen ausgeglichen werden. Der Planungshorizont ist ferner hinreichend kurz, um noch als sinnvoll angesehen zu werden. Überraschungen auch im Laufe eines Jahres sind freilich, wie gerade die vergangenen Jahre gezeigt haben, keineswegs ausgeschlossen.

Vier formale Grundsätze

- Setzung von quantitativen und qualitativen Zielen
- Verknüpfung von Ziel- und Maßnahmenplanung
- Verbindlichkeit der Einjahresziele bei gleichzeitiger Gewährleistung von Flexibilität
- Verknüpfung von Planungs- und Bonus-System

Vier prozessuale Grundsätze

- Enge Verknüpfung der Einjahresplanung mit Vision und Strategie
- Gegenstromprinzip bei der Planerarbeitung
- Kontinuierliche Bewertung und Steuerung der Planrealisierung
- Steter Bezug auf die Planung bei operativen Entscheidungen

Abbildung 13.1: Die Einjahresplanung bei Gallus

Insgesamt ist die Einjahresplanung bei Gallus von den in Abbildung 13.1 wiedergegebenen Prinzipien beherrscht. Sie werden in den folgenden Abschnitten näher erläutert, mit Ausnahme des Grundsatzes der Verknüpfung von Planungs- und Bonussystem. Auf ihn wird im Rahmen des Kapitels 17 eingegangen.

Die formalen Grundsätze

Oberstes Ziel der Einjahresplanung ist, Gallus innerhalb des Planjahres gemäß Vision, Leitbild und Strategie weiterzuentwickeln und zu stärken. Hierfür wird ein in sich konsistenter »Gesamtentwurf« für die Unternehmenstätigkeit für ein Jahr erarbeitet und als die »Managementziele für das Unternehmen« bezeichnet. Damit wird das ganzheitliche Konzept von Unternehmensführung nachdrücklich hervorgehoben, denn Unternehmensziele berühren alle, nicht nur einzelne Mitarbeiter. Im Besonderen sind Unternehmensziele durch ein Kollektiv zu erarbeiten und von der Gesamtheit aller im Unternehmen Beschäftigten zu erreichen. Die im Laufe des Jahres zu erreichenden Ziele werden in *qualitative* und *quantitative* unterteilt. Sie beziehen sich auf sämtliche Bereiche der Unternehmenstätigkeit. Um die Ziele zu erreichen, werden auch konkrete Maßnahmen für die Planperiode beschlossen. Zunächst werden Ziele und Maßnahmen für das gesamte Unternehmen festgelegt. Erst in einem zweiten Schritt werden diese Vorgaben auf einzelne Organisationsteile und Entscheidungsträger heruntergebrochen. Spezifisch abteilungsbezogene qualitative Ziele finden aus diesem Grund keinen Eingang ins Tableau der Managementziele. Vielmehr gehen sie direkt in die Bereichsziele einzelner Mitglieder der Geschäftsleitung ein.

Die qualitative Zielplanung

Sehr bewusst setzt Gallus in seinen internen Unterlagen qualitative Ziele an die Spitze der Zielvorgaben. Die Ziele umfassen grundsätzlich das gesamte Spektrum der Unternehmensführung, also sowohl die finanzielle Dimension als auch die anderen Aspekte. Damit wird mit der Tradition gebrochen, einzig und allein finanzielle Formalziele als Spitze der unternehmerischen Zielhierarchie und als Ausgangspunkt allen unternehmerischen Denkens zu betrachten. Vielmehr soll demonstriert werden, dass auch im Bereich der Einjahresplanung *eine ausgewogene Mischung verschiedenartiger Ziele* zu setzen ist. Es ist sinnvoll, diese zunächst verbal zu beschreiben, und zwar auch bestimmte finanzielle Ziele. Diese qualitativen Ziele können als Ausgangspunkt für die aus ihnen abzuleitenden quantitativen Ziele betrachtet werden. Faktisch kann die Entwicklung von qualitativen und quantitativen Zielen allerdings nur in enger Wechselwirkung und in mehreren »Durchläufen« erfolgen. Die eben angestellten Erwägungen steigern insgesamt aber dennoch die Bedeutung der Sachziele.

Diese wurden in den vergangenen Jahren anhand des in Abbildung 13.2 wiedergegebenen Rasters festgelegt. Die Zielgrößen in sind rein pragmatisch entstanden. Sie spiegeln die Schwerpunkte der formalen Bemühungen zur Entwicklung des Unternehmens wider und vermeiden bewusst jede theoretische Vollständigkeit. Zu jedem der sieben

1. Wachstum, Preispolitik, Ertrag

2. Produktinnovation

3. Marketing/Verkauf

4. Versorgung/Logistik/Qualität

5. Kundendienst

6. Finanzbereich/Controlling

7. Services

Abbildung 13.2: Die qualitativen Ziele von Gallus

Haupttitel werden drei oder vier, bisweilen auch fünf Ziele gesetzt. Insgesamt entstehen so 25 bis 30 qualitative Ziele. Beispiele entsprechender Zielsetzungen sind: Erarbeiten eines Key-Account-Konzeptes, Rezertifizierung nach ISO 9001 und 14001, verbunden mit einem Vor-Assessment nach EFQM, Erhöhung des Anwendungswissens der Außendienstmitarbeiter, bestimmte Entwicklungsziele, Einsatz neuer Mittel in der Informatik, Verbesserung ausgewählter interner Prozesse. Diese Subziele variieren grundsätzlich jährlich.

Zugleich mit der Zielfestsetzung wird auch festgelegt, wie man die *Zielerreichung* beurteilen kann. Wenn dabei eine Quantifizierung möglich ist, wird das getan. Andernfalls genügen verbale Umschreibungen von Zielerreichungsgraden. Dieses System erlaubt es, am Ende der Planungsperiode die Erreichung der qualitativen Ziele zu überprüfen und zu bewerten. Das ist unerlässlich nicht nur aus Gründen des Controlling, sondern auch deshalb, weil die qualitativen Ziele, ebenso wie die quantitativen, die Höhe des Jahresbonus bestimmen.

Die quantitative Zielplanung

Im Sinne von Abbildung 8.2 (siehe Seite 97) werden auch bei Gallus aus den einzelnen (funktionalen) Teilplänen Unternehmens-Gesamtpläne abgeleitet. Hierbei wird das nachfolgende, gegenüber Abbildung 8.2 nur wenig veränderte Schema (Abbildung 13.3) verwendet.

Dieses sehr allgemeine Schema ist trefflich dafür geeignet, die Aktivitäten eines rechtlich selbstständigen Unternehmens mit eigener

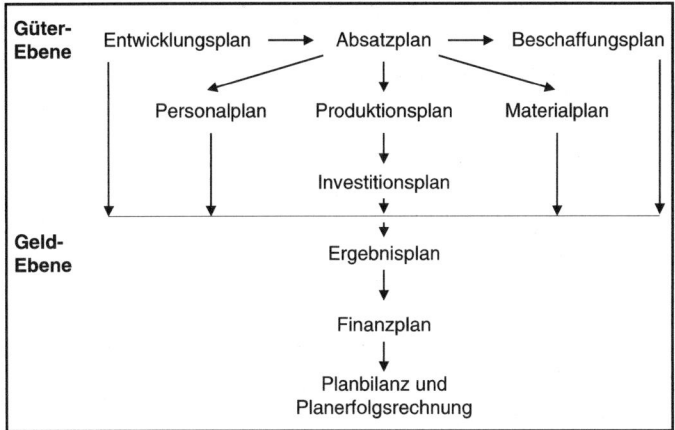

Abbildung 13.3: Der quantitative Gesamtplan bei Gallus

Rechnungslegung planerisch abzubilden. Im Konzern-Unternehmensverbund empfiehlt es sich aber nach den Erfahrungen der Autoren, es für jedes einzelne Unternehmen zu verwenden. Gestützt darauf sind konsolidierte Dokumente unter Berücksichtigung der konzerninternen Waren-, Dienstleistungs- und Geldströme zu erstellen. Bei Gallus ist die Zielplanung für die einzelnen Gesellschaften sehr wichtig. Die Konsolidierung wird mit verhältnismäßig einfachen Mitteln und entsprechend geringem Aufwand vorgenommen.

Das Grundschema verbindet *absatzmäßige, kapazitätsmäßige* und *finanzwirtschaftliche* Ziele und stellt die höchste Integrationsstufe in einem Planungssystem dar. Die Ziele beruhen auf sorgfältigen und umfassenden Analysen der Marktgeschehnisse und weiterer Veränderungen im Umfeld, der Entwicklungen der Technik sowie der eigenen Kapazitäten und Möglichkeiten, insbesondere im Bereich der Entwicklung.

Hinsichtlich der Unternehmens- und Mitarbeiterführung sind verschiedene Kennzahlen besonders bedeutsam. Sie sind die finanziellen Eckwerte, die für die Beurteilung der im Planungsjahr erbrachten Leistungen herangezogen werden. Diese Eckwerte zeigt Abbildung 13.4.

Die numerischen Größen der einzelnen Werte sind einerseits bestimmt durch die mittel- und längerfristig angestrebten Werte; sie sollten sich also in einem bestimmten Zielkorridor bewegen. Andererseits hängen sie auch von den für die einjährige Planungsperiode antizipier-

1. Bestellungseingang

2. Bruttoumsatz

3. Personalkosten

4. Sachkosten inkl. L+L Dritter

5. Betriebsergebnis

6. Cashflow (vor Steuern)

Abbildung 13.4: Die finanziellen Eckwerte zur Leistungsbeurteilung

ten externen Entwicklungen und den Absichten von Gallus ab. Sie beeinflussen die Boni in gleichem Umfang wie die quantitativen Ziele. Auf Gruppenebene werden nur die Bruttoumsätze und Cashflows betrachtet.

Maßnahmenplanung als Ergänzung der Zielplanung

Die Hierarchie der Entscheidungen führt zu einer Kaskade von Zielen und Maßnahmen. Zur Erreichung von Zielen sind bestimmte Mittel erforderlich. So ist es zur Erreichung des Zieles »Ausweitung des Umsatzes« erforderlich, zwei Maßnahmen zu ergreifen: Verstärkung des Außendienstes um vier Mitarbeiter und Teilnahme an einer (weiteren) Messe. Diese Maßnahmen können wiederum als Ziele formuliert werden, zum Beispiel »Einstellung von vier geeigneten Mitarbeitern bis zum ...« und »Teilnahme an der Messe X mit einem Aufwand von maximal CHF ...«. Diese Beziehung lässt sich auch auf das Verhältnis von finanziellen und qualitativen Zielen anwenden. Qualitative Ziele können nicht nur den (finanziellen) quantitativen vorgelagert werden, sie können ebenso gut Unter- oder Zwischenziele darstellen. Ist das der Fall, kann man sie deshalb auch als Mittel oder eben Maßnahmen zur Erreichung von quantitativen (finanziellen) Zielen bezeichnen. Aber auch qualitative Ziele bedürfen zu ihrer Verwirklichung einer ganzen Reihe von Maßnahmen. Diese sind verbal zu umschreiben und wenn möglich zu quantifizieren.

Ob man die Zielplanung auf einem bestimmten Niveau durch eine *Maßnahmenplanung* ergänzen will oder nicht, ist weitgehend eine Frage des Ermessens. So verzichtet das bekannte Führungssystem des »Management by Objectives« – wie schon der Name sagt – auf die Erörterung und Vorgabe von Maßnahmen. Der mit der Zielerreichung Beauftragte erhält auf diese Weise die größtmögliche *Entscheidungsautonomie*. Kontroll- und Interventionsmöglichkeiten des Vorgesetzten vertragen sich mit diesem Führungsprinzip grundsätzlich nicht. In seiner Absolutheit angewandt ist das Prinzip extrem individualistisch und lässt kaum mehr Raum für intensivere Gespräche. Bei aller Einsicht in die Notwendigkeit von Entscheidungsdelegation und bei aller Unterstützung des Empowerment entspricht ein derartiges Verständnis der Einjahresplanung indessen nicht der Führungsauffassung und der Kultur von Gallus. Gerade auch bei der Planung wird das Prinzip »Eigenverantwortung« gemildert beziehungsweise ergänzt durch ein *team- und coachingorientiertes Verständnis der Zusammenarbeit*. Dieses Grundverständnis führt dazu, dass sich Vorgesetzter und Mitarbeiter nicht nur über die Ziele, sondern – wenigstens ansatzweise – auch über zu beschreitende Wege zur Erreichung dieser Ziele einigen. Auf diese Weise wird die vertrauensvolle Zusammenarbeit enorm erleichtert. Darüber hinaus wird ein Nachteil vermieden, der bei der Anwendung eines reinen »Management by Objectives« nur allzu leicht auftritt: Es wird verhindert, dass auf dem Weg zur Zielerreichung andere Überlegungen hintangestellt werden. Insbesondere lässt es sich auch vermeiden, dass überjährige Ziele vernachlässigt und insbesondere Investitionen in die Zukunft unterlassen werden, weil ein Verantwortlicher nur die Erreichung des ihm gesetzten Jahreszieles im Auge hat und ihm dazu (beinahe) jeder Weg recht ist.

Die wichtigsten der geplanten Maßnahmen werden in einer »Aktivitätenliste« zusammengefasst. Zum Teil finden sie ihren Niederschlag auch in Projekten.

Die Verbindlichkeit der Einjahresplanung

Einjahrespläne gelten bei Gallus als verbindlich und werden nach ihrer Genehmigung nicht mehr abgeändert, und zwar aus der Erfahrung heraus, dass ein festes Ziel leichter zu treffen ist als ein bewegliches.

Dieses Prinzip der »frozen zone« wird aber durch ein zweites er-

gänzt, nämlich das einer periodischen Bewertung der erzielten Ergebnisse und der daran anschließenden Steuerung und Anpassung der
geplanten Maßnahmen im Rahmen der Geschäftsleitungssitzungen.
Denn allen Beteiligten ist selbstverständlich bewusst, dass Planziele
häufig über- oder auch unterschritten werden. Die *regelmäßige Überprüfung der Planerreichung* beziehungsweise der Planabweichungen
ist dementsprechend fester Bestandteil des Controlling. Falls dessen
Ergebnisse es nahe legen, besondere Maßnahmen zu ergreifen, werden
diese ergriffen. Im Zusammenhang damit werden die ursprünglichen
Pläne, wenn nötig, durch neuere Schätzungen ergänzt. Es gehört aber
zum Unternehmens-Credo, dass die ursprünglichen Pläne nicht aufgehoben werden, sondern stets sichtbar bleiben. Das ist logisch, weil der
Bonus mit den ursprünglich aufgestellten Plänen fest gekoppelt ist.

Wie lebendig das Zusammenspiel von Planerarbeitung und erforderlichen lenkenden Maßnahmen ist, führte das Geschäftsjahr 2001
drastisch vor Augen. Im ersten Halbjahr übertrafen die tatsächlichen
weltweiten Verkäufe die Plandaten, auch wenn die Konjunktur in den
USA und Japan lahmte. Auf dem in der Schweiz vollständig ausgetrockneten Arbeitsmarkt passende Mitarbeiter zu finden erwies sich
noch im Frühjahr als große Herausforderung. Die unerwartete Persistenz der ungünstigen Konjunkturlage in den USA und vor allem der
von den Ereignissen vom 11. September 2001 ausgelöste wirtschaftliche Schock veränderten die wirtschaftliche Lage schlagartig. Ein Einstellungsstopp musste erlassen werden, und weitere sofortige »Notmaßnahmen« waren unerlässlich. Diese gingen in zwei Richtungen:
Einerseits wurden alle Anstrengungen unternommen, den Verkauf zu
fördern. Dazu gehörte unter anderem auch die – zugegebenermaßen
überspitzte – Devise: »Alle Mann in den Absatz«. Andererseits leitete
Gallus unverzüglich ein Kostensenkungsprogramm ein. Dieses schloss
unter anderem schon früh die Einführung von Kurzarbeit, aber keine
Massenentlassung ein. Auch wurden einzelne, für das vierte Quartal
geplante Investitionen aufgeschoben.

Das Ergebnis dieser Maßnahmen ist aufschlussreich: Zwar ist es
nicht gelungen, das geplante Umsatzziel zu erreichen, wohl aber konnten in Ostasien auch in der zweiten Jahreshälfte dank der Partnerfirma
Heidelberg einige bemerkenswerte Erfolge erzielt werden. Dadurch,
und durch die erfolgreiche erste Jahreshälfte, wurde der umsatzmäßige Rückschlag gegenüber dem Jahresziel wenigstens bis zu einem gewissen Grad reduziert. Dank der unverzüglich ergriffenen Maßnah-

men zur Kostensenkung und der erfreulichen Resultate der ersten Jahreshälfte gelang es ferner, den Jahresgewinn gegenüber dem Vorjahr leicht zu steigern (wenn er auch immer noch unter dem ursprünglichen Planziel lag). Die qualitativen Ziele wurden durch die äußerst schwierigen wirtschaftlichen Verhältnisse in der zweiten Jahreshälfte in keiner Weise beeinträchtigt.

Insgesamt hat das *System von fixen Plänen und raschen*, entschiedenen *Korrekturmaßnahmen*, sobald potenzielle Planabweichungen erkennbar werden, im Jahre 2001 seine Bewährungsprobe bestanden. Es wurde jedoch auch deutlich, wie wichtig es ist, sich immer wieder auch mit »Extremszenarien« zu befassen. Diese bauen auf nicht voraussehbaren beziehungsweise nicht vorausgesehenen allgemeinwirtschaftlichen und technischen Brüchen auf. Die völlig abstrakte Beantwortung von »What-if-Fragen« für derartige Fälle erleichterte den Umgang mit konkreten Problemsituationen ungemein. Mental sind alle Beteiligten auf das nicht Wahrscheinliche, auf das Unmögliche vorbereitet – und die Auseinandersetzung mit nicht erwarteten Konfigurationen schärft das Denken und erweitert den Schatz von Bildern und Vorstellungen über Konstellationen, zu denen später, im konkreten Fall, Analogien hergestellt werden können.

Die prozessualen Grundsätze

Die Einbettung der Einjahresplanung in das Gesamtsystem

Für die Gestaltung des Prozesses der Einjahresplanung bestimmt das Ziel, die unternehmerischen Entscheidungen optimal zu koordinieren, den Weg. Aus diesem Grunde sollte die Entwicklung der Einjahrespläne auf keinen Fall losgelöst vom übrigen Unternehmensgeschehen als verhältnismäßig isolierte Aufgabe angesehen werden. Gerade das wird aber, wie Abbildung 8.3 auf Seite 98 zeigt, häufig getan. Die Überprüfung der Strategie erfolgt im Regelfall im Anschluss an die Erstellung von Jahresrechnung und Jahresbericht. Das hat gute Gründe: Die Erfahrungen sind noch frisch und rufen geradezu nach einer Analyse und Nutzung. Der große Nachteil dieses Vorgehens liegt aber darin, dass zu diesem Zeitpunkt die neue Jahresperiode gerade erst begonnen hat und die entsprechenden Jahrespläne noch verhältnismäßig neu sind.

Einer sofortigen Umsetzung der neuen Erkenntnisse stehen deshalb die Starrheiten der eben begonnenen Planungsperiode entgegen. Der Prozess der Einjahresplanung erhält damit jedoch ein *unerwünschtes Eigenleben*. Charakteristische Kennzeichen sind die Orientierung an der jüngsten Vergangenheit (mit den entsprechenden Erfahrungen) und der Versuch, diese Erfahrungen primär zu extrapolieren. Die Notwendigkeit, sie an die Anforderungen der Zukunft anzupassen, sollte dabei berücksichtigt werden. Die große Gefahr eines derartigen Vorgehens liegt darin, dass die längerfristigen Entscheidungen und Zielsetzungen nicht ausreichend berücksichtigt werden. Das insbesondere im strategischen Bereich häufig beklagte *Implementierungsdefizit* entsteht hauptsächlich aus diesem Umstand.

Aus diesem Grund wurde bei Gallus die gesamte Kette der Rahmenentscheidungen zeitlich gestrafft. Das erlaubt es, die Überprüfung von eventuellen Modifikationserfordernissen der längerfristigen Orientierung, und hierbei wiederum insbesondere der Strategie, an den Beginn

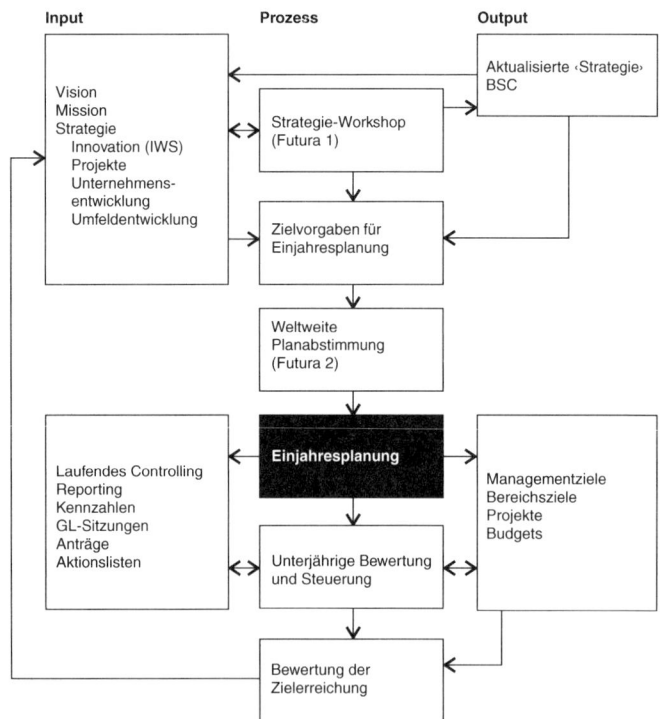

Abbildung 13.5: Das Gallus-Führungsmodell

der Arbeiten für den neuen Einjahreszyklus zu stellen. Die gewonnenen Einsichten und Überzeugungen können dann sofort für die Formulierung von Planzielen verwendet werden. Das geht aus dem von Gallus entwickelten Führungsmodell deutlich hervor. Um der besseren Übersichtlichkeit willen wird es in der Abbildung 13.5 nochmals wiedergegeben.

Eine weitere Schnittstelle zwischen Langfristorientierung und Einjahresplanung bildet das bei Gallus erst vor kurzem eingeführte System der Balanced Scorecard. Es stellt ein Verbindungselement zwischen den Strategieunterlagen und der Einjahresplanung dar. Es fügt sich umso besser in das von Gallus entwickelte Führungssystem ein, als dieses verschiedene Grundideen verwirklicht, die auch beim System der Balanced Scorecard berücksichtigt wurden. Das gilt nicht nur für die beabsichtigte Verkettung von Strategie und Einjahresorientierung, sondern insbesondere auch für die Verbindung von Zielvorgaben mit der Entscheidung über Maßnahmen zur Zielerreichung.

Allerdings kommt die Größenordnung von Gallus dem von ihm entwickelten und gelebten System in einem Punkt sehr entgegen: Das Unternehmen ist trotz des Wachstums in den vergangenen Jahren noch immer so klein, dass *persönliche Kontakte* zwischen den Verantwortlichen der verschiedenen Führungsstufen möglich sind und auch gepflegt werden. Eine vom realen Geschehen in einzelnen Geschäftsbereichen entfernte Führung ist nicht erforderlich und besteht aus diesem Grund auch nicht. Dadurch kann sich die Spitze des Unternehmens sowohl mit der längerfristigen Unternehmensausrichtung als auch mit dem Alltagsgeschehen befassen.

Das Gegenstromprinzip als Konzept des Planungsprozesses

Aus organisatorischer Sicht kann der Prozess der Planung auf drei Arten konzipiert werden: von »oben nach unten« (= Top-down- oder retrograde Planung), von unten nach oben (= Bottom-up- oder progressive Planung) oder durch eine Kombination dieser beiden Vorgehensweisen (= Planung nach dem *Gegenstromverfahren*). Für die Einjahresplanung von Gallus ist das Gegenstromverfahren am besten geeignet. Es entspricht der Unternehmensgröße, der Breite des Spektrums der Marktleistungen und der »Führungsphilosophie«. Im Sinne der oben angestellten Überlegungen, wann die Entscheidungen auf den verschiedenen Entscheidungsstufen getroffen werden, setzen sich zu Beginn der zweiten Jahreshälfte die Geschäftsleitung von Gallus, die Leiter aller Tochterfirmen und einzelne Spezialisten in einem Workshop »Futura 1« mit der Fortentwicklung der Unternehmensstrategie auseinander. Wesentliche Inputs in den Workshop sind Berichte über Markt- und Technologieveränderungen sowie Erkenntnisse aus laufenden Projekten. Im Rahmen von Futura 1 werden ferner die Schwerpunkte der Balanced Scorecard überarbeitet. Gestützt darauf werden im September in einer Sitzung des Verwaltungsrates die Ergebnisse des Workshops besprochen und, falls erforderlich, modifiziert. Gleichzeitig werden die quantitativen Eckwerte und die wesentlichsten qualitativen Ziele für die Einjahresplanung festgelegt. Der Verwaltungsrat orientiert sich dabei an der Unternehmensvision, am Leitbild und an der Strategie. Er berücksichtigt die generellen Marktentwicklungen und Veränderungen im Umfeld. Weitere Input-Größen sind Technologie, Produktinnovation, ein Ideenkatalog, die laufenden und vorgesehenen wesentlichen Projekte und Aktionen, Aspekte der Umwelt und der Arbeitssicherheit. In der Folge werden die Zielvorgaben top-down auf die unteren Entscheidungsebenen und die entsprechenden organisatorischen Stufen heruntergebrochen und verfeinert. Berücksichtigt werden dabei drei hierarchische Stufen. Diese Vorgaben werden bottom-up zu konkreten Plänen inklusive Maßnahmen verfeinert. Der gleiche Teilnehmerkreis wie von »Futura 1« arbeitet gestützt auf diese Dokumente in einem weiteren, »Futura 2« genannten Workshop die Einjahrespläne in der oben beschriebenen Form aus. Das Gegenstromprinzip erreicht mit dieser Harmonisierung seine Perfektion. Eine weitere wichtige Unterlage für die Arbeiten im Rahmen von Futura 2 sind die Resultate des jährlich durchgeführten Innovations-Workshops (IWS). Diese werden weiter unten vorgestellt. Das endgültige Planungsdokument umfasst weniger als zehn Seiten pro rechtlicher Einheit und wird im Dezember vom Verwaltungsrat endgültig festgelegt.

Die beiden für den Ablauf des Planungsprozesses entscheidenden Workshops Futura 1 und 2 werden in einer sehr offenen Atmosphäre geführt. Das gilt nicht nur für die Analysen, sondern auch für die Planinhalte. Zwei inhaltliche Bereiche sind erfahrungsgemäß am heikelsten, bilden sozusagen die »Pièces de résistance« im eigentlichen und im übertragenen Sinn: die Festlegung auf die finanziellen Eckwerte und die Planung größerer, in die Einjahresplanung eingehender Projekte. Beide Probleme können durch eine teamorientierte und konsequente Führung weitgehend entschärft werden.

Dass bereits im Jahre 1968 Geert Hofstede ein Buch mit dem provozierenden Titel *The Game of Budget Control*[1] geschrieben und mit großem Erfolg verkauft hat, zeugt von Skepsis gegenüber der Einjahresplanung und der damit verbundenen Prozesse. Sie wird auch heute noch immer wieder vorgetragen. Der Vorgesetzte versuche, so wird gesagt, möglichst hohe Werte vorzugeben, denn dadurch könne er seinen eigenen Wert als Manager steigern. Der Mitarbeiter dagegen besitze ein natürliches Interesse an möglichst niedrigen Vorgaben, denn das gebe ihm die beste Möglichkeit, die Planvorgaben zu übertreffen und deshalb in den Genuss eines hohen Bonus und zudem in den Ruf eines »high performing managers« zu gelangen. Diese Grundhaltung ist verständlich. Sie fußt auf der Grunderfahrung der Ungewissheit der Zukunft und auf vielen negativen Erfahrungen, die mit dem Prozess der Budgetierung und den anschließenden Versuchen der Budgeterreichung gemacht wurden und zum Teil noch immer gemacht werden. Die Überlegungen, die sich an dieser Grundhaltung orientieren, treffen zu. Durch *Schaffung eines Gruppengeistes* und durch die *Ausgestaltung des Bonussystems* werden sie aber weitgehend irrelevant. Wenn nämlich in der Führungsgruppe die Norm besteht, das Unternehmen müsse zu den »High-Performern« gehören, und wenn gerade die kritischen Zahlen im Kollektiv erarbeitet werden, ändert sich die Situation schlagartig. Aus »Vorgesetztendruck« und hierarchiebedingter Zwangslage (mit entsprechender Unselbstständigkeit) wird »Gruppendruck« respektive Gruppenerwartung sowie Mitverantwortung von Verbündeten. Dass unter derartigen Umständen jedes Gruppenmitglied versuchen muss, zwar hohe, aber erreichbare Ziele zu setzen, ist logisch. Zudem ist zu beachten, dass auf Geschäftsleitungsebene nicht über individuelle Ziele geredet wird, sondern über Ziele des gesamten Unternehmens. Natürlich werden die gesamtunternehmerischen Ziele in einer späteren Phase des Planungsprozesses auf Einzelpersonen heruntergebrochen. Den Ausgangspunkt aber bilden nicht individuelle, sondern gesamtunternehmerische Ziele. Bei Gallus wurden immer wieder entsprechende Erfahrungen gemacht.

Die Steuerung der Produktinnovation

Wie schon aus der in Kapitel 6 beschriebenen Vision hervorgeht, ist für Gallus eine auf *technischer Innovation beruhenden Marktführerschaft* enorm wichtig. Im Zentrum steht die Erhöhung des Kundennutzens. Weitere Ziele der Innovation sind die Verkürzung der Zeit, die erforderlich ist, um eine Produktidee in ein marktfähiges und umsatzwirksames Produkt umzusetzen; ferner die Qualitätsverbesserung im dreifachen Sinne: der Erhöhung der Treffsicherheit auf dem Markt, der Fehlerfreiheit des neuen Produkts und der Beherrschbarkeit der für die Realisierung des Produkts benötigten Prozesse; und nicht zuletzt die Erzielung eines vorteilhaften Preis-Leistungs-Verhältnisses.

Parallel zum Führungsprozess steuert der Leiter Forschung und Entwicklung der Gallus-Gruppe den Produktinnovationsprozess. Die Hauptaufgaben dieser Aktivitäten sind:

- Ideensuche und Ideenbewertung
- Auswahl der erfolgversprechendsten Ideen
- Starten von neuen Projekten
- Review laufender Projekte
- Koordination laufender Projekte
- Vorbereitung der Mittelfristplanung und der Einjahresplanung

Die Schlüsselpersonen der Prozessbeteiligten stimmen sich in Innovationsworkshops (»IWS«) ab, die so terminiert sind, dass bis zum Futura-2-Termin alle Vorschläge für die Einjahresplanung bereitstehen.

Durch den erhöhten Wettbewerbsdruck bei den Kunden der Gallus-Kunden und die Globalisierung der Märkte ist eine hohe Kreativität entstanden, die zunehmend nach kundenspezifischen Lösungen in immer kürzeren Zyklen sucht.

Konsequent modular aufgebaute, flexible Maschinensysteme sind die Zukunft, Maschinen, die sich den ändernden Marktbedürfnissen unkompliziert und mit hoher Wirtschaftlichkeit anpassen lassen. Diese Anforderung lässt sich heute aber nur noch mit höchster Technologie erreichen. Jede Achse ein eigener Antrieb, Direktantrieb ohne Getriebe und damit auch ohne Zahnräder, jedem Druckmodul einen eigenen Rechner – Forderungen wie diese sind nicht geistige Rückwärtssalti der Ingenieure von Gallus, sondern die konsequente Umsetzung von hoher Betreiberwirtschaftlichkeit und Flexibilität.

Der Innovationsprozess, wie in Abbildung 13.6 gezeigt, basiert auf

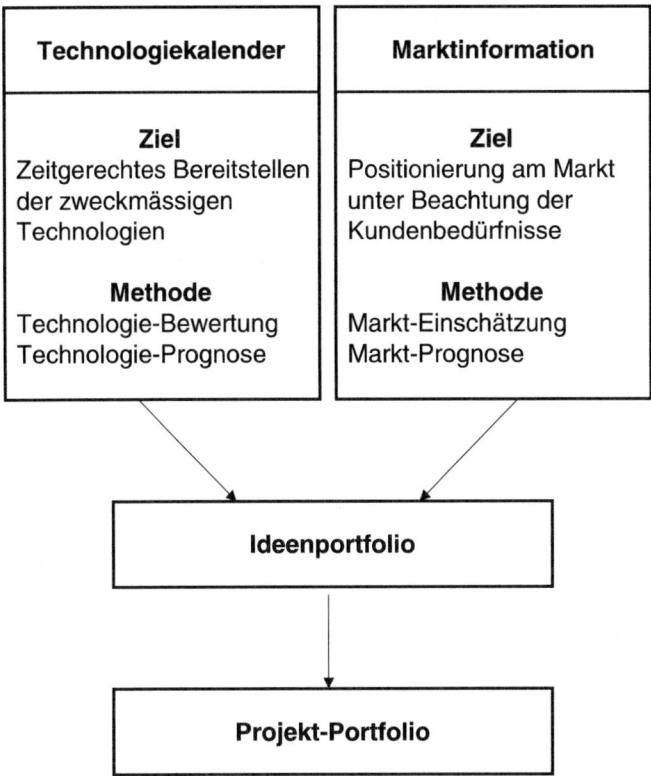

Abbildung 13.6: Der Innovationsprozess bei Gallus

der Erkenntnis, dass besonders erfolgreiche Produkte immer dann entstehen, wenn neue Marktbedürfnisse mit neuen Technologien befriedigt werden können. Im »Technologiekalender« werden die im Laufe des Jahres gewonnenen und im Hinblick auf den Workshop zusätzlich erarbeiteten Informationen verdichtet. Das soll es Gallus ermöglichen, die technologiegetriebene Marktführerschaft zu verbessern und insbesondere auch die technische Leader-Stellung zu festigen. Ein anschauliches Beispiel für eine derartige Entwicklung stellt der Übergang vom Buch- zum Flexodruck dar. Wurde dieser anfänglich wegen seiner technischen Grenzen noch von vielen belächelt, hat die technische Entwicklung ihn heute zum Druckverfahren Nummer eins gemacht. Hätte Gallus diese Entwicklung und die entsprechenden Möglichkeiten nicht rechtzeitig erkannt und genutzt, wäre seine Stellung am Markt entscheidend geschwächt worden.

Das Gegenstück zum Technologiekalender bilden die *Marktinformationen*. Anfänglich meinte man, sie durch Nutzung der täglichen Kundenkontakte gewinnen zu können. Diese Hoffnungen erwiesen sich als trügerisch: Die erhaltenen Hinweise waren häufig, wenn nicht im Regelfall, punktuell und gaben zu wenige Hinweise auf die längerfristige Entwicklung der Kundenbedürfnisse. Als wesentlich ergiebiger erwiesen sich besondere Workshops, die mit »Lead-Usern« der Gallus-Produkte in Europa und den USA durchgeführt wurden. Eine zielgerichtete Zusammensetzung einer Gruppe von acht bis zehn Gesprächsteilnehmern und anregende Fragen eines geschulten Moderators konnten immer wieder wertvolle Hinweise und Anstöße für wirklich innovative Marktleistungen geben.

Die Gegenüberstellung von Technologiekalender und Marktportfolio durch Lösungsfindungsteams führt zu konkreten Verbesserungsbeziehungsweise Produktideen. Diese lassen sich anhand der Kriterien Erfolgspotenzial und Risiko miteinander vergleichen. Im Innovationsworkshop werden diese Arbeiten weiter vertieft. Führende Mitarbeiter nicht nur aus den Bereichen Entwicklung und Produktion, sondern auch aus dem Marketing nehmen daran teil. Gestützt auf die ihnen vorliegenden Unterlagen und ihre eigenen Arbeiten beantragen sie im Workshop Futura 2 die in der Jahresplanung zu berücksichtigenden Innovationsprojekte. Diese werden damit im zentralen, für das Planjahr allgemein verbindlichen Planungsdokument aufgenommen. Damit ist eine Verbindung zum Produktinnovationsprozess hergestellt.

Die Übertragung der Unternehmensziele auf organisatorische Bereiche

Die Unternehmensziele beziehen sich auf das Gesamtunternehmen. Auf Grund dieser kollektiv erarbeiteten und verabschiedeten Ziele (und der entsprechenden Maßnahmen zur Zielerreichung) werden in einem nächsten Arbeitsschritt die *persönlichen Ziele für die einzelnen Bereichsleiter* entwickelt. Zu einem großen Teil lassen sich ihre Zielsetzungen direkt aus den Unternehmenszielen herleiten. Zum Teil müssen aber auch bereichsspezifische qualitative Ziele entwickelt werden, die sich nicht direkt aus den Managementzielen ableiten lassen – in aller Regel gilt das für Innovationen, die nur einen einzelnen Fachbereich betreffen. Diese können sich auf die Führung und Organisation des Bereichs ebenso wie auf einzelne neue Leistungen beziehen. Das Ergebnis dieser Arbeit schlägt sich in jeweils zehn Bereichszielen nieder. Deren Erreichung wirkt sich, wie oben erwähnt, auf die Höhe des Bonus nicht aus, sie bildet jedoch eine wesentliche Grundlage für das unterjährige, laufende Controlling und die Leistungsbewertung. Für die nachfolgenden Führungsstufen werden in der Folge in einem einfachen Verfahren ebenfalls Ziele (mit Maßnahmenkatalogen) festgelegt.

Dieses gesamte System von Zielen und Maßnahmenplänen begleitet die Arbeit während des ganzen Jahres. Es gibt der gemeinsamen Arbeit Richtung und erlaubt es allen bei Gallus Beschäftigten, fortlaufend zu sehen, wo sie als Individuen und als Kollektiv stehen.

14. Die Balanced Scorecard: Ein Transmissionsriemen zwischen Strategie und Einjahresplanung

Das Konzept der Balanced Scorecard

Die Gefahr von Implementierungsdefiziten an der Übergangsstelle von den strategischen zu den operativen Entscheidungen hat schon seit längerem die Vertreter nicht nur des strategischen Denkens, sondern auch des Controlling aufmerken lassen. Letzteres befasste sich seiner Herkunft nach zwar von Anfang an sowohl mit Fragen der Planung wie auch der begleitenden Überwachung des Unternehmungsgeschehens, konzentrierte sich jedoch schwerpunktmäßig auf finanzielle Kennzahlen. Und diese wiederum waren weitestgehend auf finanzielle Daten der Jahresrechnung hin ausgelegt. Dadurch wurden *Diskrepanzen zwischen dem längerfristigen und dem operativen Denken* nicht eingedämmt, sondern im Gegenteil noch erhöht. Schon früh machten jedoch einzelne Vertreter des Fachs auf diese Unzulänglichkeit aufmerksam. Sie forderten insbesondere, das kurzfristige, rein finanzwirtschaftlich und an erzielten Resultaten orientierte Controlling durch ein »strategisches Controlling« zu ergänzen. Dieses wiederum sollte sich nicht allein auf finanzielle Gesichtspunkte beschränken, sondern auch andere Dimensionen berücksichtigen. Insbesondere sollte überprüft werden, ob und inwieweit strategische Ziele und Grundgedanken verwirklicht wurden. Im deutschen Sprachraum waren es insbesondere Deyhle und Horvath, die auf die entsprechenden Erfordernisse schon früh hinwiesen.

Der Durchbruch beim Einsatz des strategischen Controlling als Instrument, um Langfristausrichtung und operatives Denken zu überbrücken, gelang aber erst dem Harvard-Professor Robert Kaplan und dem Unternehmensberater David Norton. Ihre Arbeiten zum Thema

»Balanced Scorecard«, die seit 1992 erscheinen,[1] haben in der Wirtschaftspraxis und im Schrifttum eine außerordentlich große Aufmerksamkeit gefunden. Denn vielerorts waren und sind die Verantwortlichen mit den Instrumenten für die Strategieumsetzung im Durchschnitt recht unzufrieden. So waren gemäß einer Studie von Arthur Andersen Business Consulting in der Schweiz im Jahre 1998 nur 28 Prozent der an einer Umfrage teilnehmenden Firmen mit ihren Managementinstrumenten zur Strategieumsetzung zufrieden. Das Konzept traf demnach auf eine Marktlücke. Da sein Aufbau einfach und intuitiv eingängig ist, haben es viele Unternehmen bereits eingeführt; andere setzten sich damit auseinander.

Die Arbeiten von Kaplan und Norton gehen auf ein Forschungsprojekt zurück, das sie Anfang der neunziger Jahre zusammen mit zwölf US-Unternehmen durchgeführt hatten. Ziel dieses Projektes war es, die traditionellen finanziellen Kennzahlen durch ein *mehrdimensionales System der Leistungsmessung* zu ergänzen beziehungsweise zu ersetzen. Das Forschungsprojekt sollte aber nicht nur in einem neuartigen System von Kennzahlen münden. Der Anspruch ging weit höher: Geschaffen werden sollte ein Instrument, das ein Bindeglied zwischen der Entwicklung einer Unternehmensstrategie und ihrer Umsetzung darstellt. Unter den am Projekt teilnehmenden Firmen befand sich auch die Firma Analog Devices. Diese verwandte eine neuartige, mehrdimensionale »Unternehmens-Scorecard«. Der Begriff Scorecard steht für Konzentration auf das Wichtige; so enthält im Boxsport eine Scorecard die wesentlichsten Treffer der vergangenen Runden. Die Weiterentwicklung der Unternehmens-Scorecard, die Balanced Scorecard, will verschiedene Arten von Blickrichtungen miteinander verbinden, nämlich die strategische Sicht mit der operativen, die Außensicht mit der Innensicht, und schließlich will sie Ergebniskennzahlen und Leistungstreiber erfassen.

Der Grundaufbau einer Balanced Scorecard geht aus Abbildung 14.1 hervor.[2]

Im Zentrum aller Überlegungen stehen die – vorhandene oder zum Teil noch zu entwickelnde – Vision und die Strategie. Sie werden aus vier unterschiedlichen Perspektiven betrachtet, nämlich aus der Perspektive der Finanzen, der Kunden, der internen Prozesse und aus der Perspektive der Potenziale. Der letztgenannte Begriff ist unbestimmt und wird deshalb auch unterschiedlich interpretiert. Zum Teil wird die Perspektive auch zweigeteilt, zum Beispiel in eine Innovations- und

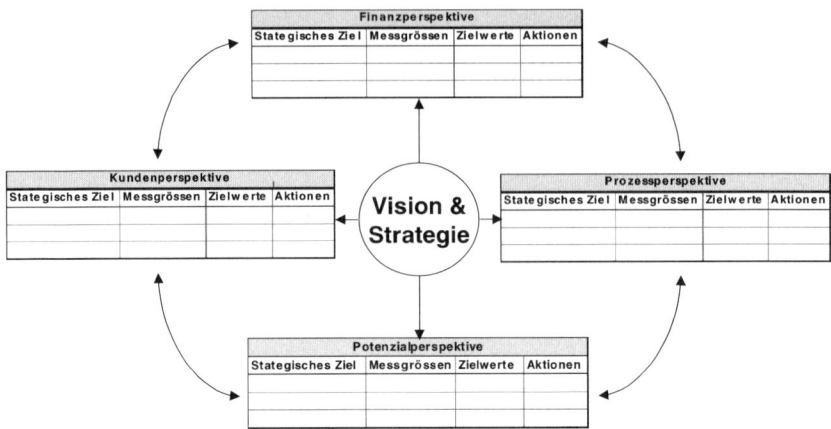

Abbildung 14.1: Der Grundaufbau einer Balanced Scorecard

eine Mitarbeiterperspektive. Ein Unternehmen wählte ferner statt der Prozessperspektive die Perspektiven Qualität und Innovation und umschrieb die Potenzialperspektive als Mitarbeiterorientierung. Offensichtlich besteht das Bedürfnis, die zu wählenden Perspektiven den Besonderheiten der Branche und des betreffenden Unternehmens anzupassen. In Bezug auf jede dieser Perspektiven sind »Strategische Ziele« zu formulieren. Damit befasst sich das nachfolgende Kapitel. Von diesen Zielen ist abzuleiten, wie der Zielerreichungsgrad gemessen werden kann. Darauf sind die in einem bestimmten Zeitraum zu erreichenden Zielwerte festzulegen. In einem weiteren und letzten Schritt sind schließlich diejenigen Aktionen zu bestimmen, die zur Zielerreichung durchgeführt werden sollen.

In eine Balanced Scorecard sollen nur strategisch wichtige Ziele aufgenommen werden. Darunter sind Ziele zu verstehen, *von deren Erreichung der Erfolg der gewählten Strategie in besonders hohem Maße abhängt.* Solche Ziele zeichnen sich durch eine hochgradige *Wettbewerbsrelevanz* aus. Zudem ist ihre Aufnahme in das Tableau der »Scores« nur dann gerechtfertigt, wenn *überdurchschnittliche Anstrengungen* erforderlich sind, um sie zu erreichen. Eine Balanced Scorecard kann demzufolge auf keinen Fall ein umfassendes operatives Controllingsystem ersetzen, denn dieses ist erforderlich, um auch diejenigen »Hygienefaktoren« festzuhalten und zu steuern, die für einen reibungslosen Ablauf der Geschäfte unerlässlich sind (vergleiche Abbildung 14.2).[3]

Abbildung 14.2: Die Balanced Scorecard und die Ableitung strategischer Ziele

Eine Balanced Scorecard sollte ferner eine ausgewogene Auswahl zwischen *Ergebniskennzahlen* und *Leistungstreibern* enthalten. Kaplan/Norton bemerken dazu: »Ergebniskennzahlen ohne Leistungstreiber machen nicht klar, wie man zu dem Ergebnis kommt. Umgekehrt ist es so, dass Leistungstreiber – wie Durchlaufzeiten und ... Fehlerquoten – ohne Ergebniskennzahlen es dem Unternehmen zwar ermöglichen, kurzfristige operative Verbesserungen zu erreichen, jedoch nichts darüber aussagen, ob diese Verbesserungen das Geschäft mit alten und neuen Kunden ausweiten und gegebenenfalls das Betriebsergebnis steigern konnten.«[4] Anzumerken ist, dass Ergebniskennzahlen notwendigerweise »lagging indicators« sind, das heißt, sie halten Ergebnisse von Aktionen fest, während die Leistungstreiber »leading indicators« darstellen, also bestimmte Ergebnisse erst bewirken. Die Gesamtzahl aller strategischen Ziele sollte nach Kaplan/Norton zwischen vier und sieben für jede der vier Perspektiven betragen, insgesamt aber unter dreißig liegen. Nach anderen Autoren sollte ihre Anzahl zwanzig nicht übersteigen: »Twenty is plenty« (ABB Schweiz).

Ein wesentlicher Aspekt der Balanced Scorecards geht aus Abbildung 14.2 nicht hervor: Die strategischen Ziele sollten nicht allein aus der zu verfolgenden Langfristorientierung abgeleitet werden, sondern auch im Sinne von *Ursache-Wirkungs-Beziehungen* miteinander ver-

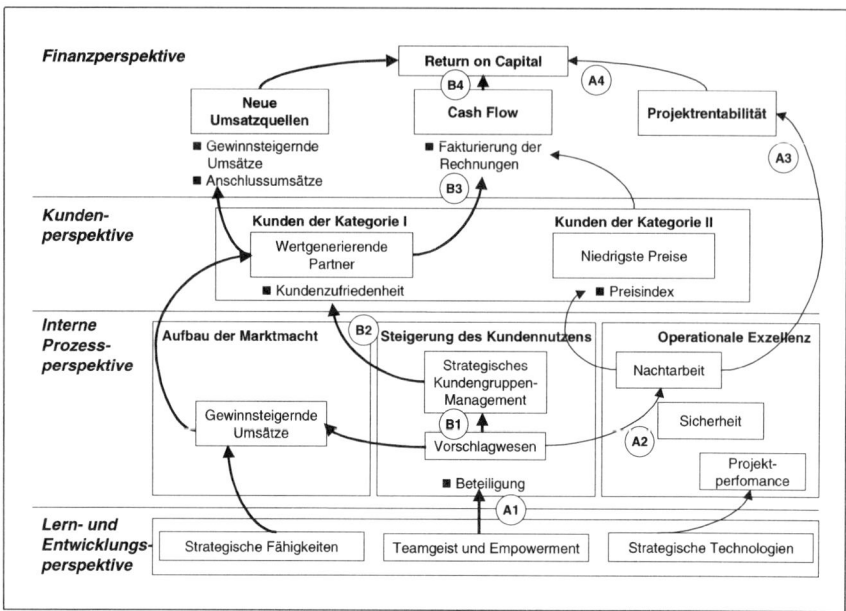

Abbildung 14.3: Die Verkettung von Ursache und Wirkung

knüpft werden. Kaplan/Norton geben hierfür unter anderem das in Abbildung 14.3 wiedergegebene Beispiel[5].

Das verbindliche Herausarbeiten entsprechender Ursache-Wirkungs-Beziehungen mag zeitraubend sein, aber der Nutzen besteht darin, dass die Vorteile einzelner Ziele und der damit verknüpften Maßnahmen intensiv durchdacht werden. Zudem betont die Verbindung der einzelnen Ziele ihre *Systemhaftigkeit.* Der Gefahr eines bloßen Nebeneinanders von Wünschbarem wird dadurch begegnet. Allerdings zeigt die Erfahrung besonders in mittelgroßen Unternehmen, dass Balanced Scorecards sich als äußerst hilfreich erweisen, wenn Kausalzusammenhänge und Korrelationen nicht mit akribischer Genauigkeit untersucht worden sind. Eine Klarlegung der wichtigsten Zusammenhänge genügt in den meisten Fällen vollauf. Gesucht ist ja nicht wissenschaftliche Genauigkeit, sondern ein Hilfsmittel, mit dem ein bestimmter strategischer Kurs leichter eingehalten werden kann.

Wie die hierarchische Abstufung der Entscheidungen und der Prozessablauf der Einjahresplanung kann eine Balanced Scorecard, wenn sie einmal für das Gesamtunternehmen erstellt ist, in einem Top-down-Ansatz auf die nachfolgenden Führungsebenen heruntergebrochen werden. Die *Tiefe dieses Prozesses* ist unterschiedlich: Zum Teil wird auf einer mittleren Managementebene abgebrochen, zum Teil wird der Prozess bis zur Ebene der Sachbearbeiter fortgeführt. Die Zahl der berücksichtigten Faktoren sinkt jedoch mit der von ihnen erfassten Ebenen. Schon auf der zweiten Ebene kann diese Zahl, wenn keine Konzernverhältnisse vorliegen, auch nach Kaplan/Norton auf unter zwanzig sinken. Auf noch tieferen hierarchischen Ebenen kann eine unter zehn liegende Zahl durchaus genügen. Während die Balanced Scorecard heruntergebrochen wird, muss sie auf einzelne Funktionsbereiche ausgerichtet werden. Ein Beispiel hierfür gibt die Abbildung 14.4.[6]

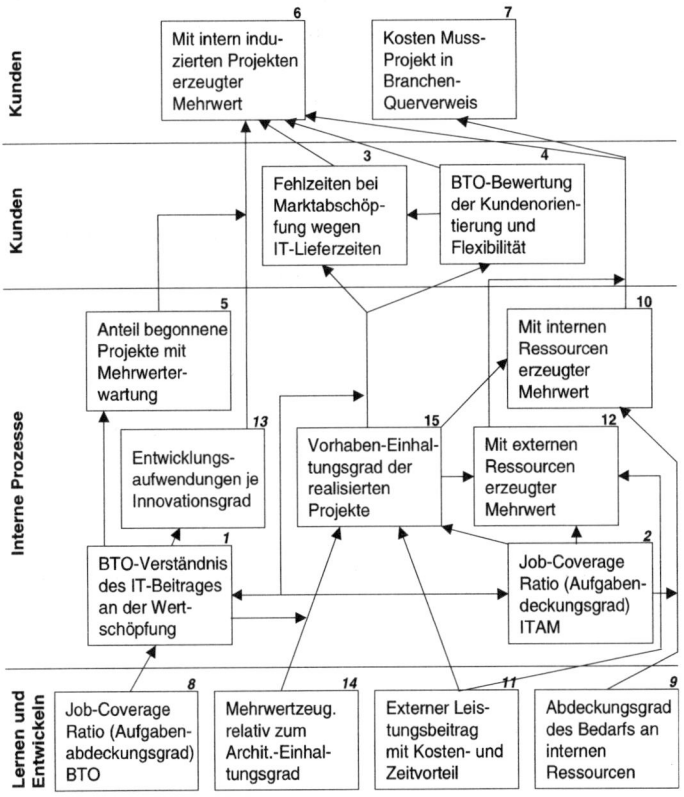

Eine Kennzahlen-Nr. in Kursivschrift bezeichnet einen Frühindikator ohne Leistungstreiber

Abbildung 14.4: Das BSC-Beziehungsmodell der Kennzahlen

Das Führungs- und Kontrollsystem der Balanced Scorecards lässt sich leicht mit anderen Führungssystemen kombinieren. Wie das in Bezug auf die Einjahresplanung bei Gallus geschieht, wird im Kapitel »Das Zusammenspiel von Einjahresplanung und Balanced Scorecards« geschildert. Zuvor soll aber noch auf die Beziehungen zwischen der Balanced Scorecard und dem Total Quality Management (TQM) sowie dem Value Reporting eingegangen werden.

Die Bedeutung der *Qualitätskontrolle* hat schon Taylor erkannt, als er diese Funktion in die industrielle Praxis einführte. In den sechziger Jahren des vergangenen Jahrhunderts wurden in den USA Nullfehler-Programme eingeführt und anschließend in Japan perfektioniert. In der europäischen Industrie erhielt der Qualitätsgedanke mit der EG-Richtlinie zur Produkthaftung einen bedeutsamen Aufschwung. Er konnte sich auf die in Großbritannien entwickelten Standards stützen, die in den achtziger Jahren die Grundlage für die internationale Normenreihe DIN EN ISO 9000 ff. bildeten. Zudem wurde der Aufbau eines extern zertifizierten Qualitätssicherungssystems auf Grund der internationalen Normenreihe ISO/DIN wesentlich gefördert (DIN steht für Deutsches Institut für Normung e. V., EN für europäische Normen und ISO für International Organisation for Standardisation mit Sitz in Genf). Bald wurde – erneut unter japanischem und amerikanischem Einfluss – erkannt, dass ein Managementverständnis not-

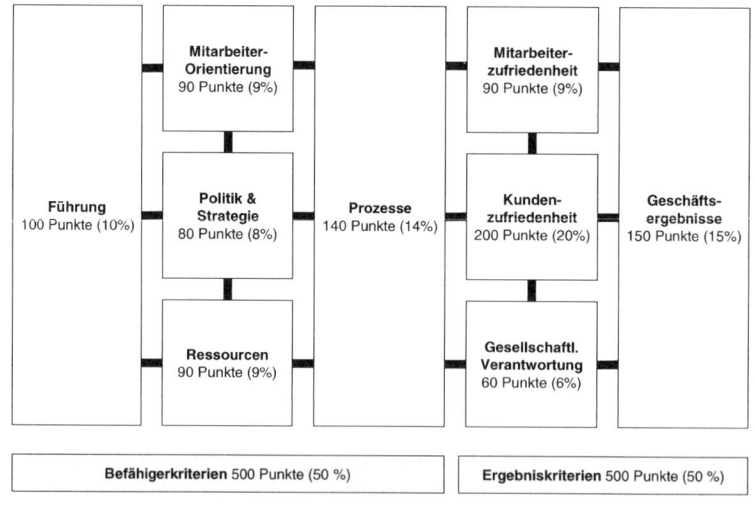

Abbildung 14.5: Das EFQM-Modell

wendig ist, das über die bloße Qualitätssicherung hinausgeht. In Japan sprach man von einer Erweiterung des Qualitätsmanagement zu einer »Total Quality Control«, in den USA vom »Total Quality Management«. Dort wurde auf dieser Basis ab 1987 jährlich einem Unternehmen der Malcolm Bridge National Quality Award zugesprochen. Er diente der »European Foundation for Quality Management« als Vorbild für die Einführung eines europäischen Qualitätspreises (European Quality Award). Dieser baut auf einem umfassenden, integrativen Konzept des Managements auf und basiert auf dem in Abbildung 14.5 gezeigten Modell[7].

Die Hauptkriterien werden durch 32 Teilkriterien näher umschrieben, die wiederum unterschiedlich gemessen werden können. Ein Vergleich dieses Modells mit der Balanced Scorecard zeigt, was die verwendeten Kriterien anbelangt, viele Gemeinsamkeiten. Der Ausgangspunkt der Kriterienwahl ist jedoch in zweierlei Hinsicht unterschiedlich: Im Gegensatz zur Balanced Scorecard strebt das EFQM-Modell grundsätzlich eine vollständige Abdeckung des gesamten Tätigkeitsfeldes des Unternehmens an. Gleichzeitig verzichtet es darauf, sich auf die Strategie zu fokussieren, denn diese stellt lediglich eines von neun Hauptkriterien dar. Andererseits kann man es auch als ein Zeichen der Zeit ansehen, dass die Autoren der Balanced Scorecard es vorgezogen haben, von *Prozessorientierung* und nicht von Qualitätsorientierung zu sprechen. Offensichtlich betrachteten sie die Prozessorientierung als wichtiger und als stärker fokussiert. Dieser Sicht ist die Qualitätsbewegung mit ihrer Systemumstellung im Jahre 2000 gefolgt.

Im Rahmen der finanziellen Perspektive der Balanced Scorecard stellt sich unausweichlich die Frage nach den im Finanzbereich zu verfolgenden Zielen. Die meisten Unternehmen wählen eine traditionelle Renditekennzahl, etwa den ROI (Return on Investment), ROCE (Return on Capital Employed) oder ROE (Return on Equity). Andere Unternehmen dagegen stoßen sich an Unzulänglichkeiten der bestehenden Vorschriften des Rechnungswesens, seien das die Normen nach IAS (International Accounting Standards), US-GAAP (US-General Accepted Accounting Principles) oder FER (Fachempfehlungen für Rechnungslegung). Zu Recht sind sie der Meinung, diese Vorschriften würden den *wahren Unternehmenswert* nur unzulänglich zum Ausdruck bringen. Viele *intangible Werte* bleiben noch immer unbeachtet. Deshalb haben beispielsweise einzelne Mitarbeiter der Skandia, eines schwedischen Versicherers, versucht, auch das in einem Unternehmen

Abbildung 14.6: Die intangiblen Werte eines Unternehmens

vorhandene »intellektuelle Kapital« zu messen und darzustellen. Bekannt geworden sind die in Abbildung 14.6 gezeigten Klassifizierungen[8].

In diesem Schema umfasst das »Structural Capital« das Geschäftskonzept, das Image, die Unternehmenswerte und die Unternehmenskultur sowie die Arbeitssysteme, Arbeitsroutinen sowie die Netzwerke der inner- und überbetrieblichen Zusammenarbeit. Es hat einen großen Einfluss auf den Unternehmenswert und dessen Steigerung und kann eine starke Hebelwirkung auf das »Human Capital« ausüben.

Diese von der Struktur der Bilanz her inspirierte Darstellung ist auch für das interne Reporting verwendet worden. Sveiby, einer der Protagonisten dieser Darstellungsweise, schlägt zum Beispiel die in Abbildung 14.7 dargestellten Gruppen von Indikatoren vor.[9]

Auf Grund dieser und ähnlicher Überlegungen ziehen es inzwischen viele Firmen – auch wenn diese immer noch eindeutig in der Minderheit sind – vor, ihren finanziellen Zielsetzungen ein anderes Konzept zugrunde zu legen. Bekannt geworden sind insbesondere das Residual-

	Externe Struktur-Indikatoren	Interne Struktur-Indikatoren	Kompetenz-Indikatoren
Wachstums-indikatoren	*Gewinn pro Kunde*	*Investitionen in IT*	*Ausbildungs-kosten*
Effizienz-indikatoren	*Index der Kundenzufrieden-heit*	*Verhältnis von Werten zum Zufriedenheits-index*	*Mehrwert pro Mitarbeiter*
Stabilitäts-indikatoren	*Häufigkeit von Wiederholungs-käufen*	*Personalrotation Administration*	*Personalrotation Technik*

Abbildung 14.7: Intangible Werte und Beispiele von Indikatoren

gewinnkonzept, zum Beispiel die Konzepte EVA (Economic Value Added) nach Stern/Stewart[10], das Economic Profit Concept von McKinsey[11] oder das Cost-Value-Added-Konzept, das die Boston Consulting Group anwendet[12]. Sollen die eben skizzierten Überlegungen einbezogen werden, müssen freilich die im finanziellen Rechnungswesen enthaltenen Zahlen erheblich angepasst werden. So sind für die Berechnung des EVA Schätzungen zufolge mehr als 150 Bereiche des externen Rechnungswesens auf eventuelle Anpassungsnotwendigkeiten hin zu prüfen, von denen ungefähr 25 besonders wichtig sind (Beispiele: Berücksichtigung von möglichen Firmenwertabschreibungen und von nicht aktivierbaren Investitionen wie Aufwendungen für Forschung und Entwicklung).

In eine gänzlich andere Richtung bewegen sich die Bestrebungen, die *Sozial- und Umweltverträglichkeit* des eigenen Handelns darzustellen. Wenn solche ausgearbeitet werden, erfolgt das stets in Form einer Sonderrechnung, also nicht integriert ins finanzielle Rechnungswesen. Das ist unzweifelhaft richtig. Denn für die Umwandlung von sozialen und ökologischen Daten in finanzielle Werte stehen keine fundierten und anerkannten Methoden zur Verfügung. Aus diesem Grunde ist jeder entsprechende Versuch mit einer gewissen Willkür verknüpft. Das wiederum hat zur Folge, dass die Versuche, mit einem einheitlichen Zahlensystem – eben mit Geldwerten – zu arbeiten, die realen Verhältnisse eher verdunkelt, als dass sie diese transparenter machen würden.

	Einsatz von BSC	Kein Einsatz von BSC
Übereinstimmung über Strategiefragen im oberen Management	90 %	47 %
Gute Zusammenarbeit / Teamwork im Management	85 %	38 %
Offenheit des Meinungsaustausches	71 %	30 %
Wirkungsvolle Kommunikation der Stratgegie	60 %	8 %
Hoher Grad an Selbstkontrolle	42 %	16 %

Abbildung 14.8: Auswirkungen der BSC

Insgesamt macht der Vergleich der Standard Scorecard mit anderen Messinstrumenten deutlich, dass sie im Rahmen eines ganzheitlichen Führungsansatzes kombiniert werden muss. Hinweise, wie das zu geschehen habe, finden sich in der Literatur nicht. Diese Aufgabe bleibt dem Management überlassen.

Balanced Scorecards sind nach Auffassung der Autoren ohne Zweifel geeignet, die Implementierung von Strategien zu unterstützen und gleichsam als »Transmissionsriemen« zu dienen. Über mögliche Erfolge ihres Einsatzes vermittelt die in Abbildung 14.8 wiedergegebene Untersuchung der Unternehmensberater Lingle und Stieman ein eindrückliches Bild.

Die folgenden Gesichtspunkte sind bei der Verwendung von Balanced Scorecards jedoch zu beachten: Wie bei allen übrigen Management-Tools ist ein *»Zerreden«* zum Beispiel von Wirkzusammenhängen zu vermeiden. Auch ist darauf zu achten, dass sich die Größen, mit denen die Zielerreichung gemessen werden soll, leicht beschaffen lassen. Im Einzelfall ist ferner insbesondere auch zu prüfen, inwieweit sich das neue Instrument auf bereits vorhandene Daten stützen kann und wie sich zusätzliche Daten in die bestehenden Datenbanken eingliedern lassen. Gegebenenfalls sollte man ein besonderes IT-Ergänzungsprogramm einsetzen.

Erstaunlicherweise wird der Zusammenhang zwischen Balanced

Scorecards und Einjahresplanung kaum tiefer untersucht. Mehrheitlich wird in der Literatur nur angegeben, dass dieses System in der Lage ist, die Einjahresplanung zu vereinfachen. Gerade das Zusammenspiel besitzt jedoch eine erhebliche Bedeutung – eine noch größere Bedeutung als das Qualitätsmanagement. Insbesondere ist eine Trennung von Balanced Scorecards und Einjahresplanung zu vermeiden. Mit eben dieser Frage befassen sich schwerpunktmäßig die folgenden Ausführungen. Sie zeigen, wie ein wertvolles neues Führungsinstrument die bestehenden Führungsmittel organisch anreichern kann.

Das Zusammenspiel von Einjahresplanung und Balanced Scorecards

Die Darstellung des Systems der Balanced Scorecards zeigt deutlich, dass viele der damit verbundenen Gedanken in dem bei Gallus verwendeten System der Einjahresplanung bereits verwirklicht worden sind: Die *Verbindung zu den längerfristigen Entscheidungen* wird bewusst immer wieder hergestellt; die »quantitativen Ziele« entstammen den unterschiedlichsten Bereichen, sodass eine »Balance« verschiedener Notwendigkeiten erreicht wird; und es werden, wie im folgenden Kapitel gezeigt wird, mit den einzelnen Zielen Maßnahmenbündel, Aktionen und Projekte verknüpft.

Gleichwohl kann der Ansatz der Balanced Scorecard auch für dieses Entscheidungssystem eingesetzt werden – ein Grund, weshalb er vor kurzem in das Führungssystem von Gallus eingebaut wurde. Ansatzpunkte hierfür bilden die *strategischen Zielsetzungen* im Sinne von Abbildung 14.2 (siehe Seite 177). Sie entsprechen, im Sinne von Horváth & Partner, den wenigen entscheidenden Zielen, von denen der Erfolg der Strategie abhängt. Sie sind abgeleitet aus Vision, Leitbild und Strategie. Ganz bewusst wurden für Gallus Zielsetzungen mit längerfristigem Charakter ausgewählt. Der Zeithorizont beträgt drei Jahre. Das ist weniger als die fünf Jahre der Mittelfristpläne, aber deutlich mehr als ein Jahr. Für die Gallus-Gruppe ist die Zeit von drei Jahren vorzüglich geeignet, um Schwerpunkte zu setzen, die nach Ablauf dieser Frist durch andere ersetzt werden können. Dazu gehören Zielsetzungen und damit verbundene längerfristige Projekte in allen vier

Schwerpunktperspektiven der Balanced Scorecard: aus der Sicht der Finanzen das Management der Debitoren und Kreditoren, aus der Kundenperspektive die Verbesserung des Informationsstandes und eine Intensivierung der gegenseitigen Beziehungen, aus der Prozessperspektive die Überarbeitung ausgewählter Prozesse namentlich im Entwicklungs- und im IT-Bereich und aus der Perspektive der Mitarbeiter und der Innovation der Aufbau eines Wissensmanagements. Neben diesen in Zukunft voraussichtlich zu ersetzenden Zielen stehen längerfristig gleich bleibende Zieldimensionen: Aus der finanziellen Perspektive sollen sich die finanziellen Eckwerte längerfristig auf einem bestimmten Niveau bewegen. Aus der Kundenperspektive kommen Ziele beziehungsweise Messgrößen in Betracht wie verlorene Kunden und neue Kunden in Prozent der Zahl der gesamten Kunden, der Index der Kundenzufriedenheit oder das Image des Namens »Gallus«. Für die Mitarbeiterperspektive können dies Faktoren wie Zufriedenheitsindex oder Personalwechsel in Prozent des Personalbestandes sein. Für einzelne dieser Kennzahlen ist nach den vorliegenden Erfahrungen eine jährliche Erfassung nicht notwendig. Aus Kostengründen lässt sich für aufwändigere Erhebungen ein etwas längerer Rhythmus von zwei Jahren durchaus vertreten. Wesentlich ist der Zeitvergleich über die Jahre hinweg.

Die Prozessperspektive weist Überschneidungen mit dem Qualitätsmanagement beziehungsweise dem Total Quality Management auf. Wichtige Kennzahlen sind: Liefergenauigkeit bezüglich Zeit und Qualität, Zeit zwischen Bestellungseingang und Auslieferung, IT-Kapazitäten (CPU und DASD) oder Plankonformität von Projektabwicklungen.

In jedem Fall ist zu prüfen, ob all diese Kennziffern Platz in der beschränkten Zahl von Zielsetzungen finden können.

Im Bereich der Produktentwicklung und Herstellung werden die Innovations- und Neuerungsperspektive beim Führungssystem von Gallus zudem durch die regelmäßig durchgeführten Workshops zur Produktinnovation »IWS« und zum Qualitätsmanagement berücksichtigt. Nach den Erfahrungen der Autoren wechseln deren Inhalte über die Jahre aber so stark, dass von längerfristigen Zeitvergleichen ähnlicher Daten abgesehen werden muss. Auch ist eine jährliche Neuformulierung konkreter Zielsetzungen, Projekte und Aktionen unbedingt erforderlich.

Auf den nicht nur technisch aufwändigen Einbau des Value Reporting – sei es nach den Grundsätzen des Economic Value Added oder nach den Prinzipien, denen der Versicherer Skandia folgt – in das Zielsystem der Balanced Scorecard wurde aus Gründen der Einfachheit zumindest im Augenblick verzichtet. Gallus will die damit verbundenen Komplikationen ebenso wie die Kosten im Zusammenhang mit der Datenaufbereitung und -auswertung vermeiden. Die Problematik ist aber offensichtlich: In den Workshops Futura 2 taucht dann und wann die Verlockung auf, Investitionen in die Intangibles, vor allem in die Informationstechnologie, zum Teil aber auch in die Marktbearbeitungsstrukturen über das langfristig notwendige Maß hinaus zurückzufahren. Die Besonnenheit des Entscheidungsgremiums hat jedoch immer wieder dazu geführt, dass die erforderlichen Investitionen (beziehungsweise Aufwendungen) letztlich doch getätigt wurden.

Zu erwähnen bleibt noch, dass bei Gallus die Vorgaben der Balanced Scorecard nach der Verabschiedung der erneuerten Strategie überarbeitet werden. Ihre Zielsetzungen können damit bei der Entwicklung der Einjahresplanung berücksichtigt werden.

Zusammenfassend ist festzustellen, dass die Balanced Scorecard auch für das Managementsystem von Gallus eine wertvolle Funktion ausübt. Sie erleichtert die sehr bewusste Fokussierung von Zielsetzungen aus der übergeordneten Perspektive der Strategie. Die strategische Mittelfristorientierung bildet deshalb einen starken Transmissionsriemen zwischen längerfristiger Strategie und Einjahresplanung.

15. Die Verbindung der Einjahres-planung mit der kurzfristigen Unternehmenssteuerung

Die Einjahresplanung – Kraftfeld auch für Projekte und »Aktionen«

Im Mittelpunkt der Einjahresplanung stehen klar und eindeutig formulierte Ziele und Maßnahmen. Damit ist das Potenzial der Einjahresplanung und der mit ihr verbundenen Prozesse aber noch nicht erschöpft. Der Ablauf des Planungsprozesses bietet vielmehr die Möglichkeit, sich mit der Summe der für das Unternehmen wesentlichen Projekte und Aktionen auseinander zu setzen.

Projekte als Motoren der Innovation

Projekte sind *größere, zeitlich befristete, relativ innovative und damit auch relativ risikobehaftete Aufgaben von erheblicher Komplexität.* Immer betreffen sie die Arbeitsbereiche mehrerer organisatorischer Teilbereiche des Unternehmens. Sie sind Quellen von Innovationskraft par excellence, denn sie setzen Änderungsabsichten in die Wirklichkeit um. Deshalb gilt: Je dynamischer die Wirtschaft, desto größer die Bedeutung des Projektmanagements. Dieses hat deshalb auch eine sehr starke Verbreitung in der wirtschaftlichen Praxis erfahren. Überbetriebliche Organisationen haben sich seiner angenommen, so das Deutsche Institut für Normung e. V. mit seinen DIN-Normen 69900 beziehungsweise 69901, und laufend gelangen neue, das Projektmanagement unterstützende Computerprogramme auf den Markt.

Trotz seiner ausgeprägten Popularität stößt das Management von

Projekten nur allzu häufig auf Schwierigkeiten. Diese liegen auf zwei Ebenen: Sie können die Führung von einzelnen Projekten betreffen, sie können sich aber auch auf die parallele Durchführung mehrerer Projekte beziehen. Mit diesen zwei Fragekreisen befassen sich die folgenden zwei Kapitel. Sie machen auch die zwischen den beiden Problemebenen bestehenden Verbindungen und Zusammenhänge deutlich.

Projektmanagement – ein besonders heikler Managementprozess

Obwohl Projekte ein viel benutztes Werkzeug des Managements darstellen, verlaufen sie häufig nicht nach Plan oder bringen nicht die erwarteten Ergebnisse. Beide Mängel sind zum Teil eine Folge des *mit jedem Projekt verbundenen Risikos*: Risiko heißt ja immer auch Streuung um einen Erwartungswert. Eine gewisse Varianz der Ergebnisse ist deshalb zu erwarten. Es wäre jedoch möglich, dass die Abweichungen von den ursprünglichen Zielen und Erwartungen sich in einem begrenzten Rahmen halten, die Streuung also gering ist. Vor allem ist zu vermeiden, dass bei der Projektplanung *systematische Fehler* eingebaut sind, ungünstige Zielabweichungen also zur Norm werden. Je wichtiger die Projekte im Rahmen der gesamten Unternehmenstätigkeit sind beziehungsweise werden, desto klarer ergibt sich die entsprechende Notwendigkeit.

Die Gründe für derartige Fehlentwicklungen sind vielfältig. Zum Teil wird bei der Projektplanerstellung bewusst knapp kalkuliert, weil nur auf diese Weise ein Projekt genehmigt wird. Ein solches Vorgehen grenzt an Böswilligkeit und sollte klar geächtet werden. Eine andere Ursache ungünstiger Projektplanabweichungen kann auch eine *wenig sachgemäße Projektabwicklung* sein. Dies kann, allen Erfahrungen, Richtlinien und Anweisungen zum Trotz, an der Führung des Projektes durch den Projektleiter oder das ihm übergeordnete »steering committee« liegen. Aus diesem Grunde empfiehlt es sich für viele Unternehmen, die Präzision der Projektplanung zumindest periodisch zu überprüfen und allenfalls die drängendsten Maßnahmen zu ergreifen.

Projekte stellen zwar eine besondere Kategorie von Prozessen zur Lösung bestimmter betrieblicher Aufgaben dar, ihre Vielfalt darf jedoch nicht unterschätzt werden. Die *wesentlichsten Projektmerkmale* ergeben sich aus:

- der Projektgröße (messbar an den Projektkosten, der Projektdauer und der Anzahl der Projektelemente),
- der Komplexität des Projekts (das heißt der Vielfalt von Beziehungen der im Projekt eingebundenen Komponenten),
- dem Projektgegenstand (zum Beispiel Produktentwicklung oder IT-Projekte),
- der Vertrautheit des Unternehmens mit den vom Projekt betroffenen Problemstellungen und nicht zuletzt
- der Innovationshöhe (also der Größe des Schrittes in unerforschtes Neuland).

Die Schwierigkeiten der Projektplanung und -überwachung variieren stark mit dem Projekttyp.

Bei Gallus wurde dem Projektmanagement frühzeitig große Aufmerksamkeit geschenkt, denn es stellt seit jeher einen wesentlichen Baustein des integrierten Managementkonzepts dar. Es ist jedoch nicht nur Baustein, sondern wird auch von anderen Elementen des Systems unterstützt. Dass sich Gallus frühzeitig mit dem Qualitätsmanagement befasst hat, und das in einer prozessorientierten Form, ist auch dem Projektmanagement zugute gekommen. Zudem bildet die ganz allgemein geförderte Kultur der Offenheit, des Zusammenwirkens in Teams und der Übernahme von Verantwortung und Commitment eine ideale Basis für die Durchführung von Projekten. Schließlich wurde schon früh einer gründlichen Projektüberwachung sämtlicher Projekte eine zentrale Rolle zugesprochen. Weiter unten finden sich dazu einige vertiefende Ausführungen. Darüber hinaus wurde das Projektmanagement auch dadurch verstärkt, dass Vertreter des obersten Managements in den Steuerungsausschüssen für die besonders wesentlichen Projekte (zum Beispiel für den Aufbau des Enterprise Resource Planning System und für die Entwicklung eines neuen Maschinentyps) mitarbeiten.

Gleichwohl befindet sich Gallus in Bezug auf verschiedene Fragen noch mitten auf dem Weg zum Ziel. Das gilt nicht zuletzt auch für den Bereich Entwicklung. Hier wurden vor einigen Jahren die zentralen Prozesse, ebenso wie in den anderen Bereichen, analysiert und neu konzipiert. Unter dem Titel »Time to Market« sollte die Zeit für die Umsetzung einer Produktidee in ein marktfähiges und umsatzwirksames Produkt verkürzt werden. Auch wollte man durch die konsequente Einhaltung der Richtlinie »Designlenkung« nach ISO 9001 die prozessintegrierte Qualitätssicherung realisieren und die Effizienz der Prozesse steigern. Zu diesem Zweck wollte Gallus von den vorhandenen Arbeitsmethoden und -hilfsmitteln ausgiebig Gebrauch machen. Dazu zählten die Methode FMEA (Fehlermöglichkeits- und Einflussanalyse; Failure Modes and Effects Analysis) und die konsequente Nutzung IT-gestützter Arbeitshilfen. Der neueste und verlässlichste Stand des Wissens schien dabei gewährleistet. Bald zeigte sich jedoch, dass diese Vorgaben für die erfolgreiche Durchführung von Projekten nicht genügten, ja zum Teil schlicht nicht beachtet werden konnten. Gallus musste erkennen, dass größere Entwicklungsprojekte offenbar eigenen Gesetzen gehorchen. Damit kann das Beispiel von Gallus nur bestätigen, was Weule[1] ganz allgemein zur Anwendung von methodischen Ansätzen in der Forschung und Entwicklung ausführt: Vorgehensmodelle müssen stets kontextspezifisch angepasst werden. Das mag übrigens auch der Grund sein, weshalb sich die VDI-Richtlinie 2221/2 trotz der umfangreichen Ausbildung an deutschen Hochschulen nur teilweise durchgesetzt hat.

Zur Hebung der noch vorhandenen »Schätze« im Entwicklungsbereich mag ferner die Erkenntnis beruhigend sein, dass sich diese Thematik in der Managementlehre einer stark wachsenden Beachtung erfreut. So ist die Menge der Literatur gerade zu diesem Thema im Vergleich zu anderen wissenschaftlichen Publikationen in den vergangenen zehn Jahren überproportional angestiegen, wie aus Abbildung 15.1 ersichtlich.[2]

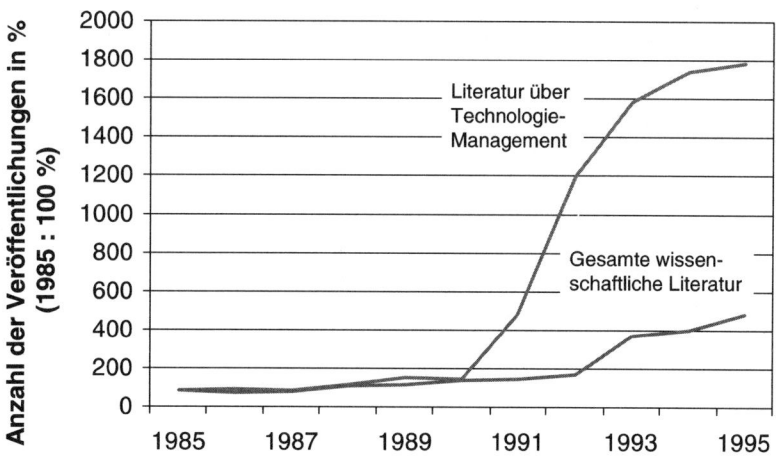

Abbildung 15.1: Literaturaufkommen zum Technologiemanagement

Diese Literatur und auch die Praxis selbst haben in der neuesten Zeit eine stattliche Anzahl von Konzepten und Instrumenten entwickelt, die, sinnvoll adaptiert, nicht nur ganz allgemein die weitere Entwicklung des Technologiemanagements unterstützt, sondern namentlich auch die Durchführung von Projekten in der Entwicklung wesentlich gefördert. Gallus unternimmt gegenwärtig erhebliche Anstrengungen, um neue wissenschaftliche Erkenntnisse mit den Ergebnissen von intensiven Untersuchungen über die eigenen Erfolge und Misserfolge zu kombinieren. Parallel zu diesen Analysen sind auch die Einsatzmöglichkeiten weiterer, neuerer Werkzeuge des Projektmanagements zu überprüfen, die bis jetzt noch nicht in Anspruch genommen wurden.

Im Zusammenhang damit wurde dem Leiter Forschung und Entwicklung die Aufgabe übertragen, im – anerkanntermaßen schwer zu führenden – Bereich der Entwicklung ein *sinnvolles Gleichgewicht zwischen systematisch-gradlinigen und evolutionär-iterativen Projektabschnitten* herzustellen. Diese evolutionär-iterativen Abschnitte gehören jeweils an den Anfang einer Phase, bei dem unscharfe Informationen und noch mangelndes Wissen im Vordergrund stehen; häufig erweist es sich dabei als sinnvoll, alternative Konzepte mit einem gewissen Tiefgang zu bearbeiten, um die jeweiligen Chancen und Risiken besser beurteilen zu können. Im Gegensatz dazu geht es bei den »gradlinigen« Projektabschnitten darum, überflüssige Doppelspurigkeiten und unnötige »Schleifen« durch ein systematisches und strukturiertes Vorgehen in der daran anschließenden Arbeit zu verhindern. Gallus hofft insbesondere, mit Hilfe der bereits bekannten Methode FMEA mögliche kritische Punkte eines Projektes bereits in einer frühen Phase der Planung zu erkennen und so Präventivmaßnahmen rechtzeitig ergreifen zu können. Insgesamt gilt es, der Entwicklung von Produkten die Entwicklung leistungsfähigerer Produktentwicklungsprozesse zur Seite zu stellen.

Doch auch damit ist es vermutlich nicht getan. Es dürfte notwendig werden, die produkt- und die prozessorientierte Sicht durch eine *umfassende systematische Dokumentierung des im Unternehmen vorhandenen Wissens* zu ergänzen. Nur auf diese Art und Weise dürfte es möglich sein, das Rad nicht immer wieder von neuem erfinden zu müssen, sondern rasch und verlässlich auf bereits vorhandene Erfahrungen zurückgreifen zu können. Das wird es Gallus erleichtern, die Balance zwischen Wiederverwendung und echter Innovation auszutarieren. Darüber hinaus wird es auch notwendig sein, sich intensiv mit der Messung von Entwicklungsleistungen zu befassen. Denn letztlich sollten sich die Auswirkungen von Verbesserungen aller Art auf die Qualität, die Kosten und den Zeitbedarf der Entwicklungen möglichst objektiv darstellen lassen. Derartige Kontrollmechanismen sollen auch die Frage beantworten helfen, ob Gallus in bestimmten Fällen selbst entwickeln oder bestimmte Aufträge an Dritte erteilen sollte.

Auf diese Weise greift das Management der Entwicklung weit über einzelne Projekte hinaus und wird zu einem *integrierten Konzept für eine innovative Produktentwicklung*. Eine wichtige Rolle wird dabei einem computerbasierten Management der in der Entwicklung benötigten Daten zufallen.

Aktionen als Ergänzung der Projekte von Gallus

Den Projekten werden bei Gallus die »Aktionen« zur Seite gestellt. Diese Unterscheidung gehört nicht zum Standardrepertoire der Unternehmensführung, hat sich aber als zweckmäßig erwiesen. Gallus versteht unter einer »Aktion« ein *Bündel von Maßnahmen, das zur Erreichung einzelner Unternehmensziele*, im Wesentlichen von »Objectives« einzelner Funktionen oder auf einzelnen Märkten, *ergriffen wird*. Aktionen sind im Durchschnitt weniger komplex als Projekte, und ihr Wirkungskreis ist in aller Regel auf einzelne, mehr oder weniger große organisatorische Teilbereiche beschränkt. Sie sollen Schwerpunkte setzen, um gegebene Ziele erreichen zu können. Auch sie enthalten ausgeprägte innovatorische Elemente und können deshalb für das Gesamtunternehmen eine große Bedeutung besitzen.

Aktionen werden auf den sie betreffenden organisatorischen Führungsstufen ebenfalls im Rahmen der Jahresplanung vorgesehen und fest eingeplant. Sie sind ein Teil der zur Erreichung von Zielsetzungen geplanten Maßnahmen, ergänzen also die Zielsetzungen. Sie sind projektähnlich und unterscheiden sich klar von noch kurzfristigeren Maßnahmen, die zwar auf ein Jahr hinaus unplanbar sind, sich aus der jeweiligen Situation heraus aber als notwendig und zweckmäßig erweisen.

Je nach ihrer Bedeutung werden die Aktionen, auch diejenigen der Geschäftsbereiche, in das System der unterjährigen (Gesamt-)Unternehmenssteuerung aufgenommen. Aufbauend auf Abbildung 3.3 (siehe Seite 40) können das System der Projekte und wesentlichen Aktio-

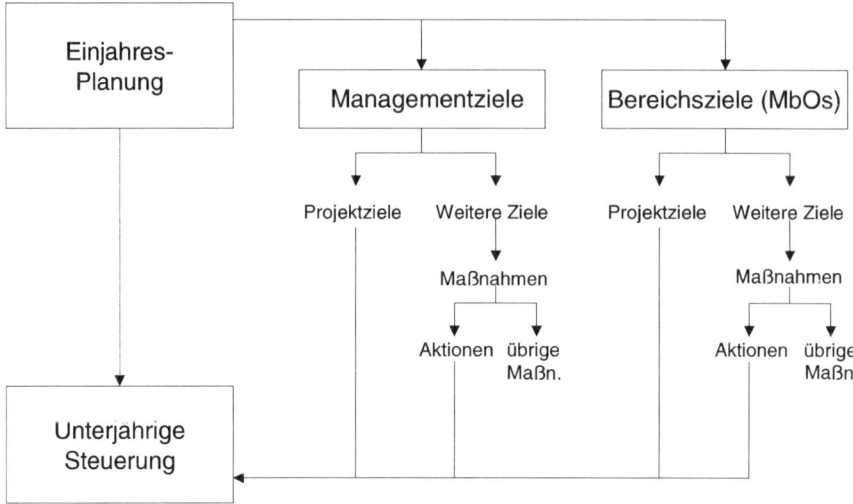

Abbildung 15.2: Die Übernahme der Projekte/Aktionen in die unterjährige Steuerung

nen, ihr Zusammenhang mit der Jahresplanung sowie der unterjährigen Steuerung deshalb im Sinne von Abbildung 15.2 ergänzt werden.

Die Koordination der Vielzahl der Projekte

Die Zahl größerer Projekte, die in einem Unternehmen gleichzeitig abgewickelt werden können, ist beschränkt. Der Engpass liegt eindeutig im Bereich der *personellen Ressourcen.* Projekt(mit)arbeit gehört wegen der Komplexität und des hohen Innovationsgrads der zu lösenden Probleme zu den Aufgaben mit den höchsten Anforderungen im Unternehmen. Aus diesem Grunde versucht man, dafür die besten Mitarbeiter zu gewinnen. Ihre Zahl ist aber begrenzt und ihre Belastung mit den verschiedensten anderweitigen Aufgaben ohnehin schon groß. Zudem bedingen erfolgreich abgeschlossene Projekte in aller Regel gewisse Anpassungen bestehender Arbeitsabläufe, zum Teil auch bestimmter normativer Vorstellungen. Davon werden nicht nur die unmittelbar in das Projekt eingebundenen Mitarbeiter betroffen, sondern weit mehr Unternehmensangehörige. Auch die Anpassungsfähigkeit des ganzen »Systems« Unternehmen ist aus diesem Grunde begrenzt (wobei das entsprechende Niveau je nach Unternehmen, eventuell sogar je nach Unternehmensbereich, sehr verschieden sein kann). Beide durch diese *Kapazitätsgrenzen* gesetzten Schranken sind bei der Genehmigung jedes einzelnen Projektes zu berücksichtigen.

Die Erfahrung zeigt leider immer wieder, dass diese Grenzen beim Fällen von Einzelentscheidungen über Projekte zu wenig beachtet werden. Gefördert wird ein derartiges Verhalten noch dadurch, dass die Projektgenehmigung häufig in erster Linie von finanziellen Kriterien abhängig gemacht wird, zum Beispiel in Form einer vorgeschriebenen Payback-Periode oder eines geforderten Return on Investment beziehungsweise eines internen Zinssatzes. Sind die entsprechenden Vorgaben erreicht und steht grundsätzlich genügend Kapital zur Verfügung, werden die geschilderten personellen Schranken leicht vernachlässigt. Ein Projekt-Wildwuchs kann die Folge sein. Gerade wegen dieser Gefahren sollte die Genehmigung, aber auch die Koordination des Ablaufs von größeren Projekten bei kleineren Unternehmen zum Aufgabenkreis der Geschäftsleitung gehören. »The leader is responsible for integrating, resourcing, and orchestrating the activities of the various project clusters«, hat einmal ein amerikanischer Manager gesagt.

Bei Gallus versucht man, der geschilderten Gefahr vor allem dadurch zu begegnen, dass die Genehmigung und die Freigabe von Projekten, wenn möglich, mit der Einjahresplanung verbunden wird, und zwar auch dann, wenn sie nicht in die Unternehmensziele Eingang finden. Denn eine simultane Entscheidung verbessert naturgemäß die Projektauswahl und auch die Projektdimensionierung. Ziel ist es, nicht mehr als 20 größere Projekte gleichzeitig durchzuführen. Sich gleichzeitig mit der Strategie auseinander zu setzen erleichtert die Auswahl wesentlich. Die gleichzeitige Verabschiedung von Periodenplänen und Projekten kann ferner eine direkte Verbindung zwischen der Periodenplanung und der Planung der Summe sämtlicher Projekte herstellen. Diese Vorgehensweise besitzt einen weiteren, immensen Vorteil: Sie bannt die Gefahr, dass größere Gesamtprojekte »versanden«. Nicht selten verlieren derartige Vorhaben bekanntlich im Laufe der Zeit an Zielstrebigkeit, Gewicht und entschiedener Führung. Nach einem reich orchestrierten Anfang werden ihnen in folgenden Perioden immer weniger Ressourcen gewidmet, bis sie schließlich offiziell als beendet erklärt werden – wenn man sie nicht einfach in Vergessenheit geraten lässt. Schuld daran sind meist eine Überzahl von Projekten und eine zu wenig reflektierte Abfolge von Vorhaben mit leicht unterschiedlicher Ausrichtung. Unter Umständen mangelt es auch zu Beginn der einzelnen Projekte an einer gründlichen Überprüfung des gesamten Projektes, und es wird das Projekt überhastet freigegeben. Weniger wäre in solchen Fällen mehr.

Die Periodisierung der Projektgenehmigung kann im Einzelfall freilich zu gewissen Verzögerungen führen. Sind diese nicht akzeptabel, weicht man bei Gallus selbstverständlich von der Regel ab und nimmt sich die Freiheit, auch während des Jahres dringliche Projekte von unternehmensweiter Bedeutung in Angriff zu nehmen. Die Erfahrung zeigt jedoch, dass trotz der viel beschworenen Dynamik unserer Zeit ein gewisser Aufschub des Beginns von vielen Projekten durchaus verantwortbar ist. Der geschärfte Blick auf das Gesamte und die dadurch erreichte Verbesserung der Projektbeurteilung wiegen meist die zeitliche Verzögerung mehr als auf. Zudem wirkt die enge Verknüpfung der Projektgenehmigung mit der Periodenplanung beruhigend auf die gesamten Geschäftstätigkeiten. Einer unerwünschten, weil schädlichen Hektik wird in vielen Fällen die Schärfe genommen. Die bewährten Prozesse des »Courrant normal« vermitteln dem Unternehmen Stabilität und Sicherheit und versetzen es in die Lage, sich mit den Unwägbarkeiten des Alltagsgeschehens besser auseinander zu setzen.

Die Einjahresplanung als Richtschnur für die kurzfristige Unternehmenssteuerung

Für die laufende Steuerung der Geschäftsaktivitäten innerhalb des Jahres bieten sich bei Gallus auf der Ebene der Geschäftsleitung die Geschäftsleitungssitzungen sowie die Ad-hoc-Gespräche und -Entscheidungen an.

Die Geschäftsleitungssitzungen finden monatlich statt. Die jeweilige Agenda enthält ganz bewusst einen festen Kern. Das Motto lautet: »Über das besonders Wichtige muss viel gesprochen werden« und: »Hohe Aufmerksamkeit des Managements ist ein zentraler Schlüssel für den Erfolg«. In jeder Sitzung wird deshalb über die Schlüsselthemen Produktentwicklung, Qualität und den Fortschritt der für das Jahr wichtigsten Projekte und »Aktionen« gesprochen. Ferner berichten die Mitglieder der Geschäftsleitung so objektiv wie möglich über die neuesten Entwicklungen. Mit aller Kraft wird versucht, die *Prin-*

„Aktivität"	Beschreibung	Verant-wortl.	Projekt-Ende	Zielter-min neu	Abw. in Mt.
		AKTIV			
Fertigungs-konzept	Abschluss Konzept mit Bericht	P	31.05.02	31.05.02	0
Material	Instrumente zur laufenden Bewertung Mat.-aufw./Bestände	C	31.10.01	31.10.01	0
Key-Account	Entwicklung/Umsetzung eines KAM	M	31.12.00	31.12.01	12
RCS 430	Bau des Prototypen RCS 430	T	31.12.01	31.12.01	0
RCS	Erarbeitung und Umsetzung Servicekonzept	K	31.12.01	31.12.01	0
...	...	...	...	...	...
		ERLEDIGT			
Gebr.masch.	Integration GGMAG und Neuausrichtung Gebr.Masch.-Geschäft	K	30.06.01	30.06.01	0

Abbildung 15.3: Beispiel einer Aktivitätenliste

zipien der Transparenz und Offenheit zu verwirklichen. Beschönigungsversuche verstoßen gegen die Gallus-Kultur (vergleiche dazu Kapitel 18) und gelten als »ausgerottete Krankheit«. Monatlich werden ferner die wichtigsten Kennzahlen im Sinne von Abbildung 13.4 (siehe Seite 162) analysiert.

Über den Stand der wesentlichen Projekte/Aktionen orientiert eine Aktivitätenliste. Wegen ihrer überdurchschnittlichen Bedeutung sind darin in erster Linie die großen Projekte enthalten. Abbildung 15.3 zeigt ein Beispiel für eine Aktivitätenliste:

An sämtliche Berichte und Analysen schließen sich Erörterungen über zu ergreifende beziehungsweise bereits ergriffene kurzfristige Maßnahmen an. Diese sollen dazu dienen, negative Abweichungen sowohl vom Jahresplan als auch von einzelnen Aktivitäten so weit wie möglich zu korrigieren, sich bietende Chancen zu nutzen und gegen sich abzeichnende Gefahren möglichst frühzeitig Präventivmaßnahmen zu ergreifen.

Während also auf der Ebene der (strategischen) Projekte und Aktionen Entscheidungen im Zweifelsfall eher hinausgezögert werden, um sie mit dem Rhythmus der Einjahresplanung möglichst zu harmonisieren, wird im Bereich der kurzfristigen Maßnahmen die *Anpas-*

sungs- und Wandlungsfähigkeit des Unternehmens betont. Man kann den Sachverhalt auch wie folgt formulieren: Während besonders die wichtigen, großen Projekte und die bedeutendsten Aktionen dem Aufbau längerfristiger Potenziale dienen und gerade aus dieser längerfristigen Sicht heraus zwar nicht immer, aber eben doch häufig ihre Verwirklichung um einige Wochen und Monate verzögert werden kann, dienen die kurzfristigen (Ad-hoc-)Maßnahmen der *Nutzung der vorhandenen Potenziale*. In diesem Bereich muss, unabhängig vom jeweiligen Zeitpunkt, immer dann rasch und entschieden gehandelt werden, wenn dies erforderlich ist. Die Orientierung an der Einjahresplanung als feste Richtschnur für das in Frage stehende Geschäftsjahr und der im Allgemeinen recht verlässliche Überblick über die gerade aktuellen Verhältnisse erlauben ein derartiges Verhalten ohne weiteres.

16. Wissensmanagement

Die Welt des Wissensmanagements

Die große Bedeutung von Wissen ist seit den Anfängen der Menschheit bekannt. In primitiven Gesellschaften genossen die Alten aufgrund ihrer Erfahrung höchstes Ansehen. In Hochkulturen wurde das Wissen schriftlich festgehalten und zum Teil zusammengetragen. Die Alexandrinische Bibliothek bildete das bekannteste Beispiel hierfür. Zu Beginn der Neuzeit ist die Aussage des Politikers und Philosophen Francis Bacon, »Wissen ist Macht«, berühmt geworden. In den Wirtschaftswissenschaften war es vor allem Joseph Schumpeter, der 1912 in seinem fundamentalen Werk *Theorie der wirtschaftlichen Entwicklung* gezeigt hat, dass die ureigenste Aufgabe der modernen Unternehmen darin besteht, durch Innovation das Wissen zu mehren und damit früheres Wissen zu entwerten.[1] Die Unternehmen – und die Lehre von der Unternehmensführung – haben sich mit Fragen der Wissensgewinnung und -anwendung seit dem Entstehen der kapitalistischen Wirtschaftsweise immer wieder auseinander gesetzt. Das geschah aber unter ganz unterschiedlichen Bezeichnungen und mit jeweils besonderer Ausrichtung.

Der Begriff »Wissensmanagement«, die deutsche Übersetzung von »Knowledge Management«, ist indes neueren Datums. Geprägt wurde er im Zusammenhang mit der Informatik, und zwar in Verbindung mit Konzepten *künstlicher Intelligenz* und *computergestützter Expertensysteme*. Das Aufkommen von Internet und Intranet hat diese Entwicklung weiter gefördert und ergänzt: Neben die Entwicklung und die Aufbewahrung von Wissen trat der elektronisch unterstützte weltbeziehungsweise unternehmensweite *Austausch von Informationen*.

Von da aus fand der Begriff »Wissensmanagement« in der zweiten Hälfte der neunziger Jahre dann eine weitere Verbreitung in der allgemeinen Managementlehre.

Das Bestreben, ein neuartiges, in der Informatik entwickeltes Konzept für die allgemeine Managementlehre nutzbar zu machen, hat dazu geführt, dass noch heute im Bereich des Wissensmanagements zwei Strömungen deutlich sichtbar sind: Auf der einen Seite steht die ursprüngliche Ausrichtung auf die IT-Technologie und die entsprechende Sicht. Auf der anderen Seite steht die allgemeine Managementlehre; sie greift auf verschiedene früher entwickelte Konzepte und Vorstellungen zurück. Diese entstammen zu einem guten Teil dem Human-Resource-Bereich und lassen sich in mehrere Schwerpunkte unterteilen. Der früheste und bedeutendste beschäftigt sich mit der Frage nach der *Wandlungsfähigkeit von Unternehmen*. Diese ist naturgemäß eine zentrale Voraussetzung, um mit neuem Wissen adäquat umgehen zu können. Die Beschäftigung mit dem Wandel von Unternehmen führte schon in den siebziger Jahren zu neuen, besonderen Konzepten. Dazu gehörten das stark von Chris Argyris beeinflusste organisationale Lernen (im deutschen Sprachbereich spricht man von »lernender Organisation«) und das Konzept einer »Unternehmensentwicklung«. Schon früher, nämlich nach dem Erfolg des russischen Erdsatelliten »Sputnik« im Jahre 1957, war eine wahre Welle von Publikationen und Techniken zum Thema »Kreativität« über die Wirtschaft gerollt. Beschäftigte sich man anfangs noch ziemlich isoliert mit einzelnen Kreativitätstechniken, so wurde dieser Bereich zunehmend zu einem Fachgebiet »Innovationsmanagement« ausgeweitet, das seinerseits wiederum an das Schumpeter'sche Gedankengut anknüpfte. Heute wird dieses Gebiet zumeist in der Nähe des Technologiemanagements angesiedelt oder als Teilgebiet davon verstanden.

Wenn der Ausdruck Wissensmanagement in den vergangenen Jahren so rasch eine enorme Verbreitung gefunden hat, dann sicherlich deshalb, weil die Anwendung und ganz besonders auch das Gewinnen von Wissen auf einen immer größeren Prozentsatz der Erwerbstätigen verteilt ist. In völliger Übereinstimmung damit spricht man heutzutage von *Wissensgesellschaft* und von Geistes- oder Wissensarbeitern. Wissen wird als Ressource von Gesellschaften, Staaten und Unternehmen betrachtet, welche die klassischen Produktionsfaktoren Boden und Kapital an Bedeutung weit übertrifft.

Ansätze zu einem Konzept des Wissensmanagements

Unter Wissensmanagement kann man die *Summe der Modelle, Konzepte und Techniken/Instrumente verstehen, welche die Bedeutung des Wissens für das Unternehmen herausarbeiten und es erlauben, wissensrelevante Prozesse in Unternehmen* (und auch in anderen organisierten Gebilden, so zum Beispiel dem Staat) *zu entwickeln und zu steuern.* Das so verstandene Wissensmanagement macht an den Grenzen des Unternehmens nicht Halt, sondern bezieht externe Know-how-Träger mit ein, insbesondere Kunden, Lieferanten, befreundete Unternehmen, Berater, Universitäten und Hochschulen. Den dabei verwendeten Begriff »Wissen« näher zu umschreiben fällt freilich schwer. Denn es handelt sich dabei um einen so genannten primitiven Begriff (wie übrigens auch der nahe beim Wissen stehende Begriff der Information), also einen Begriff, der zwar allen unmittelbar verständlich scheint, jedoch nicht exakt mit Hilfe anderer Begriffe definiert werden kann. Angesichts dieser Schwierigkeit umschreibt Professor Mathieu Weggemann »Wissen« sehr handlungsbezogen und mit Blick auf das Management als »das, was den Menschen die Fähigkeit gibt, bestimmte Aufgaben auszuführen, indem sie Daten aus verschiedenen externen Quellen kombinieren, die es ihnen ermöglichen, unter Verwendung eigener Informationen, Erfahrungen und Haltungen zu handeln«[2].

Je nach Herkunft und ihren Interessenschwerpunkten haben verschiedene Autoren und Institutionen unterschiedliche konzeptionelle Bezugsrahmen entwickelt, um das weite Gebiet des Wissensmanagements zu gliedern. Für besonders wertvoll halten die Autoren die Arbeiten von Probst/Raub/Romhardt und des Fraunhofer-Instituts.[3] Auf deren Erkenntnissen baut die Darstellung in Abbildung 16.1 auf.

Wie bei anderen Managementproblemen auch muss zunächst nach den *Zielen und Unterzielen des Wissensmanagements* gefragt werden. Im Sinne einer logischen Hierarchie der Entscheidungen sollte auch diese Frage zunächst allgemein und auf längere Sicht aufgeworfen werden. Wissen wird dabei als eine strategische Ressource interpretiert. Das wiederum zeigt die Verbindung zwischen der strategischen Dimension des Wissensmanagements und dem ressourcenorientierten Ansatz des strategischen Managementdenkens. Haben die Entscheidungsträger den Eindruck, das vorhandene und künftige Wissen genüge den strategischen Absichten in gewissen Belangen nicht, liegt eine Lücke vor, die es durch entsprechende Vorkehrungen zu schließen

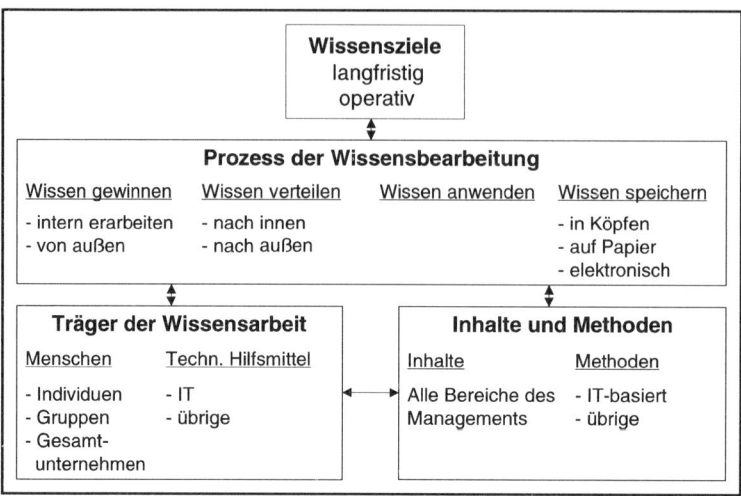

Abbildung 16.1: Bausteine des Wissensmanagements

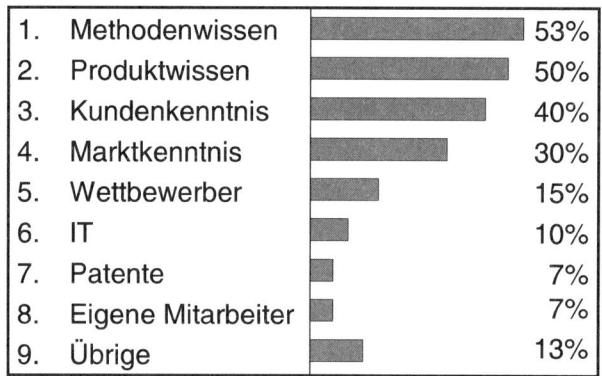

Abbildung 16.2: Die Hauptziele des Wissens-managements

gilt. Dabei drängt es sich geradezu auf, deren Behebung als Ziel in die Balanced Scorecard aufzunehmen. Die breite Perspektive des Wissens-management-Ansatzes garantiert dabei eine genügend breite Dimensionierung des Suchfeldes. Eine Umfrage des Fraunhofer-Instituts ergab beispielsweise die in Abbildung 16.2 genannten Hauptziele.[4]

Allerdings schwanken die Schwerpunkte des Bedarfs an Wissensmanagement erheblich.

Der Gesamtprozess der Wissenserarbeitung und -bearbeitung lässt sich in einzelne Teile unterteilen und bildet eine *Wertschöpfungskette besonderer Art.* Dabei können einzelne Prozessglieder mit konkreten Problemstellungen verbunden werden. So betrifft der Prozess der internen Erarbeitung von Wissen überwiegend das Projektmanagement und dabei wiederum den Ablauf von Projekten im Bereich Forschung und Entwicklung. Die Prozesse des Wissensmanagements wie auch die sie dominierenden Methoden sind stark geprägt von den erwähnten Grundausrichtungen der Wissensarbeit. Je nach Unternehmenskultur wird zum Teil in ein und derselben Branche, zum Beispiel bei großen Beratungsunternehmen, die eine oder die andere Sichtweise stärker hervorgehoben.

Die *technokratischen Aspekte des Wissensmanagements* können enorm wichtig werden, wenn es darum geht, Informationen aufzubewahren und wiederzufinden. Unter anderem kann die IT auch eingesetzt werden, um die besonderen Kenntnisse einzelner Wissensträger, also Personen in und außerhalb des Unternehmens, zu dokumentieren und auf diese Weise grundsätzlich jedem Unternehmensmitglied als Wissensquelle bekannt zu machen. Zum Teil werden die technokratisch-formalisierten Lösungen des Wissensaustauschs besonders gefördert. Der Zeitaufwand für die Dateneingabe und zum Teil auch das fehlende Bewusstsein ihrer Bedeutung begrenzen diese Bestrebungen. Werden diese beiden Voraussetzungen missachtet, können leicht so genannte »Todesspiralen« von elektronischen Wissensbasen entstehen. Sie treten auf, wenn die Datenbanken zu wenig intensiv aktualisiert, aus diesem Grunde nicht ausreichend benutzt und deshalb noch halbherziger aktualisiert werden.

Aus einer längerfristigen Perspektive dürfte die *soziale Sicht* die bedeutendere sein. Denn bei der Kommunikation kommt den IT-Mitteln in der Regel nur eine zweitrangige Bedeutung zu, und ihre Benutzung wird weitgehend von unternehmenskulturellen, also mitarbeiterbezogenen Bestimmungsgrößen beeinflusst Das geht aus der weiter unten stehenden Abbildung 16.5 (siehe Seite 208) deutlich hervor und entspricht auch vollständig den Ansichten und Überzeugungen der Autoren.

Diese werden im Folgenden deshalb auch ausführlicher erläutert.

Der mitarbeiter- und organisationsbezogene Ansatz im Besonderen

Bei den folgenden Überlegungen geht es um die einzelnen Mitarbeitern als Wissensträger und um die Interaktionen zwischen ihnen. Um sich das Zusammenwirken zwischen diesen beiden Gesichtspunkten zu vergegenwärtigen, ist es sinnvoll, zwischen implizitem (= tacit) und explizitem Wissen zu unterscheiden. Auf diesen Gegensatz hat Michael Polanyi in seinem herausragenden Werk *Implizites Wissen* schon vor Jahrzehnten hingewiesen. In den neunziger Jahren ist das Konzept von Ikujiro Nonaka und Hirotoka Takeuchi weiterentwickelt und für die Allgemeinheit bekannt gemacht worden. Implizites Wissen ist allein in den Köpfen einzelner Personen vorhanden. Zum Teil sind sich die einzelnen Personen dieses Wissens bewusst, und sie können es auch ausdrücken; zum Teil ist implizites Wissen jedoch auch unbewusst. Es äußert sich in Grundannahmen und Glaubenssätzen, es findet sich aber auch im Verhalten, zum Beispiel beim Verstehen von Mitmenschen, im Umgang mit Mitmenschen, zum Teil auch bei Bewegungsabläufen und bestimmten Arbeitsvollzügen. Häufig wird das implizite Wissen darüber, wie etwas gemacht wird, Teil der Unternehmenskultur. Das explizite Wissen liegt in artikulierter Form, insbesondere in Form von geschriebenen und gedruckten Wegweisungen, Handbüchern oder Anweisungen, vor. Mehr und mehr werden die entsprechenden Informationen auch mit den modernen Mitteln der Informatik gespeichert. Nonaka und Takeuchi haben die in Abbildung 16.3

	Implizites Wissen	Explizites Wissen
Implizites Wissen	Sozialisation	Externalisierung
Explizites Wissen	Internalisierung	Kombination

Abbildung 16.3: Die Erzeugung und Weitergabe von Wissen

enthaltenen vier *Arten von Wissenserzeugung beziehungsweise Wissenstransformation* in Organisationen unterschieden:[5]

Offensichtlich stellt die Überführung von Wissen aus dem einen Zustand in einen anderen ein Unterfangen dar, dessen Bedeutung nicht immer klar erkannt wird. Den entsprechenden Transfer zu fördern ist deshalb ein wesentlicher Aspekt des Wissensmanagements. Das Modell macht deutlich, wie wichtig die Unternehmenskultur für die Übertragung von Wissen und Routinen auf die einzelnen Mitarbeiter ist. Das wiederum zeigt die enge Verbindung zwischen dem Individuum und dem ganzen Unternehmen: Der Einzelne kann das Unternehmen tief prägen, gleichzeitig ist er aber auch ersetzbar, während die Kultur und die Interaktionsmuster im Unternehmen bleiben, auch wenn der Mitarbeiter ausscheidet. Das Management kann natürlich versuchen, den Übergang von implizitem in explizites und wieder zurück in sozialisiertes implizites Wissen zu fördern. Aus organisatorischer Sicht fordern die beiden Autoren, das überkommene System der Unternehmensorganisation, bestehend aus der Hierarchie der »Geschäftssystemschicht« und der »Projektteamschicht«, durch eine »Wissensbasisschicht« zu ergänzen.

Nach Fraunhofer-Institut		Nach Ruggles	
Zeitknappheit	70%	Verhalten der Mitarbeiter	70%
Fehlendes Bewusstsein	68%	Messung des Wissens-Wertes	43%
Unkenntnis über Wissensbedarf	39%	Bestimmung d.relevanten Wissens	40%
Einstellung „Wissen ist Macht"	39%	Ressourcenzuteilung f. Wi.-Mgt.	34%
Fehlende Transparenz	35%	Erhebung des bestehenden Wissens	28%
Fehlende Anreizsysteme	35%	Bestimmung des Projektumfangs	24%
Zu hohe Spezialisierung	32%	Prozessfestlegung für Wi.-Mgt.	24%
Schlechte Organisation	29%	Wissen erhältlich machen	15%
Ungeeignete IT-Struktur	28%	IT-Technische Schranken	13%
Abteilungs-Konkurrenz	28%	Bestimmung des Leiters	12%
Fehlende Unternehmenskultur	27%	Mitarbeitergewinnung	9%

Abbildung 16.4: Schwierigkeiten bei der Durchführung von Wissensmanagement-Maßnahmen

Unter diesem Blickwinkel wird immer wieder nach möglichen *Barrieren der Wissensübertragung* gefragt. Die Antwort fällt erstaunlicherweise nicht nur beim Vergleich einzelner Unternehmen, sondern auch beim Vergleich einzelner Unternehmensbefragungen recht unterschiedlich aus. Der in Abbildung 16.4 wiedergegebene Vergleich einer deutschen und einer amerikanischen Befragung zeigt dies deutlich.[6] Beide Befragungen setzen soziale Schwierigkeiten weit vor IT-technische Schranken, und das, obgleich die gesamte Entwicklung vom technischen Fortschritt in der Informatik stark beeinflusst und getrieben wird.

Man kann daraus nur den Schluss ziehen, dass ein Abklären der Verhältnisse im eigenen Unternehmen möglicherweise zu überraschenden Ergebnissen führt.

Gallus und das Wissensmanagement

Gallus hat die große Bedeutung von Wissensmanagement schon erkannt, bevor der Begriff überhaupt populär wurde. Gesprochen wurde von einem »LDS«, einem *»Literatur-Dokumentations-System«*. Dieses basierte, dem damals im Unternehmen vorherrschenden technokratischen Führungsverständnis entsprechend, auf der IT und diente dazu, wirtschaftliche und technische Informationen systematisch auszuwerten, zu klassifizieren und abzulegen. »Die Zahl der so erfassten Dokumente geht heute in die Zehntausende. ›Mit etwa 300 Suchläufen pro Monat wird das stets aktuell gehaltene System intensiv benutzt‹, heißt es in der Mitte der achtziger Jahre erschienenen Publikation ›Führung und Systeme in der Ferd. Rüesch AG, St. Gallen‹.« Eingesetzt wurde es hauptsächlich in der Produktentwicklung, wo es die Recherche von Fachliteratur und Erfinderschutzdokumenten erleichterte. Auch Informationen über Wettbewerber wurden per Computer festgehalten. Die Entwicklung des Internet hat das LDS im Laufe der Zeit in den Hintergrund gedrängt, und schließlich wurde seine Pflege abgebrochen. Die neuesten Erfahrungen mit dem Projektmanagement in der Entwicklung haben uns jedoch veranlasst, das System in einer neuen Form, nämlich in einem strikten Zuschnitt auf die Bedürfnisse der Entwicklung, wieder aufzubauen.

Parallel zu dieser besonderen Ausprägung des Wissensmanagements wird seine allgemeine Entwicklung seit Jahren mit großer Aufmerksamkeit verfolgt. Das ist für ein wissensintensives Unternehmen ein Muss. Trotzdem ist Gallus dem Beispiel anderer Unternehmen – zumindest bis heute – nicht gefolgt, ein größeres, unternehmensweites Projekt »Wissensmanagement« anzugehen und an die Stelle des einstigen Literatur-Dokumentations-Systems zu setzen. Der Grund für ein schrittweises, pragmatisches Vorgehen lag und liegt in der Geschichte des Unternehmens und vor allem in den verhältnismäßig großen Schnittflächen zwischen dem Konzept des Wissensmanagements und anderen Konzepten des Managements. Die Überschneidung beziehungsweise die Parallelen verschiedenartiger Konzepte zeigen sich bei Gallus vor allem in Folgendem:

- Die Prozessorientierung des Unternehmens und der hohe Stellenwert, den Gallus dem Qualitätsmanagement beimisst, finden ihren Niederschlag auch in Fragen, mit denen sich das Wissensmanagement befasst. Wie Molière so zutreffend sagte: »Je ne savais pas que je parle la prose.«
- Die Unternehmenskultur strebt seit langem jene Offenheit und jenen Geist der Zusammenarbeit an, welche die Interaktionen zwischen allen Mitarbeitern der Unternehmensgruppe fördern.
- Bei der laufenden Weiterentwicklung der IT-Infrastruktur werden auch bestimmte Aspekte des Wissensmanagements berücksichtigt.
- Die technische Innovation hat eine lange Tradition. Einen Ausdruck findet sie in den jährlichen Innovations-Workshops.

Gerade bei der Auseinandersetzung mit dem Wissensmanagement wurde Gallus bewusst, wie wenig die verschiedenen Konzepte und Werkzeuge des Managements aufeinander abgestimmt sind. Je mehr die Autoren einzelner Konzepte versuchen, bestimmte Teilaspekte des Managements ganzheitlich zu erfassen, umso größer werden die Überschneidungen, aber auch die Inkonsistenzen zwischen den einzelnen Ansätzen, Vorgehensweisen und Werkzeugen. So kann ein Unternehmen eine Kultur des Wandels, die beim Aufbau eines Systems des Wissensmanagements sehr wichtig ist, sehr wohl pflegen, ohne deswegen ein Projekt »Wissensmanagement« durchführen zu müssen. An dieser Stelle zeigt sich ein ähnliches Phänomen wie bei der Balanced Scorecard: Eine zentrale Aufgabe des Managements liegt darin, die verschiedenen Hilfsmittel aufeinander abzustimmen und von ihnen je nach dem bereits eingesetzten Instrumentarium und den spezifischen unternehmerischen Bedürfnissen Gebrauch zu machen. Nur auf diese Weise kann ein sinnvolles Ganzes entstehen.

Keineswegs soll aber das Kind mit dem Bade ausgeschüttet werden. In einzelnen Bereichen ist sich Gallus bewusst, wie wichtig eine systematische Pflege des Wissensmanagements ist. Das sind die Aufgabengebiete Technologie und Entwicklung sowie Marktinformationen, denen schon seit langem große Aufmerksamkeit zuteil wird. Besonders im Bereich Technologie und Entwicklung wurden vor wenigen Jahren die Kernkompetenzen und damit auch das vorhandene Wissen überprüft und auf dieser Grundlage die erforderlichen Maßnahmen ergriffen. Wie schon die Verwendung des Wortes »Kernkompetenzen« zeigt, hat sich Gallus dabei stark auch von strategischen Überlegungen leiten lassen. Das in Abbildung 7.3 (siehe Seite 90) skizzierte Technologieportfolio wurde durch ein Portfolio der technischen Fähigkeiten von Gallus ergänzt (siehe Abbildung 16.5).

Die bisherigen Erfahrungen haben deutlich gezeigt, dass die Bemühungen in diese Richtung verstärkt werden sollten. Das wiederum ruft nach einer *Systematisierung* und *Konzeptualisierung*. Dazu gehören ei-

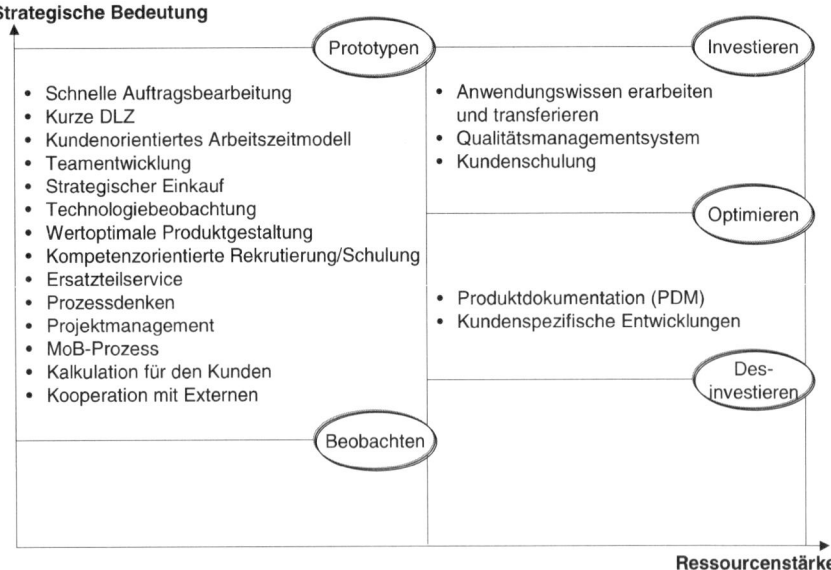

Abbildung 16.5: Kernkompetenzen und technische Fähigkeiten

ne Rückbesinnung auf das vorhandene, aber auch eine Hinwendung auf das noch zu erwerbende Wissen und auf die bestehenden und noch aufzubauenden Informationskanäle. Wesentlich erscheint es vor allem, künftige technologische Entwicklungen noch besser als in der Vergangenheit im Voraus abschätzen zu können. Auch sollte es erleichtert werden, auf technische Daten in der Entwicklung zugreifen zu können.

Auch um seine Kenntnisse des Marktes und der Kunden bemüht sich Gallus seit langem intensiv. So sind den einzelnen Mitgliedern der erweiterten Geschäftsleitung bestimmte Firmen für die stete Beobachtung zugeordnet. Sie berichten im Rahmen von Futura 1 grundsätzlich in einem Zwei-Jahres-Rhythmus über die Ergebnisse ihrer Beobachtungen. Auf eine IT-mäßige Erfassung der entsprechenden Informationen wird jedoch verzichtet. In diesem Bereich ist es sinnvoller, Informationen persönlich auszutauschen, statt sie systematisch und elektronisch zu dokumentieren – nicht zuletzt, weil auch eine persönliche Interpretation der Verantwortlichen damit unerlässlich und gewünscht ist.

Entsprechende Bemühungen und Aktivitäten kann man zweifellos als Komponenten eines Wissensmanagements bezeichnen. Nach der Einführung der Balanced Scorecards lassen sich die entsprechenden Aufgaben jedoch auch als Teil der zu erreichenden strategisch bedeutsamen Ziele und Maßnahmen interpretieren. Letztere wiederum können sehr wohl den Status von Projekten oder von Aktionen gewinnen, wie sie weiter vorne beschrieben sind. Auch darin zeigt sich, wie eng die einzelnen betriebswirtschaftlichen Konzepte und Instrumente im betrieblichen Alltag verwoben sind und sein müssen.

17. Boni und ihre Verbindung zum Entscheidungssystem

Boni: Materielle Beteiligung mit breitem Spektrum

»Beteiligung« der Mitarbeiter am Unternehmen: Der Begriff ist weit gespannt. Er kann für das geistige und emotionale Engagement und den sozialen Einbezug in das Unternehmen stehen. Das ist sein *immaterieller Pol*, bei dem es darum geht, an der Erbringung der Unternehmensleistung mitzuwirken. Autonomie, eigene Verantwortung und Empowerment stehen für diese Art der Beteiligung. Der zweite Pol ist die *materielle Beteiligung*. Diese umfasst die Teilhabe am Unternehmenserfolg und stellt damit einen variablen Lohnbestandteil dar. Ihr sind die nachfolgenden Ausführungen gewidmet.

Zur materiellen Mitarbeiterbeteiligung sind verschiedene Formen entwickelt worden. Nach ihrer Art ist zu unterscheiden zwischen einer Beteiligung am Erfolg und einer Beteiligung am Kapital. Für eine *Beteiligung am Erfolg* stehen mehrere Varianten zur Verfügung. Unterschieden wird üblicherweise zwischen der Gewinn-, der Ertrags- und der Leistungsbeteiligung. Die Gewinnbeteiligung erscheint in der Form einer Beteiligung am Unternehmensgewinn (also dem Bilanzgewinn), einer Ausschüttungsbeteiligung und einer Beteiligung am Substanzgewinn, wie auch immer dieser bestimmt wird. Die Ertragsbeteiligung kennt unter anderem die Varianten einer Beteiligung am Umsatz und an der Wertschöpfung (entsprechend der Differenz von Rohertrag und Aufwand für Leistungen Dritter). Eine Ertragsbeteiligung wird gegebenenfalls auch dann ausgeschüttet, wenn Verluste angefallen sind. Die Leistungsbeteiligung schließlich orientiert sich primär an der erzielten Produktion, einer Produktivitätssteigerung, an Kostenersparnissen oder an Projekterfolgen.

Bei der *Kapitalbeteiligung* ist zu differenzieren zwischen der Beteiligung am Eigenkapital und einer Beteiligung am Fremdkapital, das zum Beispiel zu (höheren als marktüblichen) Vorzugszinsen entschädigt wird. Die Beteiligung am Eigenkapital wiederum kann direkt oder auf dem Umweg über Optionen erfolgen. Möglich ist es auch, die Beteiligung am Erfolg in eine Beteiligung am Kapital zu überführen.

Der an einem Beteiligungsmodell *partizipierende Personenkreis* wird unterschiedlich festgelegt. Er kann sich im Wesentlichen auf das oberste Management beschränken, zusätzlich Angehörige nachgeordneter hierarchischer Stufen ebenfalls einschließen oder sämtliche fest angestellten Mitarbeiter des Unternehmens erfassen. In diesem Rahmen kann die Beteiligung kollektiv nach einem bestimmten Schlüssel auf die Mitarbeiter verteilt werden, oder es kann weiter differenziert werden. In letzterem Fall kann die Höhe der Beteiligung nach dem Ausmaß des individuellen Beitrags Einzelner oder bestimmter Gruppen zum Gesamtergebnis variiert werden.

So unterschiedlich wie die Formen der Beteiligungsmodelle sind auch die *Ziele und Erwartungen* der für ihre Einführung primär Verantwortlichen. Immer wieder genannt werden die in Abbildung 17.1 genannten Ziele.[1]

Die Bedeutung dieser Ziele schwankte im Laufe der Zeit erheblich. Heute ist eine pragmatische Zielsetzung, zumeist in Form einer Multi-Zielsetzung, am stärksten verbreitet.

Erste Beteiligungsmodelle sind bereits kurz nach dem Beginn der Industrialisierung entstanden. Einer im Jahre 1878 im Auftrag des

- Verbesserung der Mitarbeitermotivation und dadurch Steigerung der Produktivität, Effizienz und Qualität.

- Verstärkte Identifikation mit dem Unternehmen und seinen Zielen.

- Stärkung des Images und damit der Attraktivität auf dem Arbeitsmarkt.

- Flexibilisierung der Entgeltgestaltung.

- Überbrückung des Gegensatzes von Kapital und Arbeit.

Abbildung 17.1: Ziele der Mitarbeiterbeteiligung

(deutschen) Vereins für Sozialpolitik erschienenen Untersuchung ist zu entnehmen, dass damals in der Schweiz in 25 Unternehmen ein derartiges Modell bestand (zum Vergleich: im Deutschen Reich waren es 54, in Frankreich 17, in England zehn). Danach schwankte die Verbreitung der Mitarbeiterbeteiligung stark. Besonders seit dem Ende des Zweiten Weltkrieges hat die Zahl der Unternehmen, die sie praktizieren, aber erheblich zugenommen. Eine im Jahre 2000 von rund 1 000 Unternehmen beantwortete Umfrage (der Fragebogen wurde 3 000 Unternehmen zugestellt), die an der Fachhochschule Solothurn Nordwestschweiz durchgeführt wurde[2], ergab, dass rund 30 Prozent der antwortenden Unternehmen ein Erfolgsbeteiligungssystem besitzen; in knapp der Hälfte gelangen freilich nur die Führungskräfte in deren Genuss. Interessanterweise hat die Hälfte der Unternehmen mit einem Beteiligungsmodell dieses erst nach 1994 eingeführt, mehr als ein Viertel sogar erst nach 1996. Der Einsatz von Beteiligungsmodellen ist je nach Unternehmensgröße sehr unterschiedlich. Rund 80 Pro-

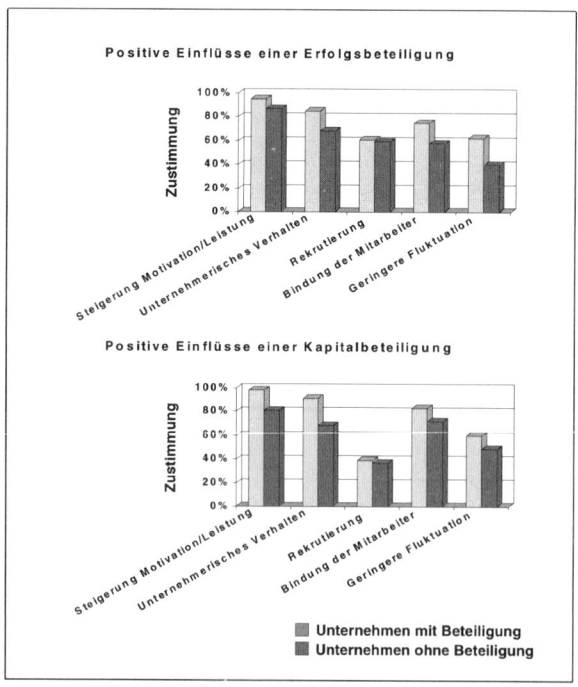

Abbildung 17.2: Positive Einflüsse von Erfolgs- und Kapitalbeteiligungen

zent der Unternehmen mit mehr als 500 Mitarbeitern besitzen ein entsprechendes Modell, ebenso rund 60 Prozent der Unternehmen mit 50 bis 500 Mitarbeitern. Gering ist die Zahl der Unternehmen mit Kapitalbeteiligung; sie beläuft sich auf 10 Prozent der befragten Firmen. Auch hier sind entsprechende Systeme in Unternehmen mit mehr als 500 Beschäftigen stärker verbreitet (über 30 Prozent). In den kleineren Betrieben dominiert offensichtlich das Prinzip des Familieneigentums doch stark.

In der an der Fachhochschule durchgeführten Umfrage wurden leider die Ziele, die mit den materiellen Beteiligungssystemen verfolgt werden sollen, nicht erhoben. Gefragt worden ist jedoch, ob sich *positive Einflüsse von Erfolgs- und Kapitalbeteiligung* feststellen ließen. Die entsprechenden Antworten sind in Abbildung 17.2 zusammengefasst.[3]

Die Antworten auf die gestellten Fragen fielen recht unterschiedlich aus. Offensichtlich divergieren die Ansichten der Anwender und der Nichtanwender beträchtlich. Letztere bringen summarisch gewonnene Überzeugungen, aber kein empirisch fundiertes Wissen zum Ausdruck. Inwieweit die Ansichten der Anwender objektiv richtig sind und inwieweit ein gewisses Wunschdenken mitspielt, muss dahingestellt bleiben.

Aufschlussreich ist, dass insbesondere die Anwender von Beteiligungssystemen deren Einfluss sowohl auf die Motivation als auch auf das unternehmerische Verhalten als ausgesprochen hoch einschätzen. Sie nehmen zudem eine zwar etwas geringere, aber immer noch erhebliche Wirkung auf die (emotionale) Bindung der Mitarbeiter an das Unternehmen an. Alle diese Aussagen gelten in ähnlicher Weise sowohl für die Erfolgs- als auch für die Kapitalbeteiligung. Bemerkenswerterweise werden alle diese Aussagen, wenn auch weniger ausgeprägt, von den Nichtanwendern unter den befragten Unternehmen grundsätzlich geteilt. Eine zugleich klare und allgemein gültige Zuordnung einzelner Ursachen und Wirkungen fällt äußerst schwer. Offenbar müssen die einzelnen Fälle analysiert werden. Vermutlich liegen jedoch zumindest zum Teil systemische Zusammenhänge vor, bei denen es nicht gelingt, sie im Einzelnen zu entwirren und auf isolierte Faktoren zurückzuführen.

In der erwähnten Umfrage wurden die Teilnehmer auch gefragt, welche Gründe ihrer Ansicht nach gegen die Einführung einer materiellen Beteiligung sprechen. An erster Stelle stehen der erforderliche Arbeitsaufwand und die damit verbundenen Kosten sowie die Notwendigkeit, finanzielle Daten offen legen zu müssen. Die Gründe gegen eine Mitarbeiterbeteiligung wiegen für die Nichtanwender wesentlich schwerer als für die Anwender. Auch werden die Gegengründe bei der Kapitalbeteiligung weit schwerwiegender eingeschätzt als bei der Erfolgsbeteiligung.

Das Bonussystem bei Gallus

Gallus hat schon zu Beginn der neunziger Jahre ein Bonussystem eingeführt, in dessen Genuss zunächst die Mitglieder der Geschäftsleitung kamen. Das System war von Anfang an als Komponente des gesamten Führungssystems konzipiert und auf dieses abgestimmt. Den Ausgangspunkt bildete die Überzeugung, dass in jedem Mitarbeiter und vor allem in den obersten Führungskräften ein hohes Maß an Arbeitswille steckt. Die Leistungsbereitschaft durch ein materielles Anreizsystem noch stärker anzuspornen erschien deshalb kaum erforderlich. Das Gallus-Bonussystem sollte deshalb weniger als extrinsischer Motivationsfaktor gesehen werden, sondern vielmehr als Mittel, um das Sich-Auseinander-Setzen und, wenn möglich, die Identifikation mit den Unternehmenszielen zu erhöhen. Richtig eingesetzt, kann es auch den Veränderungsprozess im Unternehmen beschleunigen. Dies ist dann möglich, wenn bei der Bewertung der Zielerreichung nicht die individuelle Leistung, sondern der Grad der Erfüllung der Unternehmensziele herangezogen wird. Der *Teamgedanke* wird damit auch *im Bonussystem* aufgenommen und gefördert. Die Zusammenarbeit im Unternehmen wird angespornt und verstärkt. Das System muss ferner transparent sein und sollte als gerecht empfunden werden.

Im Laufe der Jahre wurde das Bonussystem stufenweise auf immer mehr Mitarbeiter von Gallus ausgedehnt. Heute haben alle Mitarbeiter einen variablen Lohnanteil, der je nach Aufgabe im Unternehmen zwischen 5 und 15 Prozent der Gesamtbezüge liegt.

Diese Ausweitung des Empfängerkreises war kein Grund, von der ursprünglichen Konzeption des Bonussystems abzuweichen. Der ausschlaggebende Erfolgsfaktor der Gallus-Lösung liegt hauptsächlich in ihrer *Integrationswirkung* und der *Förderung der Bereitschaft, Wandel und Neuerung zu unterstützen.*

Das Gallus-Bonussystem ist kein isoliertes Element der Führung, sondern ein integrierter Teil und sozusagen der Abschluss des Führungsprozesses, der sich über ein Jahr erstreckt. Damit wird der variable Lohnanteil nicht nur am Erfüllungsgrad der quantitativen Jahresziele gemessen, sondern auch an den qualitativen Vorgaben. Darin enthalten sind, wie vorn gesehen, auch die wesentlichen Projekte. Dass mit diesem Vorgehen nicht nur die Identifikation mit den Unternehmenszielen, sondern auch der Veränderungsprozess im Unternehmen gefördert wird, ist offensichtlich.

Im Einzelnen ist das System wie folgt ausgestaltet:

- Jeder Mitarbeiter hat einen Arbeitsvertrag; darin wird der fixe Lohnanteil (sowie gegebenenfalls weitere Leistungen wie zum Beispiel Sozialleistungen und Spesenvergütungen) festgehalten.
- Jeder Mitarbeiter erhält bei der Anstellung und später jährlich einen Brief; darin wird der Nominalbonus für das laufende Jahr in Landeswährung festgelegt. Wurden die Managementziele zu 100 Prozent erfüllt, kommt nach Abschluss des Geschäftsjahres der Nominalbonus zur Auszahlung. Wurden die Ziele übertroffen oder unterschritten, ist in einer Matrix ersichtlich, wie hoch der entsprechende Bonusbetrag ausfallen wird.

ERFULLUNGSGRAD der Unternehmungsplanung	MULTIPLIKATOR des Nominalbetrages der Erfolgsbeteiligung
unter 90	0.000
90	0.250
91	0.325
92	0.400
93	0.475
94	0.550
95	0.625
96	0.700
97	0.775
98	0.850
99	0.925
100	1.000
101	1.100
102	1.200
103	1.300
104	1.400
105	1.500
106	1.600
107	1.700
108	1.800
109	1.900
max. 110	2.000

Dem Bonus-Plan liegt eine überdurchschnittliche Leistungserwartung an die einzelnen MitarbeiterInnen zugrunde. Ist die individuelle Leistung über oder unter den Erwartungen, liegt es im Ermessen des direkten Vorgesetzten, zusammen mit dem zuständigen Geschäftsleitungmitglied, dies bei der Bonus-Festlegung zu berücksichtigen.

Abbildung 17.3: Die Erfolgsbeteiligungs-Matrix bei Gallus

Gemäß dieser Matrix kann theoretisch der variable Lohnanteil zwischen 0 und 200 Prozent des Nominalbonus betragen. Diese Bandbreite scheint relativ hoch, ist in der Praxis aber weit geringer. Weil nicht nur harte Fakten, sondern auch qualitative Ziele in die Bewertung eingehen, entsteht gewissermaßen eine Glättung. Ferner ist zu beachten, dass die Bemessung nicht linear verläuft. Grundlage für die Managementziele bildet die Einjahresplanung, wie sie in Kapitel 13 beschrieben wurde. Diese wird jeweils im Dezember vor dem Planjahr vom Verwaltungsrat der Gallus Holding AG genehmigt. Die wesentlichen Kennzahlen dieser Einjahresplanung, sowie die wichtigsten, daraus abgeleiteten Projekte und Programme werden in die Managementziele aufgenommen. Die quantitativen und die qualitativen Ziele werden zu je 50 Prozent gewichtet.

Nach Ablauf des Geschäftsjahres ist festzulegen, inwieweit die Managementziele erfüllt wurden. Der quantitative Teil bietet keine besonderen Probleme, da hinter jeder Kennzahl ein entsprechender Maßstab für die Bewertung von Abweichungen liegt. Etwas Fingerspitzengefühl erfordert die Bewertung der qualitativen Ziele. Mit zunehmender Erfahrung gelingt dies immer besser. Spätestens an dieser Stelle wird offensichtlich, dass eine möglichst präzise Zielformulierung – die im Idealfall messbar ist – die Bewertung wesentlich erleichtert. Da ein Teil der Bewertung aber dennoch eine mehr oder weniger subjektive Einschätzung ist, empfehlen die Autoren eine »wohlwollende« Grundhaltung.

Der CEO der Gallus-Gruppe erarbeitet – unter Einbeziehung weiterer Mitglieder der Geschäftsleitung – den Erfüllungsgrad der jährlichen Managementziele und unterbreitet diese dem Verwaltungsrat der Gallus Holding AG zur Genehmigung. Der Verwaltungsrat evaluiert abschließend diesen Erfüllungsgrad und damit den Bonus aller Mitarbeiter. Bei außerordentlichen Ereignissen, die zu wesentlichen Abweichungen gegenüber der Planung führten, kann der Verwaltungsrat auf die Situation eingehen und in Abweichung zum Vorschlag des CEO den Bonus festlegen. Das Gallus-Bonussystem hat sich über viele Jahre deshalb bewährt, weil es nicht als Anreizsystem angelegt ist, sondern als Instrument zur Erhöhung der Transparenz, der Identifikation mit den Unternehmenszielen und zur Unterstützung des Veränderungsprozesses. Im Gegensatz zu einer Droge, bei der die Dosis laufend zu erhöhen ist, um den gewünschten Effekt zu erzielen, kann das System von Gallus noch viele Jahre unverändert Bestand haben. Nicht das System ändert sich, sondern die Inhalte.

Teil V
Die soziale Dimension
Gegengewicht zu den technokratischen Systemen

Die Bedeutung der sozialen Dimension

Von Anfang dieses Buches an wurde immer wieder betont, wie wichtig die soziale Dimension im Rahmen der Unternehmensführung ist. Der letzte Hauptteil soll deshalb Fragen des Managements der sozialen Dimension gewidmet werden.

Bevor Einzelheiten erläutert werden, möchten die Autoren an eine Erkenntnis von Michael Hammer erinnern. Nur drei Jahre nach der Veröffentlichung des Erfolgsbuches *Reengineering the Corporation: A Manifesto for Business Revolution*[1], das er mit James Champy verfasst hatte, sagte er: »Ich reflektierte meinen Engineering Background und berücksichtigte zu wenig die menschliche Dimension. Ich habe gelernt, dass diese entscheidend ist.« Der im Buch enthaltene Grundgedanke war an sich äußerst eingängig und überzeugend: Mit naturwissenschaftlicher analytischer Schärfe konnte gezeigt werden, dass durch eine *fundamentale Änderung der Arbeitsprozesse*, eben eines »Reengineering«, riesige Produktivitätsgewinne möglich sind. Viele Unternehmen schickten sich denn auch an, das neue Gedankengut zu verwirklichen, meist unterstützt von bekannten und renommierten Unternehmensberatern. Die Widerstände gegen die entsprechenden Projekte waren indessen in mehr als der Hälfte aller Fälle so groß, dass die in sie gesetzten Erwartungen bei weitem nicht erfüllt werden konnten. Einige Projekte scheiterten gar vollständig.

Diese niederschmetternden Erfahrungen werfen ein grelles Schlaglicht auf einen tiefen Graben, der die Managementlehre und die Managementpraxis durchzieht. Der Welt der nüchternen, rationalen Planung, die sich an den obersten Unternehmenszielen orientiert, steht das »volle Menschenleben« gegenüber, mit all seinen menschlichen Egoismen und Ängsten, mit einem Mikrokosmos von Gefühlen, Leidenschaften und Emotionen, aber auch mit Hoffnungen und ehrgeizigen Träumen jedes einzelnen Mitarbeiters. Auf die Existenz dieser zwei Welten wurde schon in Kapitel 3 hingewiesen. Managementlehre und Managementkurse, häufig aber auch die Praxis selbst, rücken die Rationalität der Unternehmensführung und die entsprechenden Instrumente noch immer auf Kosten der sozialen Dimension stark in den Vordergrund. Die Gründe hierfür sind vielfältig. Zum Teil dürften sie darin liegen, dass sich das Managementdenken noch immer einseitig an die Welt der *technisch-rationalen Machbarkeit* hält und hier den

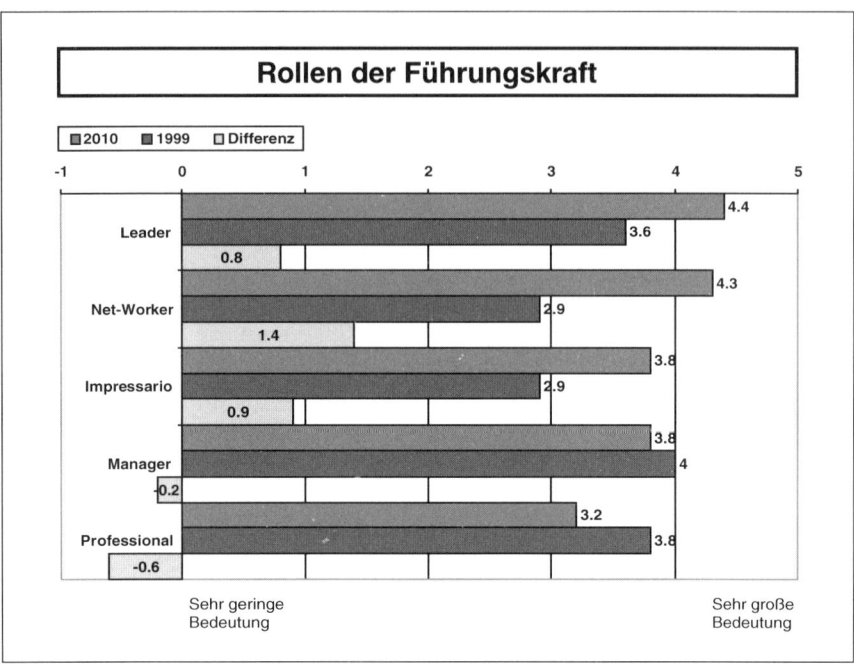

Abbildung V.1: Rollenverschiebungen bei Führungskräften

entscheidenden Schlüssel zum Erfolg vermutet. Diese Annahme ist, wie das Beispiel von Hammer und Champy zeigt, äußerst gefährlich, es kann geradezu existenzbedrohend sein. Insbesondere Kotter hat auf dieses Missverhältnis schon vor langem hingewiesen und gleichsam den Spieß umgedreht, indem er schon zu Beginn der neunziger Jahre schrieb: »Most U. S. corporations today are overmanaged and under-led.«[2] Dieses Gedankengut hat in den vergangenen Jahren erheblich an Aufmerksamkeit gewonnen.

Offenkundig sind entsprechende Entwicklungen auch in der unternehmerischen Praxis in Gang – und die Erwartungen sind groß, dass sie sich in der näheren Zukunft verstärken werden. So berichten Wunderer/Dick von der in Abbildung V.1 wiedergegebenen *Rollenverschiebung von Führungskräften*, die eine im Jahre 1998 durchgeführte breite Umfrage (mit Schwerpunkt auf größeren, international tätigen Unternehmen) gezeigt hat.[3]

Gallus ist sich allerdings bewusst, dass die soziale Dimension aufgrund ihrer Besonderheiten schwerer zugänglich ist als die rein wirtschaftlich-technokratische. Denn viele Fakten entziehen sich der genauen Messbarkeit, so manches ist deshalb kaum zu berechnen, und der Wandel vollzieht sich im sozialen Bereich zwar nicht immer, aber eben doch sehr häufig langsam und eher zähflüssig. Eben deshalb beschäftigt sich Gallus sehr bewusst – und auch mit einem erheblichen Aufwand an Zeit und finanziellen Mitteln – mit der sozialen Dimension der Unternehmensführung. Im Sinne einer integrierten Sicht der Unternehmensführung vertreten die Autoren zwar entschieden die Meinung, dass die beiden Dimensionen nicht gegeneinander ausgespielt werden dürfen, sondern dass sie sich ergänzen müssen. Aber die große Bedeutung der sozialen Dimension für die Geschicke eines jeden Unternehmens ist unbestreitbar. Sie ist allgegenwärtig. Sie beeinflusst das Verhalten jedes Einzelnen und wird von ihm geprägt. Sie wirkt auf jeden Mitarbeiter und viele Stellensuchende zudem wie ein Stück elektrisch geladenes Metall: Einzelne werden angezogen und zum Verbleiben im Unternehmen veranlasst. Andere werden abgestoßen und von ihm fortgetrieben. Gerade die Schwierigkeiten des Umgangs mit der so genannten »*Weichheit*« *der sozialen Dimension* verlangen eine besonders intensive Auseinandersetzung mit ihr – nicht notwendigerweise, weil sie »an sich« wichtiger ist, wie Kotter sagt, sondern weil sie ungleich schwieriger zu handhaben ist und aus diesem Grunde einer wesentlich größeren Aufmerksamkeit bedarf.

Ansätze zur Gliederung

Auch mit der »sozialen Dimension« beschäftigt man sich auf der Basis eines kategorialen Denksystems. Unter dem Aspekt der Führung kann dabei auf die Grundkategorien des unternehmerischen Entscheidungssystems zurückgegriffen werden. Demzufolge ist aus einer längerfristigen Orientierung heraus zunächst nach der Vision und dem Leitbild für die »soziale Dimension« zu fragen. Beide bilden einen Teil der gesamtunternehmerischen Vision beziehungsweise des gesamtunternehmerischen Leitbildes und müssen einen sinnvollen Beitrag leisten. Vision und Leitbild sind durch eine Strategie zu ergänzen. In der Literatur hat sich dieser Begriff im Zusammenhang mit der sozialen Dimension zwar nicht durchgesetzt. Aber man kann darunter das *Sys-*

tem von Konzepten und Instrumenten verstehen, die zur Verwirklichung von Vision und Leitbild eingesetzt werden können, so insbesondere den Führungsstil, die Gewinnung und die Beurteilung der Mitarbeiter sowie die Mitarbeiterentwicklung.

Vor dem Hintergrund von Vision/Leitbild und »Strategie« sind auch im Bereich des Sozialen operative Ziele zu formulieren sowie Projekte und Aktionen durchzuführen. In die Einjahresplanung werden sie in Form variierender oder überdauernder Ziele aufgenommen, unter anderem auch im Zusammenhang mit dem Balanced-Scorecard-Ansatz. Das Alltagshandeln schließlich hat sich an den längerfristigen Grundsätzen zu orientieren.

Unter inhaltlichen Gesichtspunkten lässt sich die soziale Dimension der Führung auf Grund der an anderer Stelle ausgeführten Begriffe Kultur, Gruppe und Dyade unterteilen. An dieser Gliederung orientiert sich der Aufbau der nachfolgenden Ausführungen. Dabei werden auch die drei Schlüsselbegriffe näher erläutert.

18. Die Unternehmens- und Führungskultur

Die Unternehmenskultur – schwer fassbar und doch omnipräsent

Zu Begriff und Bedeutung der Unternehmenskultur

Der Begriff »Unternehmenskultur« ist Anfang der siebziger Jahre zunächst in den USA und danach auch in Europa innerhalb kurzer Zeit populär geworden. Der Grund lag in den damaligen Erfolgen der japanischen Industrie auf den Weltmärkten. Beim Versuch, die Ursachen hierfür herauszufinden, fand man kaum »harte Faktoren« wie zum Beispiel besonders ausgefeilte Strategien oder Managementtechniken. Der Hauptgrund wurde in *»weichen« Faktoren* gesehen, wie zum Beispiel der extrem hohen Identifikation der Mitarbeiter mit dem Unternehmen, begleitet von einer ebenso starken Loyalität sowie der ausgesprochen intensiven Kommunikation und Kooperation zwischen den Mitarbeitern. Diese Besonderheiten wurden primär auf die Gegebenheiten und Eigenheiten der japanischen Gesellschaft und ihrer Kultur zurückgeführt. Dennoch hielt man es für sinnvoll, sich auch in den »westlichen« Staaten, also den USA und später auch Europa, der Unternehmenskultur anzunehmen. Denn man nahm an, dass sich Unternehmenskulturen intentional entwickeln lassen und dass sich andere Kulturkreise dabei sehr wohl von den japanischen Erfahrungen leiten lassen könnten.

Unter Unternehmenskultur kann man ein *System von Wertvorstellungen und Verhaltensnormen, von Denkmustern und Handlungsweisen verstehen, die von den Unternehmensangehörigen geteilt werden.* Die einzelnen Facetten der Unternehmenskultur können sich auf sämt-

Der klassische Ansatz von Deal/Kennedy (4 Typen)	Der Ansatz von Pümpin et al. (7-gliedriges Profil)	Der Ansatz von Rühli (3-gliedriges Profil)
„Macho"-Kultur	Kundenorientierung	Führungstechnik
„Arbeit als Spiel"-Kultur	Mitarbeiterorientierung	Menschenführung
„Risiko"-Kultur	Resultats-/Leistungsorientierung	Geschäftsgebarung
Verfahrenskultur	Innovationsorientierung	
	Kostenorientierung	
	Unternehmens-orientierung	
	Technologieorientierung	

Abbildung 18.1: Unterschiedliche Gliederungsversuche der Unternehmenskultur

liche Aspekte des Zusammenlebens in einem Unternehmen beziehen. Aus genau diesem Grunde fällt es schwer, eine allgemein gültige und zugleich sinnvolle Gliederung vorzunehmen. Entsprechende Vorschläge weichen denn auch erheblich, in Extremfällen in einem geradezu grotesken Umfang, voneinander ab. Sie orientieren sich an bestimmten Modellen des Managements und spiegeln in aller Regel eher bestimmte Meinungen der Autoren über das, was sie als besonders relevant betrachten, wider, als dass sie die Realität objektiv abbilden würden. Abbildung 18.1 vermittelt dazu einen anschaulichen Beleg.[1]

Viele Aspekte der Unternehmenskultur sind den Unternehmensangehörigen bewusst. Zu einem großen Teil wird das grundlegende Gesamtmuster aber gar nicht mehr hinterfragt, es wird vielmehr als selbstverständlich betrachtet. Zu den als »natürlich« und selbstverständlich betrachteten Kulturelementen gehören, unter anderem, Annahmen über die Natur des Menschen, über die korrekte Art des angebrachten, »gehörigen« Verhaltens, über Zusammenhänge und Ursache-Wirkungs-Ketten (Argyris spricht in diesem Zusammenhang von »theories in use«). Professor Gerd Hofstede hat in diesem Zusammenhang von einer »kollektiven Programmierung des menschlichen Denkens« gesprochen. Diese *Verinnerlichung einer (Unternehmens-)Kultur* führt nicht nur dazu, dass die Organisationsteilnehmer sich ihrer zum Teil gar nicht mehr bewusst sind, sondern auch, dass sie sich etwas anderes gar nicht mehr vorstellen können. Naturgemäß geht ihre Akzeptanz aller-

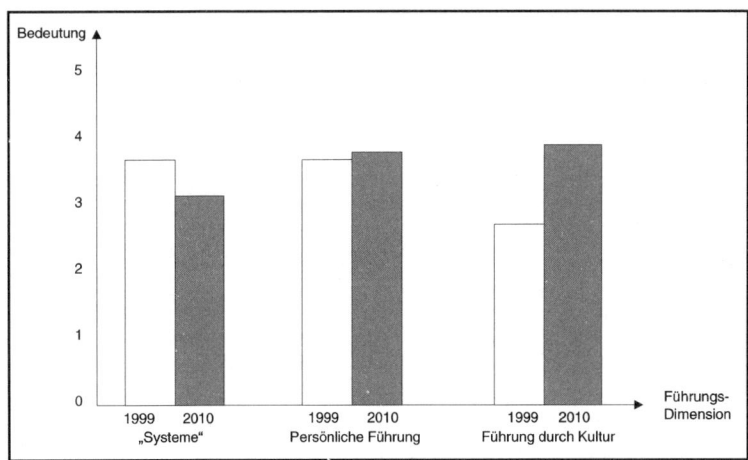

Abbildung 18.2: Die Unternehmenskultur als Führungsinstrument wird wichtiger

dings verschieden weit. Sie reicht von Ablehnung (was konsequenterweise zu einem Ausscheiden aus dem Unternehmen führen sollte) über die Identifikation bis zur vollständigen Internalisierung.

Wenn eine Unternehmenskultur von den Mitarbeitern getragen wird, erleichtert sie deren »Führung« ungemein, denn sie steuert deren Verhalten weitgehend. Abbildung 18.2 zeigt, wie wichtig die Unternehmenskultur als Führungsmittel ist.[2] Sie drückt die Einschätzung des Jahres 1999 und die Erwartungen für das Jahr 2010 von 27 Personalexperten führender schweizerischer Unternehmen hinsichtlich der Bedeutung einzelner Führungsmittel aus. Die Umfrage zeigt einen markanten erwarteten Rückgang der Bedeutung der »Führungssysteme«, also der Organisation, aber auch der Strategie und der Planung. Er wird mehr als kompensiert durch einen noch kräftigeren Anstieg der Bedeutung der Unternehmenskultur.

Bei der *Führung durch Kultur* erfolgt die Beeinflussung nicht durch äußerlichen, individuellen Zwang, allenfalls unterstützt durch Managementinstrumente. Vielmehr handeln die Mitarbeiter aus freien Stücken, aus sich selbst heraus, – wenigstens scheinbar – autonom. Gerade diese Zusammenhänge zeigen aber auch die große Verantwortung einer »Führung über die Unternehmenskultur«. Der Vorwurf der Manipulation liegt insoweit in der Luft, als die Kultur vom (Top-)Management beeinflusst werden kann und beeinflusst wird.

Vielfalt von Unternehmenskulturen

Unternehmenskulturen besitzen jeweils ihre eigene *Individualität*. Sie können stark oder schwach sein, das heißt, sie werden von den Unternehmensmitgliedern in einem stärkeren oder minderen Maß getragen. Auch Einheit und Einheitlichkeit sind unterschiedlich ausgeprägt. Neben oder sogar anstelle »der« Unternehmenskultur können sich Subkulturen entwickeln, insbesondere entlang organisatorischer Grenzen. So können Filialen und Tochtergesellschaften von einer anderen Kultur beherrscht sein als der Hauptsitz. Auch können sich in funktionalen Einheiten bekanntermaßen unterschiedliche Kulturen entwickeln.

Eine »*starke*« *Kultur* besitzt enorme Vorzüge, birgt aber auch große Gefahren in sich. Die »kollektive Programmierung« erleichtert die Koordination ganz erheblich. Sie vermittelt klare Orientierungen, reduziert Interpretationsspielräume und fördert damit die »unité de doctrine«. Auf diese Weise sinkt der Bedarf an formalen Regelungen und administrativen Weisungen ebenso wie die Notwendigkeit direkter persönliche Führung. Auch die Selbstkoordination zwischen den Unternehmensmitgliedern wird vereinfacht, weil alle sich an dieselben Normen und Regeln halten. Eine starke, von Stolz auf die Leistungen und die Leistungsfähigkeit des Unternehmens geprägte Kultur fördert ferner die Identifikation der Unternehmensmitglieder. Sie können einen Teil des Unternehmensprestiges auf ihre eigene Person übertragen. Der große Nachteil einer »starken« Kultur liegt darin, dass die mit ihr verbundenen Meinungen und Glaubenssätze die *Wahrnehmungsfähigkeit der Unternehmensmitglieder* einschränken. So konzentrierte sich General Motors zu lange auf Größenvorteile (Economies of Scale) und schenkte anderen Faktoren zu wenig Beachtung; ein übertriebener Glaube an die Macht der Dezentralisation war für Sears ebenso schädlich wie für Goodyear die bürokratische Überzentralisierung. Zum Teil unterliegen starke Kulturen auch der Gefahr der *Erstarrung*. Sie stehen einer gesunden Weiterentwicklung des Unternehmens im Wege, indem sie neue Sichten und Fragestellungen tabuisieren. Eine starke Kultur kann dazu führen, dass die Managementgruppe das Unternehmen im Gleichschritt ins Verderben führt. Derart schädliche Erstarrungen können alle von einer Kultur erfassten Bereiche betreffen, insbesondere auch die Kultur selbst. Diese wird damit zu einer Festung konservativen Denkens. Das überlebensgroße Bild des Gründers des

Unternehmens in einem den Geist vergangener Zeiten atmenden Verwaltungsratssaal ist immer wieder ein eindrückliches Bild einer derartigen Entwicklung. Erinnerungen an die Endphase des alten Ägypten werden dabei wach. Damals wurde bekanntlich verzweifelt versucht, die bedrohliche gegenwärtige Situation durch eine möglichst getreue Befolgung der Glaubenssätze und Lebensregeln der erfolgreicheren Vorfahren zu meistern. Das Ergebnis ist bekannt.

Die Gestaltbarkeit der Unternehmenskultur

Wie lässt sich der kulturelle Wandel durch das (oberste) Management gestalten? Schon diese Sicht- und Ausdrucksweise wird bei manchen Sozialwissenschaftlern Unverständnis, wenn nicht eine gewisse Feindseligkeit hervorrufen. Kritisiert werden die *instrumentelle Betrachtungsweise der Unternehmenskultur* und eine angeblich damit verknüpfte *ideologische Voreingenommenheit*. Der Vorwurf verkennt indessen die wirtschaftliche Realität, erweist sich seinerseits als einseitig und ideologisch gefärbt und schlägt damit ins Leere. Aus betriebswirtschaftlicher Sicht ist die aufgeworfene Frage in zweifacher Weise differenziert zu beantworten.

Zunächst einige Betrachtungen, wie die oberste Führung die Unternehmenskultur beeinflussen kann. Unternehmenskulturen sind teilweise Produkt ihrer eigenen Geschichte und unterliegen vielfältigen Einflüssen von außen wie von innen. Viele Entwicklungen sind aus diesem Grunde spontan und nicht geplant. So können Geschichten, welche die Kultur versinnbildlichen und sie in der Folge auch prägen, Späße oder Symbole von irgendeinem Unternehmensmitglied in die Welt gesetzt werden und sich rasch durch das ganze Unternehmen verbreiten. Die Bilder und Metaphern können von größter Eindringlichkeit und Dramatik sein und gerade auch deshalb ein überaus langes Leben haben. Ganz ähnlich bilden sich Gewohnheiten des Umgangs untereinander wie Distanziertheit oder Nähe, Steifheit oder Lockerheit häufig spontan als Folge der im Unternehmen vereinten Persönlichkeiten und ihrer gegenseitigen Beziehungen.

Neben derartigen spontanen und ungeplanten Entwicklungen stehen die Versuche, die Kultur *bewusst* in eine bestimmte Richtung *zu steuern*. Das trifft ganz besonders auf die oberste Unternehmensführung zu. Häufig bilden sich aber auch Fraktionen, also Verbindungen von Gleichgesinnten, um die Kultur, oder wenigstens bestimmte Eigenschaften der Kultur, in eine bestimmte Richtung zu beeinflussen. So können sich unterschiedliche Parteien in Richtung mehr oder weniger Risikobereitschaft (oder mehr oder weniger Änderungsbereitschaft, mehr oder weniger Leistung, Arbeitsintensität oder Erfolgszwang) orientieren und um die Anerkennung ihrer Ideale ringen mit dem ausgesprochenen oder latenten Ziel, sie zu einem Bestandteil der Unternehmenskultur zu machen. In diesem Streben nach Beeinflussung fällt der obersten Unternehmensleitung eine herausragende Bedeutung zu.

Dem Top-Management, und insbesondere dem CEO, stehen grundsätzlich verschiedene Mittel und Wege offen, um die Kultur zu beeinflussen. An erster Stelle stehen dabei *Kommunikation* und *Vorbild durch eigenes Handeln*. Was den Weg der Kulturveränderung angeht, ist zwischen einem einmaligen, großen Anlass und dem kontinuierlichen, inkrementalen Umgestalten zu unterscheiden. Die vollständige Analogie zur Schaffung und Änderung der Unternehmensstrategie ist offenkundig. Hier wie dort sind die Größe des Änderungsbedarfs und die erforderliche Änderungsgeschwindigkeit zu berücksichtigen. Freilich ist die Würdigung dieser Faktoren von subjektiven Auffassungen geprägt. Diese dürften besonders bei denjenigen CEOs, die schon seit längerer Zeit im Amt sind, durch die Unternehmenskultur mitbestimmt sein.

Tatsache ist allerdings, dass große und rasche Änderungen der Kultur zumeist mit einem Turnaround des gesamten Unternehmens und einem Wechsel im obersten Management verbunden sind. Sie erfordern außerordentlich hohe Anstrengungen und sind in der Regel mit schweren menschlichen Problemen verknüpft. Entlassungen sind zumeist unvermeidlich. Zum Teil werden sie als Folge einer geänderten Strategie und aus Kostengründen vorgenommen. Manager verlassen das gewandelte Unternehmen häufig aber auch aus unternehmenskulturellen Gründen, sei es, dass sie nicht bereit sind, die neue Orientierung des Unternehmens zu tragen, sei es, dass ihr Arbeitsverhältnis wegen unterschiedlicher Auffassungen gekündigt wird.

Ein *einmaliger Kraftakt* reicht allerdings für einen Wandel einer Unternehmenskultur bei weitem nicht aus. »Eine Pflanze wächst nicht durch einmaliges Gießen, sondern durch regelmäßige Pflege«, sagt ein Sprichwort. Es gilt auch in diesem Zusammenhang. Selbst kraftvolle, mit allen nur denkbaren Machtmitteln ausgestattete Spitzenmanager

	Anpassungsfähige Kulturen	Starre Kulturen
Kernwerte	• Kunden-, Aktionärs- und Mitarbeiterorientierung • Wertschätzung von Neuerungen	• Jeder konzentriert sich stark auf die eigene Aufgabe • Wertschätzung von Sicherheit und Routinen
Gemeinsames Verhalten	• Beachtung verschiedener Anspruchsgruppen • Wandelorientiert • Bereitschaft zur Übernahme von Risiken	• Politisches und bürokratisches „Inselverhalten" • Wenig wandelorientiert • Befolgung bestehender Vorschriften

Abbildung 18.3: Anpassungsfähige und starre Unternehmenskulturen

benötigen dafür Jahre. So wird berichtet, Jack Welch habe bei General Electric zehn Jahre gebraucht, um die Kultur wirklich zu ändern, Barry Sullivan ebenso lange bei der First Chicago Bank, John Harvey-Jones sechs Jahre bei ICI und Jan Carlzon vier Jahre bei SAS. Gewiss – das sind alles große Konzerne. Bei allen, mit Ausnahme von General Electric, lag jedoch eine ausgesprochene Notsituation vor, die von niemandem verkannt werden konnte und dringend nach einem kulturellen Wandel verlangte (weniger kritisch war die Situation einzig bei General Electric, wo es »nur« galt, die Zeichen an der Wand zu sehen und richtig zu interpretieren). Aber auch in kleineren Unternehmen erfordert ein Kulturwandel einen erheblichen, mehrjährigen Zeitaufwand.

Kulturelle Änderungen geringeren Ausmaßes sind weniger spektakulär und laufen weniger dramatisch ab. Aber auch sie erfordern besondere Anstrengungen und Maßnahmen der Unternehmensführung. Noch am leichtesten sind sie durchzuführen, wenn bestimmte Komponenten der Unternehmenskultur konstant gehalten werden können und wenn der Wandel zu einer Maxime der Unternehmenskultur erhoben wird. Abbildung 18.3 vermittelt davon einen Eindruck.[3]

Aber auch wenn der Wandel zum anerkannten Prinzip erhoben wird, sind die Widerstände gegen einzelne Aspekte davon häufig noch sehr stark.

Die Gallus-Kultur

Im Laufe der Jahre hat auch Gallus in aller Deutlichkeit erfahren, wie wichtig die Firmenkultur ist, aber auch wie schwierig es ist, diese Kultur aufzubauen. Gallus ist immer noch auf dem Weg. Dieser führt weg von einem technologiegetriebenen Unternehmen, dem die starke Unternehmerpersönlichkeit ihren Stempel aufgedrückt hat, hin zu einem marktgetriebenen Unternehmen mit einem besonderen Verständnis von der Stellung und Bedeutung der Mitarbeiter. Zu Beginn stellte die Änderung der Kultur einen »großen Sprung«, einen fundamentalen Wandel dar. Heute ist der »Kulturkampf«, wenn man sich so ausdrücken will, längst ausgetragen. Aber der Neuaufbau ist noch nicht zu Ende. Es ist viel Zeit, Geduld und Energie erforderlich, damit die neue kulturelle Vision von der überwältigenden Mehrheit der Mitarbeiter getragen wird, und es ist notwendig, sie immer wieder von Neuem bewusst werden zu lassen – damit sie ihre Ecken, Kanten und Konturen nicht verliert, damit sie nicht erodiert unter dem Zwang anderer Vorstellungen und Neigungen.

Die Idealkultur aus der Sicht des obersten Managements

Da das Management die Kultur beeinflussen wollte, wurden die *wesentlichsten Aspekte der Gallus-Kultur* formuliert. Im Leitbild von Gallus werden die wesentlichen Zielvorstellungen für die Firmenkultur, wie in Abbildung 18.4 gezeigt, umschrieben.

Die „Gallus"-Firmenkultur
1. Kundenorientierung (extern / intern)
2. Führungsverhalten
3. Qualitätsbewusstsein
4. Teamorientierung
5. Eigenverantwortung
6. Selbstverständnis der Mitarbeiter

Abbildung 18.4: Die wesentlichen Zielvorstellungen der Gallus-Firmenkultur

Schon ein Blick auf die Überschriften zu den sechs Abschnitten zeigt, wie sehr das Dokument fokussiert und auf die Besonderheiten des Unternehmens ausgerichtet ist. Nicht weniger als vier der sechs Abschnitte befassen sich explizit mit der sozialen Dimension und beziehen sich damit auf die Führungskultur. Sie nehmen direkten Bezug auf die von den Mitarbeitern zu übernehmende Eigenverantwortung und ihr Selbstverständnis; sie sprechen aber auch von der Teamorientierung. Diesen Beschreibungen wird ein Führungsverhalten im Sinne von Mitarbeiterführung, das sie erst ermöglicht, vorangestellt. Zu diesen vier Grundsätzen treten zwei weitere Elemente: die Kundenorientierung und das Qualitätsbewusstsein. Die Grundsätze sind durchtränkt vom *Streben nach Entwicklung und Dynamik*, ohne dass diesem indessen ein eigener Abschnitt gewidmet worden wäre. Auszugsweise können die Inhalte der entsprechenden sechs Abschnitte mit Hilfe der folgenden Passagen wiedergegeben werden:

- Kundenorientierung: »Nur wenn unsere Kunden erfolgreich sind, werden wir langfristig erfolgreich sein. Unsere Aufgabe ist es deshalb, einen wichtigen Beitrag zum unternehmerischen Erfolg unserer Kunden zu leisten. Das gemeinsame Ziel ›Erfolg und Sicherheit für den Etikettendrucker‹ erreichen wir dann, wenn wir neben dem externen Kunden auch unsere internen Partner in den Geschäftsprozessen als Kunden verstehen und diese mit unserem persönlichen Beitrag in ihrer eigenen Tätigkeit wirkungsvoll unterstützen.«
- Führungsverhalten: »Dem Vorgesetzten kommt hauptsächlich die Aufgabe zu, ein Klima zu schaffen, das dem Mitarbeiter erlaubt, angstfrei das zu tun, was getan werden muss. Coaching anstelle von Befehlsausgabe ist das Stichwort für unsere Führungskräfte.«
- Qualitätsbewusstsein: »Den Begriff verstehen wir als Erfüllung der Kundenbedürfnisse, im Gegensatz zum Streben nach Perfektion, wo der Stolz über die eigene Leistungsfähigkeit im Vordergrund steht. Entsprechend diesem Qualitätsgedanken orientieren sich die Mitarbeiter zuerst an den Bedürfnissen der externen wie auch der internen Kunden. Qualität verstehen wir nicht nur produktbezogen, sondern umfassend für alle Leistungen, die im Unternehmen erbracht werden.« Dies macht deutlich, dass Gallus versucht, das immer wieder unterstrichene Qualitätsdenken nie zum Selbstzweck werden zu lassen, sondern es immer als Mittel zu sehen, um übergeordnete Ziele zu erreichen.

- Teamorientierung: »Wir glauben an die Wirksamkeit des Teams und nicht an die Leistungsfähigkeit des Einzelkämpfers, denn gute Leistungen sind zunehmend Resultat breit gefächerter Fähigkeiten und Anstrengungen unterschiedlicher Persönlichkeiten. Dialog und Auseinandersetzung werden bei komplizierten Aufgaben immer wichtiger. Entscheidungen wachsen durch intensive, stufen- und bereichsübergreifende Beschäftigung mit den verschiedenen Fragestellungen. Durch diese Art der Zusammenarbeit entstehen Innovation und die Gewissheit, auf dem richtigen Weg zu sein. Eine Folge unserer Teamorientierung ist, dass die Dominanz hierarchischer Strukturen und Funktionen an Bedeutung verliert.«

- Eigenverantwortung: »Unsere Einzigartigkeit wird sichtbar über die Mitarbeiter. Wir wollen selbstständig denkende und handelnde Mitarbeiter, die sich engagieren und weiterentwickeln wollen, die den Gestaltungs- und Entscheidungsspielraum im Rahmen ihrer Aufgabe wahrnehmen und bereit sind, die damit verbundene Verantwortung zu tragen. Motivation entsteht gerade bei guten Mitarbeitern durch ihren Job. Wer heute hart arbeitet, tut dies, weil seine Tätigkeit für ihn sinnvoll ist und der Wunsch in ihm steckt, zusammen mit anderen eine Aufgabe zu erfüllen. Aktive Verantwortung übernehmen führt zur Selbstkontrolle und Selbstkorrektur und heißt damit für den Einzelnen: › Mit allen Kräften dazu beitragen, dass etwas gut gemacht wird‹ .«

- Selbstverständnis des Mitarbeiters: »Wir erwarten, dass sich der einzelne Mitarbeiter mit den Zielen der Unternehmung, die in der Vision, im Leitbild und in der Jahresplanung für alle ersichtlich sind, identifizieren kann. Dadurch wird jeder Mitarbeiter in die Verantwortung für eine gute Gesamtleistung der Unternehmung mit einbezogen. Im Alltag drückt sich dies unter anderem aus in hoher Kundenorientierung, Qualität und Teamorientierung. Neben der Fachkompetenz gewinnt deshalb die Sozialkompetenz des einzelnen Mitarbeiters eine große Bedeutung. Mit der konsequenten Prozessorientierung vermeiden wir die reine funktionsbezogene Identifikation und schaffen damit einen der wichtigsten Erfolgsfaktoren zur Erreichung unseres obersten Ziels: Kundenzufriedenheit.«

Bei der Beschreibung der Idealkultur wurde natürlich nur ein Teil der Kultur erfasst und beschrieben. Es sollten bestimmte *Schwerpunkte* gesetzt und nicht eine möglichst umfassende Kultur-Landkarte entworfen werden. Gleichzeitig besteht die Gefahr, dass trotz des guten Willens eine ganze Reihe von Kulturelementen, die für das Unternehmen im positiven oder negativen Sinn große Bedeutung besitzen, verborgen bleibt. Umso wichtiger ist es, gerade auch für kulturelle Fragen möglichst offen zu sein und eine entsprechende Sensibilität zu entwickeln. Für eine bewusste und gezielte Beeinflussung der Unternehmenskultur halten die Autoren eine *schriftliche Ausformulierung* der wesentlichsten Merkmale der Soll-Kultur für unerlässlich. Sie erleichtert das eigene Denken und die Kontrolle des Erreichten ebenso wie die Kommunikation der eigenen Absichten und Bestrebungen.

Ein Soll-Ist-Vergleich und die Beeinflussung der Unternehmenskultur

Von Gallus veranlasste Umfragen unter rund 40 seiner Führungskräfte durch ein darauf spezialisiertes Unternehmen zeigten einen statistisch hoch signifikanten Unterschied in der Erreichung der Ziele Kundenorientierung und Qualitätsmanagement (hier in einem – im Vergleich zu oben – eher technischen Sinn verstanden): Das Qualitätsmanagement rangiert bei Gallus klar und eindeutig vor der Kundenorientierung. Diese Tatsache ist auf mehrere Faktoren zurückzuführen. So ist das Qualitätsmanagement im engeren Sinne leichter zu umschreiben, zu quantifizieren, zu messen und damit und auch leichter zu handhaben. Der erhobene Befund hängt jedoch mit größter Wahrscheinlichkeit auch mit der Pflege der beiden Kulturelemente durch das obere Management zusammen. Die folgenden Ausführungen, geben einen vertieften Einblick in die Bestrebungen von Gallus, die Unternehmenskultur durch das obere Management bewusst zu formen.

Dazu wurden unterschiedliche Hilfsmittel eingesetzt, im Wesentlichen das persönliche Vorbild und persönliche Prioritäten, die Formulierung von Vision und Leitbild sowie die Benutzung des Instruments der Einjahresplanung, jährliche Workshops und Veranstaltungen, Kulturseminare (»Gallo«) und schließlich die Personalauswahl und -freisetzung.

Eine Unternehmenskultur, die an der Spitze nicht gelebt wird, verdient ihren Namen nicht. In dieser Hinsicht teilen die Autoren die in der Theorie vertretene Auffassung ohne jeden Vorbehalt. So ist es denn auch ein wesentliches Anliegen des CEO, die geschilderten Werte, Nor-

men und Orientierungen persönlich vorzuleben. Dies wird auch aus
den Agenden der ordentlichen Geschäftsleitungssitzungen ersichtlich:
In jeder Sitzung stehen die beiden Themen Qualität und Produktentwicklung an oberster Stelle. »Ten thousand repetitions make a truth«,
hat Aldous Huxley einmal geschrieben. Auch jede Managementerfahrung zeigt, dass diejenigen Themen am meisten Beachtung finden, über
die immer wieder gesprochen wird. Auf bestimmte Fragen zu insistieren
erfordert freilich ein erhebliches Ausmaß an *Hartnäckigkeit und Beharrlichkeit*. Auch die Worte und Absichten eines CEO werden, zumindest zum Teil, erst aufgenommen, wenn er darauf besteht und immer
wieder auf die Grundausrichtung hinweist. Erst auf Grund der Umfrageergebnisse zeigte sich, dass zwar auf die enorme Bedeutung der Kundenzufriedenheit geradezu als raison d'être von Gallus immer wieder
hingewiesen wird. Wegen seiner Allgemeinheit ist der Begriff jedoch
führungsmäßig weniger leicht handhabbar, und so treten einzelne mit
der Kundenorientierung verbundene Aspekte gegenüber der Produktentwicklung und dem Qualitätsmanagement in den Hintergrund.

Schon vor der Aufdeckung der geschilderten Soll-Ist-Diskrepanz
wurde erkannt, dass die ideale Unternehmenskultur durch *Maßnahmen außerhalb des üblichen Tagesgeschäfts* unterstützt und vitalisiert
werden sollte. Das Mittel hierfür fand man in den »Gallo«-Veranstaltungen. Diese sollen zu Erlebnistagen werden. Sie kreisen um eine bestimmte, mit der Unternehmenskultur in Zusammenhang stehende
Thematik und werden an einem hübschen, etwas abgelegenen Seminarort durchgeführt. Für die Führungskräfte dauern sie drei bis vier
Tage, für einen weiteren Teil der Belegschaft (ca. 20 Prozent aller Beschäftigten) einen Tag. Dieser Teil wird von besonders ausgebildeten
Moderatoren aus dem Kreis der Mitarbeiter selbst in überschaubaren
Gruppen durchgeführt. Im ersten Seminar wurde die oben beschriebene Idealkultur dargestellt und erörtert. Zwei andere Veranstaltungen kreisten um die Themen Wandel als Chance sowie unternehmensinterne Kundenorientierung und Eigenverantwortung. Besonderes Gewicht wurde dabei auf die Förderung der Risikofreude gelegt, um
verinnerlichte Gewohnheiten zu durchbrechen. Den Teilnehmern sollte Mut zur Suche neuer Wege und Möglichkeiten gemacht, die Lust
zu neuen Erfahrungen verstärkt und die Übernahme von kalkulierbaren Risiken als Eu-Stress, als angenehme Spannung, vermittelt werden. Allerdings wurden bestimmte Verhaltensweisen mit einem Bannstrahl belegt und als künftig nicht mehr zu dulden erklärt. Diese waren

insbesondere die Suche nach Rechtfertigungen und die Methode, die Schuld einem anderen zuzuweisen. Gründlich erörtert wurde auch das Thema der Wahlfreiheit im Beruf. Dabei wurden drei Arten von Einstellungen und Verhaltensweisen voneinander unterschieden:

- »Change it«: Wenn einem Mitarbeiter eine Situation – nicht aber eine Person! – nicht gefällt, soll er mit vollem Einsatz versuchen, sie zu ändern.
- »Leave it«: Wenn ein Mitarbeiter alles ihm Mögliche getan hat, um die Situation zu ändern, und dabei erfolglos ist und merkt, dass er eine Änderung nicht herbeiführen kann, dann soll er die Angelegenheit auf sich beruhen lassen und sie »vergessen«.
- »Love it«: Wenn die Angelegenheit weder geändert noch vergessen werden kann, dann soll man sie in Demut respektieren.

Derartige Denkmuster sind zum Teil extrem und deshalb nicht vollständig zu verwirklichen. Gerade ihre Eindringlichkeit zwingt aber zum Nachdenken – und sie weisen in die richtige Richtung. Die bisher mit »Gallo« gemachten Erfahrungen sind sehr ermutigend.

Die Problematik der Kundenorientierung wurde bis heute jedoch noch nie zu einem Tagungsthema gemacht. Das mag einen gewissen Einfluss ausüben. Das umso mehr, als Gallus mit der Orientierung an den Interessen anderer in einer Epoche des Individualismus und Egoismus hohe Anforderungen an sich und seine Mitarbeiter stellt. Die Suche nach einer neuen Art des »Dem-andern-Dienen« – und gerade dadurch auch zu eigenen Erfolgen zu gelangen – stellt aber eine inspirierende Herausforderung dar und verdient eine gründlichere Betrachtung. Eine solche würde Gallus in seinem Bestreben, einzigartig zu werden, weiter voranbringen.

Des Weiteren wäre es vorteilhaft, die Kundenorientierung durch besondere Zielsetzungen zu betonen. Im Rahmen des Führungssystems bieten sich dafür die Balanced Scorecard, die Initiierung eines oder mehrerer sachgerechter Projekte und die Einräumung eines festen Platzes in der Agenda der Geschäftsleitungssitzungen an. Schließlich verdient die Kundenorientierung auch in der Kundenzeitschrift *Gallus International* und auf Ad-hoc-Plakaten einen prominenteren Platz als in der Vergangenheit.

Die bisherigen Überlegungen zeigen sehr deutlich, dass ein »Kulturmanagement« nicht nur möglich, sondern als Bestandteil des Führungsinstrumentariums dringend notwendig ist. Hierzu zwei ergänzende Gedanken.

Zunächst zeigen die bisherigen Ausführungen, wie subtil mit Worten wie Dynamik und Wandel umgegangen werden muss und wie nahe beieinander Gegensätze liegen. Deshalb soll auch mit Bezug auf die Unternehmenskultur klar formuliert werden: Auch in einer extrem dynamischen Zeit können, ja müssen *Konstanten* bestehen. Sie sind im Unternehmensgeschehen umso wichtiger und unverzichtbarer, je rascher die Abläufe werden und je unberechenbarer wirtschaftliche, technische und soziale Entwicklungen sind. Dank ihrer relativen Stabilität können Vision/Leitbild/Strategie und eben auch die Unternehmenskultur in einer Zeit der Beschleunigung so vieler anderer Vorgänge zu einem immer wichtigeren Koordinations- und damit Führungsmittel werden. Sie sind Leitplanken des Alltagsgeschehens und Orientierungspunkte für die selbstständig handelnden Mitarbeiter. Würden auch sie destabilisiert, wäre es um die Einheit des Unternehmens wohl geschehen. Gleichzeitig heißt das, dass sie sich gegenseitig stützen (müssen) und in einer Gegenseitigkeitsrelation stehen. Vision, Leitbild und auch die Einjahrespläne sind mindestens zum Teil kulturbedingt. Die kulturellen Elemente in die Vision und die Unternehmensziele der Einjahresplanung aufzunehmen stützt und fördert wiederum die Kultur. Die von Gallus gepflegte Kultur des Wandels sollte es gleichzeitig ermöglichen, die Gefahr einer Überstabilisierung zu bannen.

Schließlich sollte die Kultur in Einklang mit den Bedürfnissen der Kunden, gleichzeitig aber auch mit den Wertvorstellungen, Meinungen und Anliegen der bei Gallus arbeitenden Menschen stehen. Ist dies nicht der Fall, sind Akzeptanz und erst recht Internalisierung der Kultur nicht denkbar. Die verfolgten kulturellen Ziele müssen beiden Anforderungen entsprechen. Gleichzeitig darf die Unternehmenskultur nie ein Zaun oder eine Fessel für einen Mitarbeiter sein, der sie nicht akzeptiert. Dann verlangen gegenseitiger Respekt und gegenseitiges Verständnis eine für beide Seiten akzeptable Trennung.

19. Gruppen und Teams, Netzwerke, Koalitionen und Macht

Führung in und mit Mikrostrukturen

Der Mensch ist ein *gesellschaftliches Wesen*. Gruppen bildeten seit der Entstehung des Menschengeschlechts die Urform menschlicher Existenz schlechthin. Großfamilien und ausgedehnte verwandtschaftliche Beziehungsgeflechte kennzeichnen beispielsweise noch heute die Sozialstruktur der im Ausland wohnenden Chinesen. Auch in den modernen Unternehmen sind die Mitarbeiter in vielfacher Art und Weise miteinander verbunden. Die entsprechenden Kontakte sind zum Teil organisatorisch vorgeschrieben oder vorgesehen und entsprechen damit der formalen Aufbau- und Ablauforganisation. Zum Teil bilden sie sich aber auch spontan, zum einen aus den Notwendigkeiten heraus, die formal-organisatorisch vorgesehenen Beziehungen zu ergänzen oder zu ändern, zum anderen beruhen sie auf persönlichen Zuneigungen und Antipathien. Diese – häufig informellen – sozialen Beziehungen äußern sich insbesondere in Form von *Gruppen* und *»echten Teams«* sowie in Form von *Netzwerken* und *Koalitionen*. Wie auch in der Zweierbeziehung darf in allen diesen Konfigurationen das *Phänomen der Macht* nicht unterschätzt werden. Am deutlichsten äußert es sich in Form von internen »Politics« und Koalitionen zur Durchsetzung der eigenen Interessen und Standpunkte.

Gruppen und »echte« Teams

Zwei unterschiedliche Konzepte

Gruppen sind soziale Gebilde von drei bis etwa 25 Mitgliedern, die sich persönlich kennen und über längere Zeit miteinander ein gemeinsames Ziel verfolgen. In den Unternehmen wird unterschieden zwischen *formellen und informellen Gruppen*. Die formellen Gruppen beruhen auf organisatorischen Vorschriften, informelle Gruppen sprengen häufig die organisatorischen Grenzen und bilden sich spontan auf Grund der betrieblichen und persönlichen situativen Umstände. Gruppen sind reich strukturiert, und ihre Mitglieder übernehmen häufig spezifische Rollen. Weit wichtiger ist, dass besonders in informellen Gruppen *»ungeschriebene Gesetze«* entstehen, Regeln, Standards und Normen. Diese beziehen sich häufig auf den Arbeitsprozess (zum Beispiel auf die Frage, wie intensiv zu arbeiten ist), auf den Umgang miteinander, aber auch auf das Maß gegenseitiger Hilfe. Gruppen können auf die Gruppenmitglieder einen *starken Anpassungsdruck* ausüben. Dieser übertrifft an Stärke nicht selten die »Befehlsgewalt« von Vorgesetzten, so dass das einzelne Gruppenmitglied sich eher an den Erwartungen der Gruppe als an denjenigen des Vorgesetzten orientiert. In Gruppen können sich einzelne Individuen deshalb wesentlich anders verhalten, als sie es auf sich allein gestellt tun würden. Derartige Normen und Verhaltenserwartungen sind denjenigen der Unternehmenskultur sehr ähnlich, nur dass sie sich allein auf die eine Gruppe beziehen. Es handelt sich sozusagen um eine *Mikrokultur*. Eine solche findet sich in informellen Gruppen ebenso wie in formellen.

Den Gruppen werden bisweilen »Teams« oder »echte Teams« gegenübergestellt. Katzenbach umschreibt »echte Teams« als *»kleine Zahl von Personen mit einander ergänzenden Fähigkeiten, die sich einem gemeinsamen Zweck, gemeinsamen Leistungszielen und einem gemeinsamen Ansatz verschreiben, für deren Einhaltung beziehungsweise Erreichung sie sich gegenseitig verantwortlich fühlen«*[1]. Teams sind als Kollektiv ihrem Zweck, ihren Zielen und ihren Vorgehensmethoden tief verpflichtet. Die Mitglieder von Hochleistungsteams fühlen sich auch untereinander tief verbunden. Sie suchen gemeinsam nach Produkten ihrer kollektiven Arbeit, nach persönlichem Wachstum und hervorragenden Ergebnissen ihrer Leistungen. Ein derartiges Team bildet sich immer, weil eine herausragende und gleichzeitig he-

Arbeitsgruppe	„Echte Teams"
Klar fokussierter Führer	Geteilte Führungsrollen
Individuelle Arbeitsergebnisse	Gemeinsame Arbeitsergebnisse
Individuelle Verantwortung	Individuelle und kollektive Verantwortung
Keine Gruppen-Synergie	
Harmonie mit Unternehmenszielen	Große Gruppen-Synergie
	z.T. eigene Team-Ziele
Schwergewicht auf Sitzungseffizienz	Schwergewicht auf Problemlösungen
Misst Erfolg über Teilresultate	Misst Erfolg am Gesamtresultat

Abbildung 19.1: Unterschiede zwischen Arbeitsgruppen und »echten« Teams

rausfordernde Leistung erbracht werden soll. Es geht um das Resultat der Zusammenarbeit und nicht um die Zusammenarbeit als solche. Das wohl wesentlichste Merkmal derartiger Teams liegt in der gemeinsamen Verantwortlichkeit. »Wir ziehen einander zur Rechenschaft« lautet die Devise derartiger Teams, und nicht: »Der Chef zieht uns zur Rechenschaft«. Weitere Unterschiede haben Katzenbach/Smith im Sinne von Abbildung 19.1 zusammengefasst.

Katzenbach/Smith weisen darauf hin, dass gerade an der Spitze von Unternehmen Teams in dem von ihnen verstandenen Sinne nur schwer zu entwickeln seien. Denn sie würden zum einen den Erwartungen an Machtstrukturen nicht entsprechen. Zum anderen wollten viele Manager gar nicht in echten Teams arbeiten, sondern eigenverantwortlich »ihren« Bereich führen. Das gelte nicht zuletzt für viele CEOs. Teamverhalten ist, besonders in der Aufbauphase, in gewisser Weise weniger effizient als eine Gruppe selbstständig entscheidender Vorgesetzter. Im letzteren Falle kann die Abstimmungsproblematik minimiert werden, und zeitintensivere Gespräche sind überflüssig. Daher finden sich an der Spitze von Unternehmungen nur selten Teams.

Auch wenn der Aufbau von Teams schwer fällt, kann der entsprechende Aufwand aber doch reiche Früchte tragen. Die gegenseitige

Koordination wird besser abgestimmt, weil man intensiver miteinander spricht und auf diese Weise die gemeinsame Wissensbasis erweitert. Auch werden Entwicklung und Pflege einer starken Unternehmenskultur durch die in echten Teams entfalteten Gemeinsamkeiten enorm erleichtert. Gleichgültigkeit, Störungen und Gegenaktionen werden weit weniger wahrscheinlich. Teamentscheidungen können Einzelentscheidungen besonders dann überlegen sein, wenn sie auf Wissen beruhen, das auf verschiedene Teammitglieder verteilt ist. Die verbesserte Information schlägt sich in derartigen Situationen direkt in der gefundenen Lösung nieder. Und auch die Kreativitätsforschung zeigt: Durch das Zusammenwirken mehrerer, besonders auch durch das gemeinsame Gespräch, werden häufig kreativere Ideen gewonnen als durch individuelles Nachdenken einer Summe vereinzelter Individuen. Denn durch den Informationsaustausch können mentale Sperren auf eine Weise überwunden werden, die dem Einzelnen nicht möglich ist. Damit derartige Vorteile zum Tragen kommen können, müssen jedoch die unerlässlichen organisatorischen, personellen und verhaltensmäßigen Voraussetzungen geschaffen werden.

Die Denkrichtung von Gallus

Gallus betrachtet das Konzept von »echten Teams« als anregend und wertvoll. Allerdings enthält es auch einen *Nachteil* und eine *Fragwürdigkeit*. Nachteilig ist die Entstehung von besonderen Teamzielen, die von den Unternehmenszielen abweichen. Sie sind eine Folgeerscheinung des Teamgeists, müssen aber, sobald sie sich zeigen, bekämpft werden. Fragwürdig ist, ob in Sitzungen von Teams stets auch nach Problemlösungen gesucht werden muss und kann. Gesichtspunkte der Effizienz verhindern mindestens zum Teil eine vollständige Verwirklichung dieser Dimension des Teamgedankens. Wohl aber sollten Meinungsverschiedenheiten grundsätzlich ausdiskutiert werden und sich die Beteiligten nicht leichtfertig über diese, wenn sie als wesentlich erachtet werden, hinwegsetzen. Besonders auf der Ebene von Geschäftsleitung und Verwaltungsrat legt Gallus großen Wert darauf, zu einer *einheitlichen Auffassung* zu gelangen. Eine damit verknüpfte Schwierigkeit wird weiter unten angesprochen.

Von diesen Vorbehalten abgesehen macht der Gedanke von »echten Teams« einen bedeutungsvollen Teil der Unternehmenskultur aus. Ihre Entstehung wird gefördert und sie werden gefestigt. Auch die Geschäftsleitung hält sich an die in Abbildung 19.1 genannten Prinzipien. Ein zentrales Merkmal dieser Orientierung besteht darin, dass Gallus neben Vision, Leitbild und Strategie auch in der Einjahresplanung vom Unternehmen als Ganzem ausgeht und sehr bewusst primär Unternehmensziele und Maßnahmen auf der Ebene des Gesamtunternehmens festlegt. Dadurch werden ein gemeinsames Leistungsziel und ein gemeinsam vereinbartes Vorgehen bestimmt. Es ist faszinierend zu beobachten, wie die Formulierung der Ziele zustande kommt. In Abwandlung des oben stehenden Zitats von Katzenbach kann man sagen: »Wir fordern einander, und wir hinterfragen im gegenseitigen Vertrauen die eingebrachten Vorschläge«, aber »es gibt kein Feilschen in Einzelgesprächen mit dem CEO über die persönlich von jedem Mitglied des Managementteams zu erreichenden Ziele«. Durch den Team-Ansatz wird die Stimmung, in der die Einjahresplanung entsteht, ganz entscheidend beeinflusst. Die Anlehnung an den Teamgedanken hat es von Anfang an als selbstverständlich erscheinen lassen, dass die Höhe des Bonus für sämtliche Teammitglieder auf Grund der Ergebnisse des gesamten Unternehmens bestimmt wird. Einzelleistungen werden nicht honoriert. Dass das identische Bonussystem im Laufe der Jahre auf sämtliche Unternehmensmitglieder ausgedehnt worden ist, stellt nichts weiteres dar als die konsequente Fortführung des Gedankens der Zusammenarbeit und der gemeinsamen Ausrichtung auf die Unternehmensziele, auch wenn das nicht mehr im Rahmen von nur einem Team, sondern von vielen Teams zu erfolgen hat.

Diese Ausrichtung kann nur gelingen, wenn die Teammitglieder bestimmte *Grundüberzeugungen* teilen. Sie müssen von der Idee eines Geschäftsleitungsteams überzeugt sein, sie müssen alle von einem in etwa gleich hohem Leistungsethos beseelt sein, und ihre Leistungsfähigkeit darf nicht allzu stark variieren. Bezüglich der letzten beiden Punkte erträgt der Teamgedanke keine Kompromisse.

Wenn oben gesagt wurde, eine starke Unternehmenskultur könne tendenziell die Anpassungsfähigkeit des Unternehmens beeinträchtigen, so lauern ähnliche Gefahren in *starken Normen des Führungsteams*. Sie werden als »Groupthink«, »Entrapment« und »Entscheidungsautismus« bezeichnet. Unter *Groupthink* wird in Anlehnung an den Politikwissenschafter Irving Lester Janis eine kollektive Kritiklosigkeit und ein übertriebenes Harmoniestreben in Entscheidungsgremien verstanden, die über einen starken inneren Zusammenhalt verfügen. Er hat den Begriff auf Grund seiner Studien über Fehlentscheidungen in der amerikanischen Außenpolitik (Pearl Harbour, wo eine Unzahl von Warnungen ignoriert wurde) geschaffen. *Entrapment* bedeutet, dass eine ganze Gruppe unter anderem aus einem falschen Verantwortlichkeitsdenken für die ursprüngliche Entscheidung an dieser viel zu lange festhält und sich damit in einer selbst gebauten Falle gefangen nimmt. Nicht selten kommt es in derartigen Situationen auch zu einer vorher unbekannten, ungewöhnlich großen Risikofreudigkeit, weil das Gremium glaubt, nur auf diese Weise die Lage meistern zu können. Unter *Entscheidungsautismus* schließlich wird ein ebenso aktives wie unkritisches Hinarbeiten auf die Bestätigung eigener Ansichten verstanden.

Gallus fürchtet sich nicht vor derartigen Entwicklungen. Denn Teamgeist heißt auf keinen Fall *geistige Gleichschaltung*. Neben der Entwicklung von Teams wird ja auch das selbstverantwortliche Individuum gefördert und gestärkt. Zu diesem Bild passt der stets Ja sagende Gefolgsmann nicht. Die eigene Meinung zu sagen ist weit weniger ein Recht als eine Pflicht. Das gilt vor allem auch für die Zusammenarbeit in einem Team. Dieses zieht sein Erfolgspotenzial und seine Überlegenheit über andere Führungsformen ja gerade aus der Verknüpfung unterschiedlichster Standpunkte und Meinungen. Eine gewisse *Streitkultur* im Stadium der Entscheidungssuche ist aus diesem Grunde höchst erwünscht und wird bewusst gefördert. Disziplin und Zurücknahme der eigenen Ansichten wird erst bei der Realisierung gemeinsam beschlossener Maßnahmen erwartet. In diesem Zusammenhang sei an das Prinzip »leave it« erinnert.

Unternehmensinterne Netzwerke

Im Jahre 1990 zog Charles M. Savage in seinem Buch *5th Generation Management*[2] einen höchst anregenden Vergleich zwischen der Entwicklung von Computern und der Entwicklung der Unternehmensorganisation. Die vierte Generation von Computern mit ihrer Very-Large-Scale-Integration war an einem Engpass angelangt. Mit ihrer CPU (single central processing unit) und der entsprechenden sequenziellen Verarbeitung der Daten war sie an ihre Leistungsgrenze gestoßen. Die Blockade wurde mit der fünften Generation von Computern dadurch umgangen, dass »multiple processing units« entwickelt wurden, die den gleichzeitigen Ablauf mehrerer Prozesse gestatteten. In Analogie dazu unterschied Savage vier bisherige Entwicklungsstufen des Managements beziehungsweise der Organisation von Unternehmen: Diese gehen vom Eigentümer-Unternehmer über vielstufige, steile Hierarchien und die Matrixorganisation hin zum Einbau von immer leistungsfähigeren Informationssystemen. Die Matrixorganisation hat sich (nach Savage und vielen anderen) jedoch nie bewährt, sodass die modernen Informationssysteme über die überholten steilen Hierarchien gestülpt worden sind. Charles M. Savage fordert nun aber nicht nur flachere Hierarchien. Wesentlichstes Merkmal des »5th Generation Managements« stellt seiner Meinung nach die *unternehmensinterne Netzwerkorganisation* dar.

Der Begriff Netzwerkorganisation ist sehr weit. Er bezieht sich auf Netzwerke zwischen ganzen Unternehmen (das herausragendste Beispiel hierfür bildet nach wie vor die Dell Computer Company mit ihrer extremen Abstützung auf Geschäftspartner), Netzwerke zwischen wesentlichen Funktionen (wie Produktion und Absatz), Netzwerke zwischen Teams und Gruppen sowie Netzwerke zwischen einzelnen Mitarbeitern. Diese ganz verschiedenartigen Netzwerke bestehen nebeneinander und überdecken sich zum Teil.

Die innerbetriebliche Netzwerkorganisation kann einen neuen organisatorischen Idealtypus darstellen. Denn Netzwerke sind grundsätzlich nicht hierarchisch strukturiert, sondern verbinden prinzipiell gleichwertige Akteure miteinander. Man spricht in diesem Zusammenhang auch vom Entstehen polyzentrischer Strukturen. Die grundsätzliche Gleichwertigkeit der Akteure eröffnet den Netzwerkteilnehmern unter anderem auch Verhandlungsmöglichkeiten und führt so dazu, dass Elemente des Marktes in ein (auch) hierarchisch gesteuertes organisatorisches Gebilde eingebaut werden. Netzwerke entstehen, entwickeln und organisieren sich in einem Unternehmen weitgehend spontan, also ungesteuert. In der Regel bilden sie sich aus der Orientierung an bestimmten Aufgaben. Je nach Dauer dieser Aufgaben können sie sich über längere Zeit hin verfestigen, sie können sich auch rasch wieder auflösen. Wegen dieser *zeitlichen Befristung* sind sie in der Lage, die Anpassungsfähigkeit des Unternehmens wesentlich zu erhöhen. Netzwerke können ferner den Fluss von Informationen fördern und damit die inhaltliche Qualität sowie die zeitliche Verfügbarkeit von Wissen jedes Einzelnen und des betreffenden Kollektivs enorm verbessern. Der Prinzipien der Netzwerkorganisation bedienen sich zurzeit viele große und international tätige Beratungsunternehmen.

Die Denkrichtung von Gallus

Bei Gallus ist man davon überzeugt, dass die geschilderten flachen Hierarchien und das Bestreben, durch »Empowerment« möglichst viele Mitarbeiter zu »internen Unternehmern« werden zu lassen, die Bedeutung des (informellen) Networking noch gewaltig steigern werden. Die Mitarbeiter werden in diesem Sinne zu »Netzwerk-Arbeitern«; dieser Aspekt tritt zu den Projektaufgaben hinzu. Die Entstehung von Netzwerken wird deshalb nach Kräften gefördert. Das ist Bestandteil der offenen Unternehmenskultur von Gallus. Diese unterstützt nicht nur eine Annäherung an die »Teamorientierung« im Katzenbachschen Sinn, sondern bezieht sich genauso auf die Unterstützung des informellen, zwanglosen Zusammenarbeitens in Netzwerken. Zwischenmenschliche Beziehungen werden stark davon beeinflusst, ob sich die Akteure gegenseitig kennen und ob sie einander Vertrauen schenken. Deshalb sollen die Kontakte im Unternehmen gefördert werden. Dazu stehen verschiedene Mittel zur Verfügung, darunter die sorgfältige Einführung neu hinzugekommener Mitarbeiter, die an besonderen Einführungsveranstaltungen teilnehmen und einem weiten Kreis von potenziellen Kontaktpersonen persönlich vorgestellt werden. Am Hauptsitz fördert auch die bereits beschriebene Architektur des Gebäudes die Kontaktnahme: Das Arbeiten in größeren Büros überwiegt, und die Wände sind aus Glas, sodass jederzeit Sichtkontakt hergestellt werden kann. Auch die Getränkeautomaten sind so aufgestellt, dass sie zu einem kurzen Gespräch geradezu einladen. Ein hervorragendes Mittel, persönliche Begegnungen zu fördern, bilden die Gallo-Seminare, deren Ziel ja auch ist, den sozialen Zusammenhalt zu fördern. Die vielen Projekte mit den entsprechenden Projektgruppen unterstützen das spätere Networking ebenfalls sehr stark. Auch das Internet schafft »Begegnungen«, wenn sie auch nur auf elektronischem Weg zustande kommen.

Ob sich das Networking »von Angesicht zu Angesicht« oder über elektronische Medien abspielt, sein Gelingen hängt stark vom Verhalten jedes einzelnen Mitarbeiters ab. Der Informationsaustausch und die informelle Zusammenarbeit spielen sich stets in einer Atmosphäre des *Gebens und Nehmens*, also des Tauschs, der gegenseitigen Verpflichtungen und der Reziprozität ab. Das Netzwerk ist damit auch charakterisiert durch ein Gewebe von tatsächlichen und potenziellen Sanktionen (gemäß dem Grundsatz »Wie du mir, so ich dir«) für den Fall, dass der Widerpart die eigenen Erwartungen nicht erfüllt beziehungsweise den ihm aufgetragenen Verpflichtungen nicht nachkommt. Auch in Bezug auf das persönliche Verhalten ist eine stete Pflege der Kultur eine sehr wichtige Aufgabe der Unternehmensleitung. Die Verbindung von bewusster Beeinflussung und spontan entstehenden informellen Strukturen könnte kaum deutlicher zum Ausdruck kommen.

Macht, Koalitionen und »Politics«

Der Umgang mit Macht – ein lange tabuisiertes Thema

Wenn Entscheidungsbefugnisse auf die einzelnen Mitglieder eines Unternehmens verteilt werden, wird ihnen damit auch mehr oder weniger »Macht« zugesprochen. Macht bedeutet nach der klassischen Formulierung von Max Weber *»die Chance, innerhalb einer sozialen Beziehung den eigenen Willen auch gegen Widerstreben durchzusetzen, gleichviel, worauf diese Chance beruht«*. Die entsprechenden Entscheidungs- und Weisungsbefugnisse beruhen auf einer »Autorität«, die mit einer bestimmten Position verbunden und durch einen Arbeitsvertrag legitimiert ist; sie müssen beachtet und befolgt werden. Grundsätzlich beziehen sich die Befugnisse stets auf zwei Aspekte: auf bestimmte Sachaufgaben und auf die Beziehung zu den einem Vorgesetzten »unterstellten« Mitarbeitern. Typischerweise kann der Vorgesetzte belohnen und bestrafen, sei es in Form immaterieller Güter wie Lob, Tadel und Qualität der persönlichen Beziehungen oder in Form materieller Güter wie die Beeinflussung von Gehalt, Ausbildungs- und Karrieremöglichkeiten. Die *Grenzen der Positionsmacht* wurden bereits mehrfach angesprochen. Die »Befehlsgewalt« allein reicht nicht aus, um die in den Mitarbeitern vorhandenen Fähigkeiten und Energien zu entfalten. Denn die Mitarbeiter können stets mit Entzug von Loyali-

Positionsmacht	Personenmacht
Amtsautorität Belohnungsmacht Bestrafungsmacht	Expertenmacht Informationsmacht Überzeugungsmacht Identifikationsmacht Charismatische Macht

Abbildung 19.2: Positionsmacht und Personen-macht

tät, Engagement und Begeisterung sowie mit einer Abkühlung des Klimas drohen. Mangelnde Durchschlagskraft des Unternehmens wäre die Folge.

Die formalorganisatorisch vorgesehene Positionsmacht wird durch andere Machtbasen ergänzt, zum Teil aber auch substituiert. Man spricht dabei von persönlichen Machtbasen (vergleiche dazu Abbildung 19.2).[3]

Die *Expertenmacht* beruht weitgehend auf Spezialistentum und findet sich häufig in Berufen, die ein mehrjähriges Studium voraussetzen. Die *Informationsmacht* umschreibt die Verfügbarkeit, Nutzung und Kontrolle von Wissen, das für andere Personen wichtig ist. Wie schon im Zusammenhang mit dem Wissensmanagement betont, muss es ein Anliegen des Unternehmens sein, Wissen und Informationen möglichst frei und ungehindert fließen zu lassen. Aber auch wenn diese Voraussetzung erfüllt ist, lassen sich insbesondere Fachurteile nicht beliebig verteilen, sondern sie sind an wenige, wenn nicht an eine einzige Person geknüpft. Unter *Überzeugungsmacht* wird die Fähigkeit zur rationalen Argumentation verstanden. Man kann sie in Gegensatz zur *charismatischen Machtfundierung* setzen. Mit dem Ausdruck »Charisma« wurde ursprünglich die göttliche Gnadengabe an einen religiösen Führer, insbesondere an einen Propheten, dem Menschen folgen, verbunden. Die Kraft des Charismatikers beruht darauf, Begeisterung zu entfachen und andere von den eigenen Auffassungen zu überzeugen. Echte Charismatiker sind zwar äußerst selten, entsprechende, wenn vielleicht auch nur schwache Kräfte gehen jedoch von jedem Menschen aus. Sie erleichtern die Identifikation von »Gefolgsleuten« und veranlassen diese, sich mit dem Führer zu identifizieren und ihm zu folgen. Die entsprechende *Identifikationsmacht* kann aber auch andere Grundlagen besitzen, weshalb sie getrennt genannt wurde.

Personenmacht kann sich mit Positionsmacht verbinden. So kann letztere Zugang zu Informationsmacht verschaffen. Personenmacht kann sich jedoch auch im Bereich der informalen Organisation auswirken. So wird sie zum Teil von den Mitarbeitern des Unternehmens eingesetzt, um deren Meinung darüber durchzusetzen, welche Auffassungen, Ziele und Vorgehensweisen vorzuziehen sind. Zum Teil dient sie auch schlicht dazu, *eigene Interessen* zu wahren, zum Beispiel um Projekte, die (auch) einen persönlichen Nutzen versprechen, fördern oder um Rückschläge kaschieren zu können. Der eigene Glanz im Unternehmen soll auf diese Weise aufpoliert, die eigene Karriere gefördert werden. Letzteres entspricht zwar durchaus dem Bild des rationalen egoistischen Menschen der Ökonomie, dennoch wurden derartige Praktiken während vieler Jahrzehnte von Theorie und Praxis weitgehend tabuisiert. Wenn man sie überhaupt erwähnte, wurden sie zudem einhellig als für die Unternehmen schädlich bezeichnet. Seit rund zwanzig Jahren vollzieht sich jedoch ein gewisser Meinungsumschwung. Die zentrale Frage lautet heute, inwieweit und in welcher Form mit den entsprechenden Egoismen und der hinter ihnen stehenden Macht umzugehen ist. Der Einsatz all dieser Formen der Macht erfolgt nicht nur auf individueller Basis. Vielmehr bilden sich mehr oder weniger stabile Allianzen, Kooperationen und Koalitionen gleich Gesinnter und/oder gleich Interessierter. Die Mitglieder derartiger Gruppierungen sichern einander die Unterstützung von Vorschlägen und Anregungen zu und versuchen oft, durch beiläufige Bemerkungen andere – ganz besonders auch die Vorgesetzten – zu beeinflussen sowie die Hilfe weiterer Streitgenossen zu finden. Heute hat man erkannt, dass »organizational politics« ebenso wenig wie der individuelle Einsatz von Macht aus dem Unternehmen zu verbannen sind. Sie sind ebenso allgegenwärtig wie das Verfolgen persönlicher Interessen im Unternehmen. »Organizational politics is a process that stands at the centre of contemporary organisations«, schreiben deshalb zum Beispiel Knights und Murray.[4]

Man könnte nun denken, dass die Entbürokratisierung der Unternehmen und der damit einhergehende Bedeutungsverlust rein hierarchischer Vorgaben die Möglichkeiten, Einfluss oder Druck auszuüben, noch gewaltig steigern würden. Doch schon im Zeitalter des Absolutismus konnten Einflüsterer und graue Eminenzen aller Art bisweilen einen ungeheuren Einfluss auf den formal mit absoluter Gewalt ausgestatteten Monarchen ausüben. Schon deshalb ist die These einer zunehmenden Bedeutung von »Politics« zu relativieren.

Interessanterweise sind zudem die *Prozesse politischer Einflussversuche* durchaus nicht mit einem »catch as catch can« zu vergleichen. Vielmehr gehorchen sie bestimmten informellen Normen und Regeln und werden deshalb bis zu einem gewissen Grade berechen- und überschaubar, wenn man die Hauptakteure, ihre Ziele, Ressourcen und die Besonderheiten der informellen Regeln wenigstens in den groben Umrissen kennt. Zudem brauchen nach neuerer Auffassung politische Prozesse für die Unternehmen nicht immer schädlich zu sein. Sie können durchaus auch ihre Vorzüge besitzen. So ist der Durchbruch neuartiger Ideen nicht selten einem geschickten politischen Manövrieren von unternehmensinternen Koalitionen zu verdanken. Denn erst mit ihrer Hilfe können Widerstände überwunden werden, die auf mangelndes Wissen, falsche Einschätzungen der Lage und nicht zuletzt auch die Verteidigung traditioneller Positionen zurückzuführen sind.

Die Denkrichtung von Gallus

Gallus ist sich der Ambivalenz von Macht und »Politics« bewusst. Das Unternehmen strebt eine Kultur größtmöglicher Offenheit, der Transparenz und des Commitment an. Diese verträgt sich schlecht mit dem Einsatz persönlicher Machtmittel und mit politischen Prozessen, die, zumindest aus formaler Sicht, im Dunkeln ablaufen. Mit der Gallus-Kultur unvereinbar ist auch das *offenkundige Verfolgen eigener Interessen*. Insoweit haftet den Begriffen »Einsatz von Macht« und »Politics« der Ton des Schädlichen und Unerwünschten an, der in früheren Zeiten allein gesehen wurde. Wenn sie, aus einem Partikularismus heraus, dem Ganzen des Unternehmens schädlich sind, muss beides, Einsatz persönlicher Macht und »politische Spiele«, verpönt und verhindert werden.

Gleichzeitig sucht das Unternehmen aber auch nach starken, gut informierten und wissensreichen Persönlichkeiten, die definitionsgemäß über eine große Personenmacht verfügen. Die Autoren sind aber überzeugt, dass das Spiel der Kräfte zwischen solchen Persönlichkeiten zu einem ausgeglichenen Gesamtergebnis führt, wenn sie sich als Mitglied eines »echten Teams« fühlen und eine Kultur der offenen, vertrauensvollen Zusammenarbeit unter gegenseitiger Achtung in sich aufgenommen haben.

Auch die positiven Aspekte politischer Handlungsweisen werden nicht nur toleriert, sondern auch gefördert, wenn sie für das Unternehmen von Nutzen sind. Derartige Vorteile existieren vor allem auf zwei Gebieten. Zum einen kann eine gewisse »offizielle« Zurückhaltung in Fragen der Innovation und Kreativität große Vorteile mit sich bringen. Bei allem Wunsch nach Neuerung und bei aller Bejahung von Wandel, der bei Gallus als Chance interpretiert wird, sind neue Ideen oft fragil. Häufig sind sie, wenn sie zum ersten Mal zum Ausdruck gebracht werden, noch unreif, unausgegoren, mit offenkundigen Mängeln und Nachteilen behaftet. Auch umgibt sie im Regelfall eine große Unsicherheit: Die Akzeptanz des Neuen ist auch aus diesem Grund ungewiss. In solchen Fällen aber sollte die noch zarte Pflanze einer potenziellen Innovation nicht den rauen Winden formaler Entscheidungen ausgesetzt werden. Vielmehr sollte sie sich, davon abgeschirmt, gleichsam in einem hoch regulierten Gewächshaus entwickeln und festigen können – oder eben trotz aller Mühen absterben. Eine derartige Gewächshausatmosphäre bilden informelle Gespräche mit hierfür besonders geeigneten Gesprächspartnern. Diese können über persönliches Wissen und ganz spezifische Erfahrungen in den verschiedensten Bereichen verfügen und damit zu einer ausgewogenen Sicht wesentlich beitragen. Immer benötigen sie jedoch das volle Zutrauen derjenigen, die das Thema an sie herantragen. In diesem Stadium der Entwicklung haftet der Diskussion sozusagen noch etwas Privates an. Solche Bereiche sind zu schützen. Es mag ein Ausdruck der besonderen Gallus-Kultur sein, dass für eben dieses Vorgehen ein besonderer Ausdruck gefunden worden ist: Im Unternehmen spricht man von »dötterle« und versteht darunter das nicht offizielle frühe Abtasten und Weiterentwickeln von innovativen Ideen und Gedanken.

Politisch denken ist nicht nur in der frühesten Entstehungsphase von Innovationen erforderlich, sondern auch, wenn die Realisierbarkeit von Entschlüssen überprüft wird. Eine Maßnahme, eine Aktion oder ein Projekt sollte nur dann verabschiedet und in die Tat umgesetzt werden, wenn die davon primär betroffenen Personen sich vollständig damit identifizieren. Hier richtet sich das politische Denken insbesondere gegen das Ja-Sagen um der Harmonie willen und damit in einem gewissen Sinne gegen ein Mitläufertum ohne eigenes inneres Feuer.

Soll auf diese Weise das politische Denken auf den ihm entsprechenden Platz verwiesen werden, so muss sich jeder Vorgesetzte seiner großen Verantwortung für geistige Offenheit und gleichzeitig der Gefahr weißer Flecken in seinem Wahrnehmungsvermögen bewusst sein. Nicht umsonst meinen Knights/Murray, »politisch« vorbereitete große Umwälzungen in Unternehmen seien in aller Regel die Konsequenz misslungener früherer Versuche, eine notwendige Kursänderung rechtzeitig vorzunehmen.

20. Die direkte persönliche Führung

Wandel im Verständnis der persönlichen Führung

Seit den alten Hochkulturen haben sich sowohl Philosophen als auch Staatsoberhäupter mit der persönlichen Führung befasst. Man denke an Texte aus dem alten Rom, als die Kaiser Führungsanleitungen in die Provinzen sandten, an Ordensgründer und an die schillernde Persönlichkeit von Machiavelli. Auch die moderne Forschung hat sich des Themas in einer außerordentlich reichen Literatur angenommen. Schwerpunkte bilden Fragen der Persönlichkeit und weiterer *Eigenschaften von Führenden* sowie die Analyse der Führungsbeziehung, insbesondere der *Führungsstile*.

Die Suche nach allgemein gültigen Aussagen über Eigenschaften von Führenden hat viele, an sich plausible Hinweise gebracht. Es fällt jedoch schwer, unverrückbare, »harte« und eindeutige Aussagen zu machen. Zwei Beispiele solcher Versuche sind in Abbildung 20.1 zusammengefasst.[1] Sie sind nicht identisch, und Abweichungen von den beschriebenen Eigenschaften können verhältnismäßig häufig festgestellt werden. Dennoch geben sie nützliche Hinweise.

Die Führungsstile werden zumeist auf Grund von einer, zwei oder allenfalls drei voneinander unabhängigen Dimensionen beschrieben. Die bekannteste eindimensionale Darstellung geht auf das Jahr 1958 zurück und orientiert sich am *Autonomiegrad des Mitarbeiters*. Sie ist in Abbildung 20.2 aufgeführt.[2]

Darauf aufbauend haben rund zehn Jahre später Hersey/Blanchard gezeigt, dass das Ausmaß von Autonomie nicht allein formal-organisatorisch festgelegt wird, sondern auch vom »*Reifegrad*« des Mitarbeiters entscheidend beeinflusst wird. Damit haben sie zumindest ei-

Nach Warren Bennis (1994/98)	Nach John Gardner (1990)
Leitende Vision	Vitalität und Ausdauer
Leidenschaft	Bedürfnis nach Leistung
Integrität	Suche nach Verantwortung
Neugier	Suche nach Einfluss
Risikobereitschaft	Flexibilität
Vertrauen	Fachwissen
	Soziale Kompetenz
	Vertrauen

Abbildung 20.1: Merkmale von Führungspersönlichkeiten

Willensbildung beim Vorgesetzten						Willensbildung beim Mitarbeiter
1	2	3	4	5	6	7
Vorgesetzter entscheidet ohne Konsultation der Mitarbeiter	Vorgesetzter entscheidet; er versucht aber, die Mitarbeiter von seiner Entscheidung zu überzeugen, bevor er sie anordnet	Vorgesetzter entscheidet; er fördert jedoch Fragen zu seinen Entscheidungen, v.a. um dadurch Akzeptanz zu erreichen	Vorgesetzter informiert Mitarbeiter über beabsichtigte Entscheidungen; Mitarbeiter können ihre Meinung äußern, bevor der Vorgesetzte die endgültige Entscheidung trifft	Mitarbeiter/ Gruppe entwickelt Vorschläge; Vorgesetzter entscheidet sich für die von ihm favorisierte Alternative	Mitarbeiter/ Gruppe entscheidet, nachdem der Vorgesetzte die Ziele und Probleme aufgezeigt und die Grenzen des Entscheidungsspielraums festgelegt hat	Mitarbeiter/ Gruppe entscheidet, Vorgesetzter fungiert als Koordinator nach innen und v.a. nach außen
autoritär	patriarchalisch	informierend	beratend	kooperativ	delegativ	autonom

Abbildung 20.2: Führung und Autonomiegrad des Mitarbeiters

nen Teil der spezifischen Führungssituation mit in die Betrachtung des Führungsverhaltens einbezogen (vergleiche Abbildung 20.3).[3]

Auch zweidimensionale Modelle besitzen bereits ein ehrwürdiges Alter. Das bekannteste wurde bereits 1964 von Blake und Mouton entwickelt.[4] Es unterscheidet zwischen *Aufgabenorientierung* und

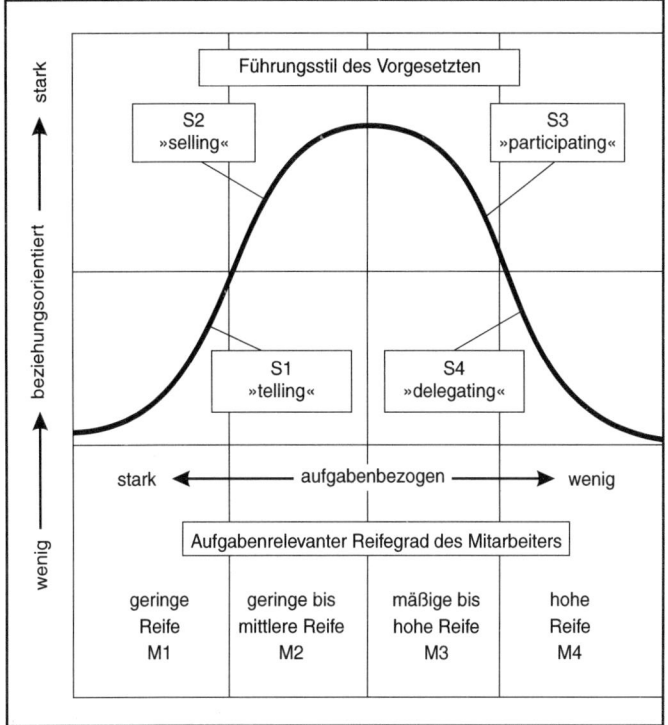

Abbildung 20.3: Führung und Reifegrad des Mitarbeiters

Mitarbeiterorientierung und hebt damit zwei grundlegende Aspekte jeder Führungstätigkeit hervor. Bereits dieses Modell kombiniert das Streben nach einem »guten« Arbeitsresultat mit dem Bild von Selbstverantwortung suchenden, zur Zusammenarbeit bereiten Mitarbeitern (siehe Abbildung 20.4).

Es drängt sich geradezu auf, die verschiedenen Modelle miteinander zu kombinieren, da auf diese Weise eine umfassendere Beschreibung des Führungsvorganges ermöglicht wird.

Eine umfassende Beschäftigung mit der früheren, durch unendlich viele empirische Untersuchungen abgestützten Führungsforschung lässt erkennen, wie sorgfältig schon damals ein reiches Feld bebaut worden ist. Zum Teil sind die entsprechenden Früchte geerntet worden, zum Teil – leider – aber auch nicht. Man sagte zwar: »Der Mensch ist Mittelpunkt.« Man handelte aber nur allzu häufig nach der Devise: »Der Mensch ist Mittel. Punkt.« – Führungstheorien hin oder her.

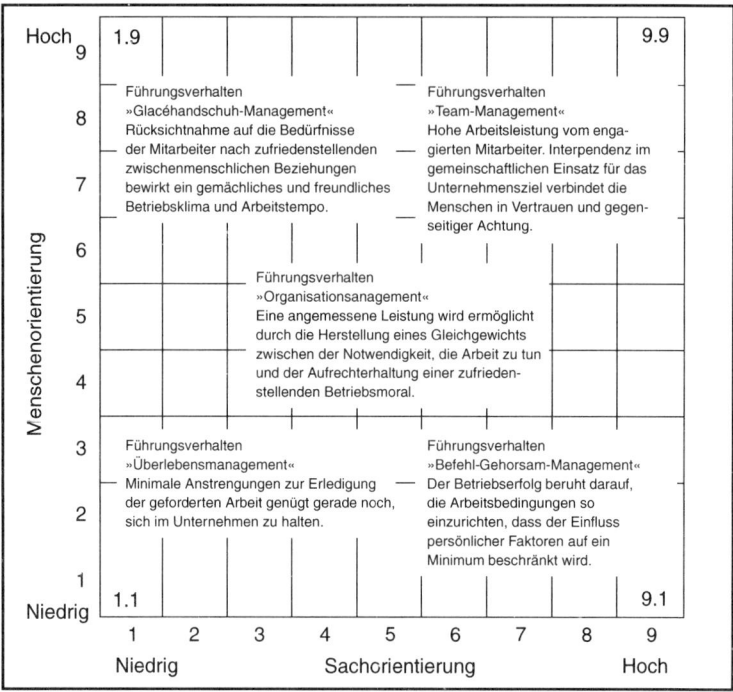

Abbildung 20.4: Führung im Spannungsfeld zwischen Mitarbei-
ter- und Ergebnisorientierung

Die neueren Sichtweisen der direkten persönlichen Führung orientieren sich an den Wünschen der – im Durchschnitt gegenüber früheren
Jahren besser ausgebildeten – Belegschaft und an den betrieblichen
Notwendigkeiten. Dies hat zum »Empowerment« der Mitarbeiter geführt. Vielleicht etwas überspitzt kann man sagen, dass erst die neuen
unternehmerischen Notwendigkeiten mitgeholfen haben, das »Rädchen-Denken« auf einer breiten Basis zu überwinden und weitere Auseinandersetzungen des Schrifttums mit der Thematik geradezu zu be-
flügeln. In der Praxis bleibt allerdings auch jetzt noch viel zu tun.

Bezeichnend – auch noch für die gegenwärtige Situation – sind die
Ergebnisse einer zu Beginn der neunziger Jahre durchgeführten überbetrieblichen Umfrage. Sie hat gezeigt, dass die Mitarbeiter gerne eine
direkte persönliche Führung im Sinne eines »echten Zweierteams« sä-
hen, was so umschrieben wurde: »Wir schätzen, unterstützen und vertrauen uns und pflegen häufiger auch informelle Kontakte.« Diesem

Wunsch wurde jedoch nur in Ausnahmefällen entsprochen. In der Realität wurden die prosozialen Beziehungen nach Meinung der Befragten klar vernachlässigt zugunsten eines distanzierten und sachbezogenen Verhaltens.

Die Theorie ihrerseits hat seit dem Ende der siebziger Jahre daran gearbeitet, die traditionellen Führungskonzepte weiterzuentwickeln. Insbesondere die beiden amerikanischen Professoren James M. Burns, ein Politikwissenschafter, und Bernhard M. Bass, ein Sozialpsychologe, haben dabei die Konzepte einer *transaktionalen* und einer *transformationalen Führung*[5] entwickelt und deren Unterschiede populär gemacht. Das transaktionale Konzept ist aufgabenorientiert und dem Modell des rational kalkulierenden Homo oeconomicus verpflichtet. Der Mitarbeiter erhält dabei immerhin einen beachtlichen Entscheidungsfreiraum; bei Erreichung der geplanten Ziele wird eine »Belohnung« in Aussicht gestellt. Die transformationale Führung erweitert diese Perspektive. Durch sie sollen Werte und Motive der Mitarbeiter auf eine höhere Ebene »transformiert« und die Mitarbeiter auch emotional angesprochen werden. Das Konzept basiert im Grundsatz auf einer der beiden Achsen des Modells von Blake und Mouton, gibt ihr aber ein viel umfassenderes und weitgehend neuartiges Gepräge. Die Komponenten der transformationalen Führung können im Sinne von Abbildung 20.5 zusammengefasst werden.[6]

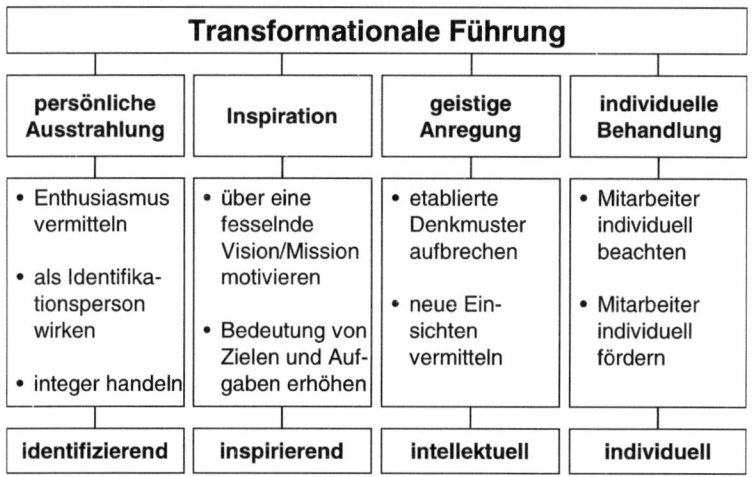

Abbildung 20.5: Die Komponenten der transformationalen Führung

Viele neuere Buchtitel wie »emotionale Intelligenz«, »sinnvermittelnde Führung« und »Führung durch Visionen« sind damit vorweggenommen. Nach einer von Wunderer/Dick Anfang der neunziger Jahre durchgeführten Umfrage erwarten die Befragten für die nähere Zukunft, dass die transformationale Führung noch viel wichtiger wird. Begründet wird das damit, dass sie den »ganzen Menschen« anspricht, insbesondere auch seine Gefühle, Emotionen und seine Suche nach Sinn. Es bleibt noch anzumerken, dass sich transaktionale und transformationale Führung selbstverständlich nicht ausschließen. Im Gegenteil – die beiden Ansätze können sich gut ergänzen. Gerade auch im individuellen Bereich wird mit der ganzen Person, mit dem Verstand und mit dem Herzen, geführt.

Die Ausführungen zu den moderneren Sichtweisen sollen nicht abgeschlossen werden, ohne auch das Phänomen der *»Führung von unten«* kurz beleuchtet zu haben. Lässt man in den Begriff der direkten persönlichen Führung auch die Vorstellung von »gegenseitiger Beeinflussung« einfließen, ist es durchaus sinnvoll, auch von Führung des Vorgesetzten durch seinen Mitarbeiter, also von einer »Führung von unten« (beziehungsweise von »Führung von der Seite«, wenn man sich das Networking vor Augen hält) zu sprechen. Die Ursachen hierfür liegen in den innerbetrieblichen Machtverhältnissen, in den veränderten Anschauungen über das anzustrebende gegenseitige Verhältnis im

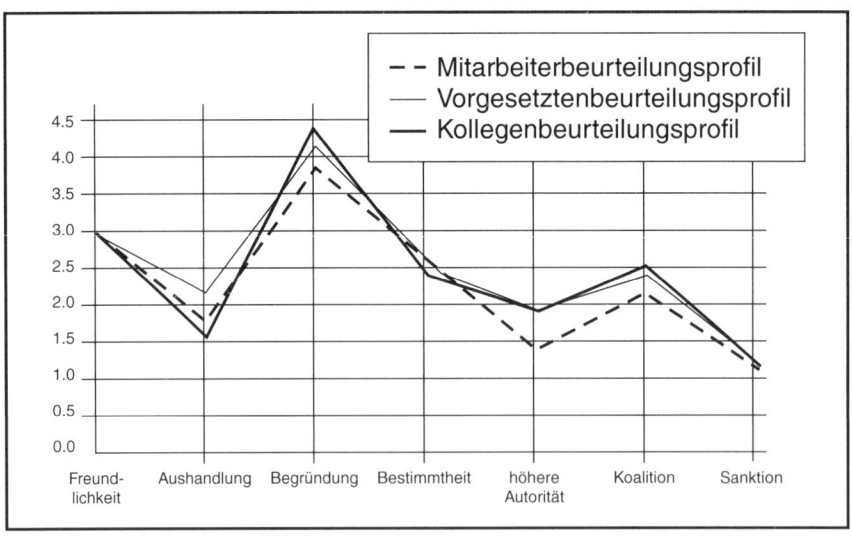

Abbildung 20.6: Führungsstile und ihre Beeinflussungsmuster

Rahmen einer auch individuellen Führung durch Empowerment und der zunehmenden Betonung von echten Teams und Netzwerken. Im Gegensatz zu früher sollte der den Vorgesetzten beeinflussende Mitarbeiter nicht ein Einflüsterer und erst recht kein Rasputin sein, sondern das entsprechende Rollenverhalten sollte zu seinen legitimen Aufgaben gehören.

Ebenso anregend ist die Frage, auf welche Weise diese »Führung von unten« vonstatten geht. Überraschenderweise haben Untersuchungen erwiesen, dass die im Einzelnen verfolgten Methoden der Beeinflussung bei der Führung von oben und der Führung von unten sich im Durchschnitt sehr nahe kommen. Und auch die Versuche, hierarchisch gleich gestellte Kollegen zu beeinflussen, weisen, wie Abbildung 20.6 belegt, annähernd das gleiche Muster auf.[7]

Wunderer bemerkt hierzu: »Die › Führung von unten‹ scheint generell dann erfolgreich zu sein, wenn sie sich auf gut vorbereitete und ausgearbeitete Vorschläge und Ergebnisse stützen ... und zusätzlich die fehlende formale höhere Autorität durch informelle prosoziale Einflussnahmen substituieren kann. Damit zeigt sich ein neues Substitutionsgesetz der ›Führung von unten‹, wonach formale und strukturelle Regelungen durch informale wirksam substituiert werden.«

Die Sicht von Gallus

Die persönliche Führung krönt und verbindet bei Gallus die übrigen Führungsmittel. Der selbstverantwortliche Mitarbeiter legt seine Seele nicht in der Garderobe ab, wenn er das Unternehmen betritt, sondern bringt seine ganze Persönlichkeit ein. Eben diese Persönlichkeiten erwarten und verlangen jedoch ein entsprechendes Verhalten ihres Umfeldes, besonders ihrer Vorgesetzten.

Gerade im Bereich der direkten, persönlichen Führung besteht die große Chance, die ökonomische Vernunft, also die Sachgerechtigkeit, mit der ethischen Vernunft, also der Menschengerechtigkeit, in Einklang zu bringen. Die Übernahme von Selbstverantwortung ist, wie gesehen und mehrmals betont, ein betriebswirtschaftlich begründetes Muss. Sie entspricht aber auch dem Bild eines Menschen, der sich auch und gerade im Beruf selbst verwirklichen will. Dazu sucht er eine Sinneinheit zwischen sich selbst und dem Unternehmen. Er sucht aber auch nach für ihn ergiebigen menschlichen Kontakten. Er erwartet von diesen fachliche Förderung und Ansporn, aber auch Anerkennung (der Mangel an Anerkennung ist seit Jahren der größte Demotivator), Verständnis und Wärme sowie ein gutes Maß an Humor. Die Mehrdimensionalität dieser Bestrebungen entspricht durchaus auch den Vorstellungen von Nachhaltigkeit bei Gallus.

Unter dem Gesichtspunkt der doppelten Anforderungen des unternehmerischen Umfeldes und der Mitarbeiter sollen diese nicht allein formal-organisatorisch weite Entscheidungsspielräume erhalten. Vielmehr sollen sie dabei unterstützt werden, die ihnen geöffneten Spielräume immer besser zu nutzen. Der direkten persönlichen Führung fällt dabei eine entscheidende Bedeutung zu. So weit wie möglich ist dabei die Individualität der Mitarbeiter zu akzeptieren und zu fördern. Im Zeitalter der Globalisierung spricht man bekanntlich viel vom Umgang mit fremden Kulturen und fordert Verständnis und Toleranz für das Fremde, Unbekannte und deshalb auch Ungewohnte. Genau das Gleiche gilt für die Angehörigen ein und desselben Kulturkreises. Eben dieser Geist soll bei Gallus auch intern gepflegt werden. Ein einmaliges und unverwechselbares Unternehmen ist nur dann zu verwirklichen, wenn dessen Mitarbeiter ebenfalls unverwechselbar sind. Die Autoren entsinnen sich dabei gerne eines Satzes von Goethe: »Die Pflanze gleicht den eigensinnigen Menschen, von denen man alles erhalten kann, wenn man sie nach ihrer Art behandelt.«

Diesem Geist kommt ein auf gegenseitiger Beeinflussung aufbauender persönlicher Führungsstil sehr entgegen. Er muss durch die konsequente Achtung der Persönlichkeit des Gegenübers ergänzt werden. Eben dieser Geist des Miteinanders legt auch einen Stil nahe, der das gegenseitige Gespräch und das Coaching sucht. Unter Coaching versteht man bei Gallus das *Bestreben, die Mitarbeiter durch individuelle Betreuung zu fördern und dabei ihr Können zu mehren, ihre Motivation zu stützen und vor allem auch (beinahe) alles zu tun, um ihre Demotivation zu verhindern.* Die Beziehung braucht dabei keineswegs eine Einbahnstraße zu sein. Der Vorgesetzte kann durchaus auch vom Mitarbeiter lernen, und auch er lebt bekanntlich nicht nur von Außenmotivation allein. Schließlich führt eine derartige intensive Zusammenarbeit auch zu gegenseitigen Bindungen.

Führungsakte lassen sich, je nach Anlass, in zwei Gruppen unterteilen. Auf der einen Seite stehen technologisch fundierte Führungsmaßnahmen wie etwa Interventionen des Vorgesetzten bei größeren Abweichungen von kürzerfristigen Planzielen, die klar auf einzelne Bereiche zurückzuführen sind, persönliche Interaktionen anlässlich der regelmäßigen Berichterstattung über den Gang von Projekten oder die jährlichen Mitarbeiterbeurteilungsgespräche. Die zweite Gruppe wird aus »Ad-hoc-Gelegenheiten« für Führungsakte gebildet. Diese ergeben sich durch »Zufall«, wenn der Vorgesetzte und insbesondere der Unternehmensleiter sich im Sinne des »Management by walking around« in irgendeine Abteilung begibt, aus »aktuellem Anlass«, weil eine Frage trotz Empowerment besprochen werden muss, und wenn der Vorgesetzte im Sinne eines Counseling einen neuen Mitarbeiter durch Hilfestellungen und Anregungen bei der Einarbeitung in seine neue Aufgabe unterstützt.

Beide Anlässe sind bedeutungsvoll. Ihr unterschiedlicher Ausgangspunkt darf aber nie vergessen werden. Die technologisch fundierten Führungsakte orientieren sich stark an Planvorgaben und zielen nicht in die Mitte der Welt des Sozialen. Soll der Faktor »Leadership« gefördert werden, haben deshalb gerade die Ad-hoc-Gelegenheiten besondere Relevanz. Sie sind eng mit der Bildung von informellen Netzwerken verbunden. Gerade in einer Zeit, in welcher der Arbeitsdruck womöglich noch immer zunimmt und die Informationstechnologie direkte Kontakte vielfach als überflüssig erscheinen lässt, dürfen persönliche Begegnungen und Gespräche nicht auf Sparflamme gesetzt werden (die dadurch entstehenden Reibungsverluste wären ungleich größer als die möglichen Zeitgewinne). Zum einen wird so der Informationsstand über alle auch nur denkbaren Bereiche des Unternehmensgeschehens außerordentlich verbessert. Informelle Informationen sind nur auf diese Weise erhältlich, und sie sind meist rasch und treffsicher. Sie erlauben es, Chancen und Gefahren rascher und klarer zu sehen, als wenn nur auf das formale Informationswesen abgestellt wird, und sei dieses noch so ausgeklügelt. Die entsprechenden Kanäle dürfen aus diesem Grunde nicht trocken gelegt werden, sondern sie sind auszubauen und zu pflegen. Zum andern erlauben die vielschichtigen Ad-hoc-Kontakte die Pflege der Unternehmenskultur durch persönliches Vorbild. Das gelebte Beispiel, das zeigt, wie eine spezifische Frage angegangen werden kann, welche Faktoren dabei zu berücksichtigen sind und insbesondere, wie Planvorstellungen und Unternehmenskultur unentwegt als Richtschnur genommen werden, aber auch die Vermischung von sachlichen Notwendigkeiten mit personenbezogenen Einfügungen – all das wirkt tausendmal überzeugender als schriftliche Erklärungen und Darstellungen in Hauszeitungen und ähnlichen Publikationen. Gerade in einem Unternehmen von mittlerer Größe sollte der CEO die entsprechenden Gelegenheiten nach Kräften ausschöpfen. Der entsprechende Zeitaufwand kann als Effizienz scheinbar ineffizienten Verhaltens bezeichnet werden. Auch die Worte Warren Blanks gehen in diese Richtung: »Leadership occurs as an event. Leader-follower fields (of interaction) begin, have a middle, and they end. They occur as discrete interactions ... Leadership can appear continuous if a leader manifests multiple leadership events.«[8] Die Nutzung von Ad-hoc-Kontakten entspricht schließlich nicht nur einem ökonomischen Bedürfnis. Auch die Postulate der Gerechtigkeit legen sie nahe. Unkomplizierte und spontane direkte dyadische Kontakte ergänzen den Teamgedanken und tragen zu seiner Stärkung bei. Es kann ja nicht immer alles im Rahmen von Gruppen und Teams erörtert werden. Vieles eignet sich besser für das vertraulichere Gespräch unter vier Augen.

Allerdings darf diese Art der persönlichen Zusammenarbeit nicht als reine Idylle dargestellt werden. Sie ist ein erstrebenswertes Ideal; faktisch ist sie aber durchaus durchsetzt mit *Widersprüchen* und *Ambivalenzen*. Auch in einer Zweierbeziehung stehen unterschiedliche Persönlichkeiten und verschiedenartige Rollen einander gegenüber. Konflikte und Spannungen sind unvermeidlich. Treten sie zwischen den agierenden Personen auf, spricht man von Inter-Rollenkonflikten; äußern sie sich in ein und derselben Person, liegen Intra-Rollenkonflikte vor. Die beiden Konflikttypen überlagern sich in der Praxis häufig.

Gravierend ist auch der Rollenkonflikt zwischen dem Eingehen auf das Gegenüber und dem Festhalten an eigenen Überzeugungen und der eigenen Linie. Letzteres ist aus Gründen der Konsequenz und Glaubwürdigkeit unerlässlich. Nach Erfahrung der Autoren muss dabei deutlich zwischen der Achtung vor der Position des Gegenübers und dem Einhalten der eigenen Linie unterschieden werden. Gerade der CEO soll großzügig und verständnisvoll sein, gleichzeitig ist er aber auch der Hüter der Vision und der entsprechenden Kultur. Um an Grundsätzen festhalten zu können, muss er Härte und Durchsetzungsvermögen zeigen. In einem gewissen Sinne könnte man im Zusammenhang damit auch von (scheinbarer) *Sturheit* sprechen. Wenn diese aber vor dem Hintergrund einer Kultur der Transparenz und des Gesprächs und Erläuterns erfolgt, kann ihr viel von ihrer Schärfe genommen werden. Damit entschärft sich auch der Rollenkonflikt beträchtlich, weil er offen gelegt und damit erläutert werden kann. Einen höchst unerfreulichen und tief berührenden Rollenkonflikt stellt die Notwendigkeit individueller Entlassungen dar. Sie ist mit Positionsmacht und -verantwortung untrennbar verknüpft und steht letztlich über allen hierarchisch beeinflussten Zweierbeziehungen. Aber gerade in solchen Momenten sind ein Rückgriff auf die Kultur der Offenheit, Korrektheit und der unverrückbaren menschliche Wertschätzung des Gegenübers sowie eine hohe Verpflichtung gegenüber dem Unternehmen als Ganzem in der Lage, die Wunden, die unvermeidlich entstehen, zu heilen.

Zu dieser Offenheit gehört auch die Stärke, *eigene Schwächen* zuzugeben. Es schadet einem Vorgesetzten nicht, sondern ist im Gegenteil seinem Ansehen ungemein förderlich, zur eigenen Unvollkommenheit zu stehen und sie nicht zu verbergen. Auch sie gehören zur Einmaligkeit eines jeden Individuums – bei allem guten Willen, sie zu dämpfen oder zu beheben. Diese geistige Freiheit ist auch eine Folge des gewandelten Verständnisses von »Führung«. Kein Mensch verlangt ja heute vom Führenden – auch vom obersten Unternehmensleiter nicht –, dass er alles besser verstehe als alle anderen. »The leader of the past was a person who knew how to tell. The leader of the future will be a person who knows how to ask«, hat Peter Drucker einmal gesagt. Diese Tatsache lenkt die Aufmerksamkeit auf eine weitere *Ambivalenz der Führung*, insbesondere der direkten Führung durch den CEO. Einerseits sollte er sich aus den eben genannten und in diesem Buch immer wieder angesprochenen Gründen zurücknehmen und die in »echten Teams« geltenden Prinzipien übernehmen. In diesem Sinne ist Führertum verteilt. Andererseits schreibt Frances Hesselbein sicherlich zu Recht: »Yet to achieve the mission, the organization has to be led. It is essential that leaders of an organization be able to articulate the organization's values, to mobilize people around those values, and to embody those values personally as they manage for the mission.«[9] Um all das zu können, muss die Führung personalisiert und damit sichtbar sowie greifbar gemacht werden. Diese Forderung ist nicht von der Hand zu weisen – aber sie kontrastiert auffällig mit dem Prinzip einer Einfügung in die Teams der anderen Mitarbeiter.

An solchen und anderen Widersprüchen zeigt sich mit aller Deutlichkeit eins: Führung, auch persönliche Führung, beinhaltet viel Handwerkliches. Das lässt sich wissenschaftlich untersuchen, darstellen, lehren und lernen. Darüber hinaus erfordert Führung aber auch ein enormes Maß an Wahrnehmungskraft, Einfühlungsvermögen, Empathie und Intuition. Letztlich lassen sich keine Regeln aufstellen, welche Kombinationen ein eben anstehendes Problem lösen könnten. Was zählt, ist das Gewicht der einzelnen Persönlichkeit. Alle Kompositionslehren der Welt hätten nicht genügt, um gestützt auf sie die Musik eines Bach, eines Mozart oder eines Beethoven zu schreiben. Ohne ein intensives Studium von Kompositionslehren und von Werken ihrer Vorgänger hätten alle drei allerdings ihre Werke auch nicht komponieren können.

Anmerkungen

1. Weshalb dieses Buch?

1 Andersen Consulting Institute for Strategic Change: *The evolving role of executive leadership*. Ohne Ortsangabe 1999, S. 13.

3. »Führung« und Führungsprozesse

1 Gestützt auf: John P. Kotter: *A Foce for Change. How Leadership Differs from Management*. New York, London 1990.
2 Zaleznik, Abraham: »Managers and Leaders: Are they different?«, in: *Harvard Business Review*. May/June 1977, S. 67 ff.
3 Baden-Fuller, Charles; Stopford, John M.: *Rejuvenating the mature business: The competitive challenge*. London 1992, S. 28.
4 Eccles, Robert G.; Nohria, Nitrin: *Beyond the Hype. Rediscovering the Essence of Management*. Boston 1992, S. 47.

4. Entscheidungen als tragende Säule des Managements

1 David, Fred. R.: *Strategic management: Concepts and cases*. 8. Aufl., Upper Saddle River, NJ, 2001, S. 238.
2 Vgl. Mintzberg, Henry; Waters, James, J.: »Of Strategies, Deliberate and Emergent«, in: *Strategic Management Journal*, Vol. 6 (1985), S. 257 ff.
3 David, Fred R.: a. a. O., S. 13.

5. Nachhaltigkeit als Grundprinzip

1 Millstein, Ira M.; Albert, Michel, Cadbury, Adrian; Denham, Robert, E.; Feddersen, Dieter; Tateisi, Nobuo: *Corporate Governance. Improving Competitiveness and Access to Capital in Global Markets. A Report to the OECD by the Business Sector Advisory Group on Corporate Governance*. Paris 1988, S. 67.

6. Vision/Leitbild/Mission

1 Collis, David J.; Montgomery, Cynthia A.: *Corporate strategy: A resource-based approach*. Boston, Mass., 1998, S. 8.
2 Vgl. Abrahams, Jeffrey: *The mission statement book: 301 corporate mission statements from America's top companies*. 2. Aufl. Berkeley, CA, 1999, S. 236 ff. und 565 ff.

7. Die Strategie

1 Hax, Arnoldo C.; Majluf, Nicolas S.: *The strategy concept and process: A pragmatic approach*. 2. Aufl. Upper Saddle River (NJ) 1966, S. 126.
2 Mintzberg, Henry; Ahlstrand, Bruce; Lampel, Joseph: *Strategy Safari. Eine Reise durch die Wildnis des strategischen Managements*. Wien 1999, S. 220 ff.

8. Das System der Pläne

1 Entnommen aus Ehrmann, Harald: *Unternehmensplanung*. 3. Aufl. Ludwigshafen Kiehl. 1999, S. 67.

9. Die Aufbauorganisation: Käfig oder Gewächshaus?

1 Hammer, Michael; Stanton, Steven A: *The Reengineering Revolution. A Handbook*. New York 1995, S. 11 f.
2 Peters, Thomas, J.; Waterman Robert, H.: *Auf der Suche nach Spitzenleistungen*. Landsberg am Lech 1983, S. 103.
3 Ghoshal, Sumantra; Bartlett, Christopher A.: *The individualized Corporation. A Fundamentally New Approach to Management. Great Companies are defined by purpose, process, people*, New York 1997; Bartlett, Christopher A; Ghoshal, Sumantra: »Changing the Role of Top Management: Beyond Strategy to Purpose«, in: *Harvard Business Review* November/December 1994, S. 79 ff. sowie Ghoshal, Sumantra; Bartlett, Christopher A.: »Changing the Role of Top Management: Beyond Structure to Process«, in: *Harvard Business Review* January/February 1995, S. 86 ff.

10. Der Verwaltungsrat und die Corporate Governance

1 Berle, Adolf August; Means, Gardiner Coit: *The modern corporation and private property*. New York 1932.
2 Baums, Theodor(Hrsg.): *Bericht der Regierungskommission Corporate Governance: Unternehmensführung – Unternehmenskontrolle – Modernisierung des Aktienrechts*. Köln 2001.

3 Economie suisse (Verband der Schweizer Unternehmen): *Swiss Code of Best Practice for Corporate Governance.* Zürich 2002.
4 A. a. O., S. 10.
5 A. a. O., S. 11.
6 A. a. O., S. 13.

11. Der CEO im globalen Kontext

1 Lorsch, Jay W.: *Aligning the stars: How to succeed when professionals drive results.* Boston (MA) 2000.
2 Senge, Peter, M.: *The fifth discipline. The art and practice of the learning organization.* New York, London, Toronto, Sydney, Auckland. 1990, S. 340.
3 Fairholm, Gilbert W.: *Perspectives on leadership: From the science of management to its spiritual heart.* Westport, CT, 2000, S. XI.
4 Charles Handy: *The Age of Unreason.* Boston (MA) 1990, S. 135.

12. Mitarbeiter: Das Prinzip Eigenverantwortung

1 Nach DemoSCOPE, entnommen aus Wunderer, Rolf: *Führung und Zusammenarbeit: Eine unternehmerische Führungslehre.* 5. Aufl. München, Neuwied 2003, S. 177.
2 Opaschowski, Horst W.: *Deutschland 2010: Wie wir morgen leben.* Hamburg 1997, S. 41.
3 Wunderer, Rolf: *Führung und Zusammenarbeit: Eine unternehmerische Führungslehre.* 5. Aufl. München, Neuwied 2003, 179.
4 Bennis, Warren: »Will the Legacy Live On?«, in: *Harvard Business Review*, January/February 2002, S. 99.
5 McGregor, Douglas: *Der Mensch im Unternehmen: The human side of enterprise.* Düsseldorf 1970, S. 47 ff. und 61 ff.
6 Schein, Edgar H.: *Organisationspsychologie.* Wiesbaden 1980, S. 95.
7 A. a. O., S. 45.
8 A. a. O., S. 41.
9 De Geus, Arie: *Jenseits der Ökonomie. Die Verantwortung der Unternehmen.* Stuttgart 1998, S. 308.

13. Die Zentralität der Einjahresplanung

1 Hofstede, Geert: *The game of budget control.* London 1968.

14. Die Balanced Scorecard

1 Der erste Artikel lautete: Kaplan, Robert S.; Norton, David P.: »The Balanced Scorecard«, in: *Harvard Business Review. January*/February 1992, S. 71 ff.

2 Kaplan, Robert S.; Norton, David P.: *Balanced Scorecard. Strategien erfolgreich umsetzen.* Stuttgart 1997. S. 153.

3 Horváth & Partner (Hrsg.): *Balanced Scorecard umsetzen.* 2. Aufl. Stuttgart 2001, S. 156.

4 Kaplan, Robert S.; David, P.: *The Balanced Scorecard. Translating Strategy into Action.* Boston, Mass. 1996, S. 150 (Übersetzt vom Verfasser).

5 Kaplan, Robert S.; Norton, David P.: *Balanced Scorecard. Strategien erfolgreich umsetzen.* Stuttgart 1997, S. 156.

6 Biedermann, Arnulf; Genoud, Roger; Kunz, Hans: *Strategie-Umsetzung mittels Balanced Scorecard. Entwicklung spezifischer Kennzahlensysteme für die Bereiche Energiewirtschaft, IT-Einsatz und Pharma-Produktion.* Bern 2000, S. 37.

7 European Foundation for Quality Management. *Selbstbewertung. Richtlinien für Unternehmen.* Brüssel 1996, S. 5.

8 Nach der Darstellung von Hoffmann, Olaf: *Performance Management.* Bern, Stuttgart, Wien 1999, S. 67, der sich auf Vorarbeiten von Sveiby, Karl Erik zu seinem Buch: *The new organizational wealth. Managing and measuring knowledge-based assets.* San Francisco 1997, und auf Dokumente der Skandia AFS stützt.

9 Sveiby, Karl Erik: *The new organizational wealth. Managing and measuring knowledge-based assets.* San Francisco 1997, S. 163.

10 Vgl. z. B. Stewart, Bennett, G.: *The quest for value: A guide for senior managers.* New York 1999.

11 Copeland, Tom; Koller, Tim; Murrin, Jack: *Unternehmenswert: Methoden und Strategien für eine wertorientierte Unternehmensführung.* Frankfurt a. M. 2002.

12 Madden, Bartley J.: *CFROI™Valuation. A Total System Approach to Valuing the Firm.* Oxford, Auckland, Boston, Johannesburg, Melbourne, New Delhi 1999.

15. Die Verbindung der Einjahresplanung mit der kurzfristigen Unternehmenssteuerung

1 Weule, Hartmut: *Integriertes Forschungs- und Entwicklungsmanagement. Grundlagen – Strategien – Umsetzung.* 3. Aufl. München, Wien 2002, S. 284.

2 Pfund, C.: *Entwicklung der Publikationen über Technologie-Management,* Interne BWI-Studie, zit. von Tschirky, Hugo: »Schließung der kritischen Lücke zwischen Managementtheorie und Technologierealität«, in:

Bürgel, Hans Dietmar (Hrsg.): *Forschungs- und Entwicklungsmanagement 2000plus*. Berlin, Heidelberg, New York 2000, S. 136.

16. Wissensmanagement

1 Schumpeter, Joseph Alois: *Theorie der wirtschaftlichen Entwicklung.* Faks.-Ausg. der 1912 erschienenen Erstausgabe. Düsseldorf 1988.
2 Weggemann, Mathieu: *Wissensmanagement: Der richtige Umgang mit der wichtigsten Ressource des Unternehmens.* Bonn 1999, S. 36.
3 Probst, Gilbert J. B.; Raub, Steffen; Romhardt, Kai: *Wissen managen. Wie Unternehmen ihre wertvollste Ressource optimal nutzen.* 3. Aufl. Frankfurt a. M. 1999, S. 56.
4 Nach Heisig, Peter; Vorbeck, Jens: *Benchmarking Survey Results,* in: Mertins, Kai; Heisig, Peter; Vorbeck, Jens: *Knowledge Management. Best Practice in Europe.* Berlin, Heidelberg, New York, Barcelona, Hong Kong, London, Milan, Paris, Singapore, Tokyo 2001, S. 105.
5 Nach Nonaka, Ikujiro; Takeouchi, Hirotoka: *Die Organisation des Wissens.* Frankfurt, New York 1997, S. 84 f.
6 Nach Lehner, Franz: *Organizational Memory. Konzepte und Systeme für das organisatorische Lernen und das Wissensmanagement.* München 2000, S. 253.

17. Boni und ihre Verbindung zum Entscheidungssystem

1 Vgl. Stiebitz, Kerstin: Effizienzsteigerung durch Mitarbeiterbeteiligung. Eine empirische Untersuchung deutscher Aktiengesellschaften und die dort zitierte Literatur. Lüneburg 1992.
2 Schwarb, Thomas; Greiwe, Stefanie; Niederer Ruedi: *Erfolgs- und Kapitalbeteiligung von Mitarbeitenden in der Schweiz.* »Sonderdrucke« der Fachhochschule Solothurn Nordwestschweiz. Reihe B Nr. 2001–03. Solothurn 2001.
3 A. a. O., S. 9 und 14.
1 Hammer, Michael; Champy, James: *Business reengineering. Die Radikalkur für das Unternehmen.* 7. Aufl. Frankfurt a. M., 2003.
2 Kotter, John P: »What Leaders Really Do«, in: *Harvard Business Review.* May/June 1990, S. 28.
3 Wunderer, Rolf; Dick, Petra: Personalmanagement – Quo vadis? Analysen und Prognosen. 3. Aufl. Neuwied; Kriftel (Taunus) 2002, S. 166.

18. Die Unternehmens- und Führungskultur

1 Gestützt auf: Deal, Terrence E.; Kennedy, Allan A.: *Corporate cultures. The rites and rituals of corporate life.* Reading (Mass.), 1982. Pümpin, Cuno; Kobi, Jean-Marcel; Wüthrich, Hans A.: *Unternehmenskultur – Ba-*

sis strategischer Profilierung erfolgreicher Unternehmen, in: Die Orientierung. Schriftenreihe der Schweizerischen Volksbank. Nr. 85, Bern 1985.
Rühli, Edwin: *Unternehmenskultur – Konzepte und Methoden*, in: Rühli, Edwin; Keller, Andrea (Hrsg.): *Kulturmanagement in schweizerischen Industrieunternehmungen*. Bern, Stuttgart, Wien 1991, S. 41 ff.

2 Wunderer, Rolf: *Führung und Zusammenarbeit*. 5. Aufl. München, Neuwied 2003, S. 532.

3 Kotter, John P.; Heskett, James L.: *Corporate culture and performance*. New York 1992, S. 51.

19. Gruppen und Teams, Netzwerke, Koalitionen und Macht

1 Katzenbach, Jon R.; Smith, Douglas K.: »The Discipline of Teams«, in: Harvard Business Review (Hrsg): *The work of teams*. Boston 1998, S. 37.

2 Savage, Charles M.: *Fifth Generation Management. Kreatives Kooperieren durch virtuelles Unternehmertum, dynamische Teambildung und Vernetzung von Wissen*. 2. Aufl. Zürich 1997.

3 Weibler, Jürgen: *Personalführung*. München 2001, S. 68 nach Yukl, G. A.; Falbe, C. M.: »Importance of different power sources in downward and lateral relations«, in: *Journal of Applied Psychology*, 76 (1991), S. 416 ff.

4 Knights, David; Murray, Fergus: *Managers Divided. Organisation Politics and Information Technology Management*. Chichester, New York, Brisbane, Toronto, Singapore 1994, S. 29.

20. Die direkte persönliche Führung

1 Bennis, Warren: *On Becoming a Leader*. New York 1994, S. 39 ff.; Gardner, John: *On Leadership*. New York 1990, S. 48 ff.

2 Tannenbaum, Robert; Schmidt, Warren H.: How to Choose a Leadership pattern. S. 96, ergänzt nach Wunderer, Rolf: *Führung und Zusammenarbeit*. 5. Aufl. München, Neuwied 2003, S. 209.

3 Hersey, Paul; Blanchard, Kenneth H.: *Management of organizational behavior*. 4. Aufl. Englewood Cliffs (NJ) 1982, S. 152. Zit. nach Weibler, Jürgen: *Personalführung*. 1. Aufl. München 2001, S. 325.

4 Blake, Robert Rogers; Mouton, Jane Srygley: *Corporate excellence through Grid Organization Development: A systems approach*. Houston 1968. S. 6. Zit. nach Weibler, Jürgen: *Personalführung*. 1. Aufl. München 2001, S. 318.

5 Vgl. Nardin, Frédéric: *Transaktionale und transformationale Führung: Möglichkeiten und Grenzen einer Integration*, Diplomarbeit an der Universität St. Gallen 2000.

6 In Anlehnung an Wunderer, Rolf: *Führung und Zusammenarbeit*. 5. Aufl. München, Neuwied 2003, S. 244.

7 Erhoben von Wunderer, Rolf in Anlehnung an Kipnis, David; Schmidt,

Stuart M; Wilkinson, Ian: »Intraorganisational Influence Tactics: Explorations in Getting One's Way«, in: *Journal of Applied Psychology* 1980. Vol. 65, No. 4, S. 440 ff. Vgl. Wunderer, Rolf: *Führung und Zusammenarbeit*. 5. Aufl. München, Neuwied 2003, S. 259.

8 Blank, Warren: *The Nine Natural Laws of Leadership*. New York 1999, S. 14.

9 Hesselbein, Frances: *Introduction*, in: Hesselbein, Frances; Cohen, Paul M.: *Leader to Leader. Enduring Insights on leadership from the Drucker Foundation's Award-Winning Journal*. San Francisco 1999, S. xiii.

Literaturverzeichnis

Abrahams, Jeffrey: *The Mission Statement Book: 301 corporate mission statements from America's top companies*, 2. Aufl., Berkeley, CA 1999

Ackoff, Russel Lincoln: *Re-creating the Corporation: A Design of Organizations for the 21st Century*, New York 1999

Andersen Consulting Institute for Strategic Change: *The Evolving Role of Executive Leadership*, 1999

Andrews, Steven B./Knoke, David: *Networks in and around Organizations*, Stamford 1999

Argyris, Chris: *On Organizational Learning*, 2nd edition. Malden (MA) 1999

Arthur Andersen: *Performance Management/Balanced Scorecard, Research Report*, Zürich 1999

Aschmann, Silke: *Mehrdimensionale Beteiligung der Mitarbeiter am Gesamtunternehmenserfolg*, St. Galler Diss., Bamberg 1998

Bacharach, Samuel, B./Lawler, Edward J. (Hrsg.): *Organizational politics*, Stamford 2000

Baden-Fuller, Charles/Stopford, John M.: *Rejuvenating the Mature Business: The Competitive Challenge*, London etc. 1992

Balck, Henning (Hrsg): *Networking und Projektorientierung*, Heidelberg 1996

Bartlett, Christopher A/Ghoshal, Sumantra: »Changing the Role of Top Management: Beyond Strategy to Purpose«, in: *Harvard Business Review*, November/December 1994

Bartlett, Christopher A; Ghoshal, Sumantra: *Der Einzelne zählt. Ein Managementmodell für das 21. Jahrhundert*, Hamburg 2000

Bass, Bernhard M.: *Leadership and performance beyond expectations*, New York 1985

Baums, Theodor(Hrsg.): *Bericht der Regierungskommission Corporate Governance: Unternehmensführung – Unternehmenskontrolle – Modernisierung des Aktienrechts*, Köln 2001

Bea, Franz Xaver/Haas, Jürgen: *Strategisches Management*, 3. Aufl., Stuttgart 2001

Belz, Otto: *Einzigartigkeit als Wettbewerbsvorteil. Credit Suisse Orientierung 107*, Zürich 1998

Bennis, Warren: *On Becoming a Leader*, New York 1994

Bennis, Warren: *Organizing Genius: The Secrets of Creative Collaboration*, Reading 1997

Bennis, Warren: »Will the Legacy Live On?«, in: *Harvard Business Review*, February 2002

Berle, Adolf August; Means, Gardiner Coit: *The modern corporation and private property*, New York 1932

Biedermann, Arnulf/Genoud, Roger/Kunz, Hans: *Strategie-Umsetzung mittels Balanced Scorecard. Entwicklung spezifischer Kennzahlensysteme für die Bereiche Energiewirtschaft, IT-Einsatz und Pharma-Produktion*, Bern 2000

Blank, Warren: *The Nine Natural Laws of Leadership*, New York 1999

Bleicher, Knut: *Das Konzept Integriertes Management: Visionen – Missionen – Programme*, 5. Aufl., Frankfurt a. M. 1999

Bleicher, Knut: *Leitbilder: Orientierungsrahmen für eine integrative Management-Philosophie*, 2. Aufl., Zürich 1994

Bühler, Wolfgang/Siegert, Theo (Hrsg.): *Unternehmenssteuerung und Anreizsysteme*, Stuttgart 1999

Bürgel, Hans Dietmar (Hrsg.): *Forschungs- und Entwicklungsmanagement 2000plus*, Berlin/Heidelberg 2000

Burghardt, Manfred: *Projektmanagement: Leitfaden für die Planung, Überwachung und Steuerung von Entwicklungsprojekten*, 4. Aufl., Erlangen 1997

Burns, James M.: *Leadership*. New York 1978

Collis, David J./Montgomery, Cynthia A.: *Corporate Strategy: A resource-based Approach*, Boston 1998

Copeland, Tom/Koller, Tim/Murrin, Jack: *Unternehmenswert: Methoden und Strategien für eine wertorientierte Unternehmensführung*, Frankfurt a. M. 2002

Daenzer, W.F./Huber, F.: *Systems engineering: Methodik und Praxis*, 10. Aufl., Zürich 1999

David, Fred R.: *Strategic Management*, 8. Aufl., Upper Saddle River 2001

Deal, Terrence E./Kennedy Allan A: *Corporate cultures. The rites and rituals of corporate life*, Reading (Mass.) 1982

De Geus, Arie: *Jenseits der Ökonomie: Die Verantwortung der Unternehmen. Warum sterben Unternehmen und wie können sie überleben?*, Stuttgart 1998

Dyllick, Thomas/Hammschmidt, Jost: *Wirksamkeit und Leistung von Um-*

weltmanagementsystemen: Eine Untersuchung von ISO-zertifizierten Unternehmen in der Schweiz, Zürich 2000

Eccles, Robert G./Nohria, Nitrin: *Beyond the Hype. Rediscovering the Essence of Management,* Boston 1992

Economiesuisse: *Swiss Code of Best practice,* Zürich 2002

Ehrmann, Harald: *Unternehmensplanung,* 3. Aufl., Ludwigshafen 1999

Erny, Dominique: *Oberleitung und Oberaufsicht: Führung und Überwachung mittlerer Aktiengesellschaften aus der Sicht des Verwaltungsrates,* Zürich 2000

European Foundation for Quality Management: *Selbstbewertung. Richtlinien für Unternehmen,* Brüssel 1996

Fairholm, Gilbert W.: *Perspectives on leadership: From the science of management to its spiritual heart,* Westport, CT, 2000

Fichter, Klaus/Clausen, Jens: *Schritte zum nachhaltigen Unternehmen: Zukunftsweisende Praxiskonzepte des Umweltmanagements,* Berlin 1998

Fischer, Hellmuth: *Unternehmensplanung,* München 1996

Friedag, Herwig R./Schmidt, Walter: *Balanced Scorecard.* Freiburg, Berlin/München 1999

Gardner, John: *On Leadership,* New York 1990

Gehringer, Joachim/Michel, Walter J.: *Frühwarnsystem Balanced Scorecard,* Düsseldorf, Berlin 2000

Ghoshal, Sumantra/Bartlett, Christopher A.: *The individualized Corporation. A Fundamentally New Approach to Management. Great Companies are defined by purpose, process, people,* New York 1997

Ghoshal, Sumantra/Bartlett, Christopher A.: »Changing the Role of Top Management: Beyond Structure to Process«, in: *Harvard Business Review,* January/February 1995

Gomez, Peter: *Unternehmensorganisation: Profile, Dynamik, Methodik.,* 4. Aufl., VERLAG 1999

Grüsser, Birgit/Pfister, Dieter: *Kunst und Kunstförderung durch Schweizer Klein- und Mittelbetriebe,* Basel 1990

Hahn, Dietger: *PuK: Planung und Kontrolle,* 6. Aufl., Wiesbaden 2001

Hamel, Gary: *Leading the Revolution,* Boston 2000

Hamm, Jens-Dieter: *Kunst in der Unternehmung: Grundlagen, Strategien und Instrumente der innerbetrieblichen Kunstförderung,* St. Gallen Diss. 1994

Hammer, Michael; Stanton, Steven A: *The Reengineering Revolution. A Handbook,* New York 1995

Hammer, Michael/Champy, James: *Business reengineering. Die Radikalkur für das Unternehmen,* 7. Aufl., Frankfurt a. M. 2003

Handy, Charles: *The Age of Unreason,* Boston (MA) 1990

Hardes, H.D./Wickert, H.: »Erfolgsabhängige Beteiligungsentgelte in vergleichender europäischer Perspektive«, in: *Zeitschrift für Personalforschung* 1/2000

Harvard Business Review: *On Corporate Governance*, Boston 2000

Hax, Arnoldo C./Majluf, Nicolas S.: *The strategy concept and process: A pragmatic approach*, 2. Aufl., Upper Saddle River (NJ) 1996

Heisig, Peter/Vorbeck, Jens: »Benchmarking Survey Results«, in: Mertins, Kai/Heisig, Peter/Vorbeck, Jens: *Knowledge Management. Best Practice in Europe*, Berlin/Heidelberg/New York/Barcelona/Hong Kong/London/Milan/Paris/Singapore/Tokyo 2001

Herstatt, Cornelius: *Anwender als Quellen für die Produktinnovation* (???)

Hesselbein, Frances/Goldsmith, Marshall/Beckhand, Richard: *The Leader of the Future*, New York 1996

Hesselbein, Frances/Goldsmith, Marshall/Beckhard, Richard (Hrsg.): *The Organization of the Future*, New York 1997

Hesselbein, Frances: »Introduction«, in: Hesselbein, Frances/Cohen, Paul M.: *Leader to Leader. Enduring Insights on leadership from the Drucker Foundation's Award-Winning Journal*, San Francisco 1999

Hoffmann, Olaf: *Performance Management*, Bern/Stuttgart/Wien 1999

Hofmann, Rudolf: *Corporate Governance*, München/Wien 1998

Hofstede, Geert: *The game of budget control*, London 1968

Höhler, Gertrud: *Spielregeln für Sieger*, 5. Aufl., Düsseldorf/Wien/New York/Moskau 1992

Horvath, Peter/Gaiser, Bernd: »Implementierungserfahrungen mit der Balanced Scorecard im deutschen Sprachraum – Anstöße zur konzeptionellen Weiterentwicklung«, in: *BfuP*, 1/2000

Horváth & Partner (Hrsg.): *Balanced Scorecard umsetzen*, 2. Aufl., Stuttgart 2001

Kaplan, Robert, S./Norton, David P.: »The Balanced Scorecard«, in: *Harvard Business Review*, January/February 1992

Kaplan, Robert S./Norton, David P.: *Balanced Scorecard. Strategien erfolgreich umsetzen*, Stuttgart 1997

Kaplan, Robert S./Norton, David P.: *The Strategy-Focused organization*, Boston 2001

Karst, Klaus/Segler, Tilman/Gruber, Karl F.: *Unternehmensstrategien erfolgreich umsetzen durch Commitment Management*, Berlin 2000

Katzenbach, Jon, R.: *Teams an der Spitze*, Wien 1998

Katzenbach, Jon, R./Smith, Douglas, K: *The Wisdom of Teams*, Boston 1993

Katzenbach, Jon R./Smith, Douglas K.: »The Discipline of Teams«, in: Harvard Business Review (Hrsg): *The work of teams*, Boston 1998

Kinlaw, Dennis C: *The Practice of Empowerment: Making the Most of Human Competence*, Aldershot 1995

Knights, David; Murray, Fergus: *Managers Divided*, Chichester/New York/Brisbane/Toronto/Singapore 1994

Kotter, John P.: *A Force for Change. How Leadership Differs from Management*, New York/London 1990

Kotter, John P: *John P. Kotter on what leaders really do*, Boston 1999

Kotter, John P./Heskett, James L.: *Corporate Culture and Performance*, New York/Oxford/Singapore/Sydney 1992

Kotter, John: Leading Change, Boston 1996

Kramer, Roderick M./Neale Margaret A (Hrsg.): *Power and Influence in Organizations*, Thousand Oaks/London/New Delhi 1998

Krauthammer, Eric/Hinterhuber Hans H.: *Wettbewerbsvorteil Einzigartigkeit: Vom guten zum einzigartigen Unternehmen*, München 2002

Krogh, Georg von: *Enabling knowledge creation*, New York 2000

Lehner, Franz: *Organizational Memory*, München/Wien 2000

Lorsch, Jay W.: *Aligning the stars: How to succeed when professionals drive results*, Boston (MA) 2000

Lundin, Stephen C./Paul, Harry/Christensen, John: *Fish!*, Wien/Frankfurt 2001

Lüthy, Werner/Voit, Eugen/Wehner Theo (Hrsg.): *Wissensmanagement – Praxis*, Zürich 2002

Mag, Wolfgang: *Unternehmungsplanung*, München 1995

Mann, Rudolf: *Das visionäre Unternehmen: Der Weg zur Vision in zwölf Stufen*, Wiesbaden 1990

Matthiessen, Kai H.: *Kritik des Menschenbildes in der Betriebswirtschaftslehre*, Bern/Stuttgart/Wien 1995

McCall, Morgan W.: *High Flyers*, Boston 1998

McGregor, Douglas: *Der Mensch im Unternehmen: The human side of enterprise*, Düsseldorf 1970

Madden, Bartley J.: *CFROI™ Valuation. A Total System Approach to Valuing the Firm*, Oxford/Auckland/Boston/Johannesburg/Melbourne/New Delhi 1999

Mertins, Kai/Heisig Peter/Vorbeck, Jens (Hrsg.): *Knowledge Management*, Berlin/Heidelberg etc. 2001

Meyer-Faje, Arnold: *Grundlagen des Identitätsorientierten Managements*, München/Wien 1999

Millstein, Ira M./Albert, Michel/Cadbury, Adrian/Denham, Robert, E./Feddersen, Dieter/Tateisi, Nobuo: *Corporate Governance. Improving Competitiveness and Access to Capital in Global Markets. A Report to the OECD by the Business Sector Advisory Group on Corporate Governance*, Paris 1988

Mintzberg, Henry/Waters, James, J.: »Of Strategies, Deliberate and Emergent«, in: *Strategic Management Journal*, Vol. 6, 1985

Mintzberg, Henry/Ahlstrand, Bruce/Lampel, Joseph: *Strategy Safari. Eine Reise durch die Wildnis des strategischen Managements*, Wien 1999

Mintzberg, Henry: *The Strategy Process*, London 1995

Müller, Roland/Lipp, Lorenz/Plüss, Adrian: *Der Verwaltungsrat. Ein Handbuch für die Praxis*, 2. Aufl., Zürich 1999

Müller, Stefan/Kornmeier, Martin: *Strategisches internationales Management*, München 2002

Müller-Stewens, Günter: *Virtualisierung von Organisationen*, Zürich/Stuttgart 1997

Müller-Stewens, Günter/Lechner, Christoph: *Strategisches Management: Wie strategische Initiativen zum Wandel führen*, Stuttgart 2001

Nonaka, Ikujiro/Takeouchi, Hirotoka: *Die Organisation des Wissens*, Frankfurt/New York 1997

North, Klaus: *Wissensorientierte Unternehmensführung*, Wiesbaden 1998

NZZ Fokus: *Corporate Governance*, Zürich 2001

ÖbU: *Management sozialer Nachhaltigkeit: Die Integration der sozialen Dimension in die Unternehmensführung.* Tagung vom 1. November 2000, Zürich 2000

OECD: *OECD Principles of Corporate Governance*, Paris 1999

Opaschowski, Horst W: *Deutschland 2010. Wie wir morgen leben – Voraussagen der Wissenschaft zur Zukunft unserer Gesellschaft*, Hamburg 1997

Peters, Thomas, J./Waterman Robert, H.: *Auf der Suche nach Spitzenleistungen*, Landsberg am Lech 1983

Probst, Gilbert/Raub, Steffen/Romhardt, Kai: *Wissen managen: Wie Unternehmen ihre wertvollste Ressource optimal nutzen*, 3. Aufl., Frankfurt a. M. 1999

Pümpin, Cuno/Kobi, Jean-Marcel; Wüthrich, Hans A.: »Unternehmenskultur – Basis strategischer Profilierung erfolgreicher Unternehmen«, in: *Die Orientierung. Schriftenreihe der Schweizerischen Volksbank.* Nr. 85, Bern 1985

Rühli, Edwin: »Unternehmenskultur – Konzepte und Methoden«, in: Rühli, Edwin; Keller, Andrea (Hrsg.): *Kulturmanagement in schweizerischen Industrieunternehmungen*, Bern/Stuttgart/Wien. 1991

Savage, Charles, M.: *Fifth Generation Management. Kreatives Kooperieren durch virtuelles Unternehmertum, dynamische Teambildung und Vernetzung von Wissen*, 2. Aufl., Zürich 1997

Schein, Edgar H.: *Organisationspsychologie*, Wiesbaden 1980

Schein, Edgar, H.: *Organizational Culture and Leadership*, San Francisco/Washington/London 1995

Schreyögg, Georg: *Organisation: Grundlagen moderner Organisationsgestaltung*, 3. Aufl., Wiesbaden 1999

Schwalbach, Joachim: *Corporate Governance: Essays in Honor of Horst Albach*, Berlin 2001

Schumpeter, Joseph Alois: *Theorie der wirtschaftlichen Entwicklung*, Faks.-Ausg. der 1912 erschienenen Erstausgabe, Düsseldorf 1988

Schwarb, Thomas, M./Greiwe, Stephanie/Niederer, Ruedi: *Erfolgs- und Ka-*

pitalbeteiligung von Mitarbeitenden in der Schweiz, Fachhochschule So- lothurn 2001

Seghezzi, Hans Dieter (Hrsg.): *Ganzheitliche Unternehmensführung: Gestal- tung, Konzepte und Instrumente*, Stuttgart 1997

Seiler, Armin: *Planning*, Zürich 2000

Senge, Peter, M.: *The fifth discipline. The art and practice of the learning organization*. New York/London/Toronto/Sydney/Auckland 1990

Simon, Herrmann: *Die heimlichen Gewinner: Die Erfolgsstrategien unbe- kannter Weltmarktführer*, 2. Aufl., Frankfurt/New York 1996

Sprecht, Günter; Beckmann, Christoph; Amelingmeyer, Jenny: *F&E-Ma- nagement: Kompetenz im Innovationsmanagement*, 2. Aufl., Stuttgart 2002

Sprenger, Reinhard K.: *Das Prinzip Selbstverantwortung*, 2. Aufl., Frank- furt/New York 1995

Sprenger, Reinhard K.: *Mythos Motivation*, 16. Aufl., Frankfurt/New York 1999

Stewart, Bennett, G.: *The quest for value: A guide for senior managers*, New York 1999

Stiebitz, Kerstin: *Effizienzsteigerung durch Mitarbeiterbeteiligung. Eine em- pirische Untersuchung deutscher Aktiengesellschaften*, Lüneburg 1992

Stiles, Philip/Taylor, Bernhard: *Boards at Work*, Oxford 2001

Sveiby, Karl Erik: *The new organizational wealth. Managing and measuring knowledge-based assets*, San Francisco 1997

Tannenbaum, Robert/Schmidt Warren H.: »How to Choose a Leadership pattern«, in: *Harvard Business Review*, March/April 1958

Thom, Norbert (Hrsg.): *Excellence durch Personal- und Organisationskom- petenz*, Bern 2001

Tschirky, Hugo: »Schließung der kritischen Lücke zwischen Management- theorie und Technologierealität«, in: Bürgel, Hans Dietmar (Hrsg.): *For- schungs- und Entwicklungsmanagement 2000plus*, Berlin/Heidel- berg/New York 2000

Ulrich, Hans/Krieg, Walter: *St. Galler Management-Modell*, 3. Aufl., Bern 1974

Weber, Jürgen/Schäfer, Utz: *Balanced Scorecard & Controlling*, 2. Aufl., Wiesbaden 2000

Weggemann, Mathieu: *Wissensmanagement*, Bonn 1999

Weibler, Jürgen: *Personalführung*, München 2001

Weule, Hartmut: *Integriertes Forschungs- und Entwicklungsmanagement*, München/Wien 2002

Wunderer, Felix, Rolf: *Der Verwaltungsrats-Präsident: Aufgaben und Rollen in der Corporate Governance mittlerer bis grosser schweizerischer Pub- likumsgesellschaften*, Zürich 1995

Wunderer, Rolf: *Führung und Zusammenarbeit*, 5. Aufl., München/Neuwied 2003

Wunderer, Rolf; Dick, Petra: *Personalmanagement – Quo vadis? Analysen und Prognosen bis 2010*, 3. Aufl., Neuwied/Kriftel (Taunus) 2001

Yates, Douglas, Jr.: *The Politics of Management*, San Francisco/London 1987

Zaleznik, Abraham: »Managers and Leaders: Are they different?« in: Harvard Business Review, May/June 1977

Register